“创新设计思维”
数字媒体与艺术设计类新形态丛书

微 | 课 | 版

移动 UI 设计

李万军◎编著

人民邮电出版社
北京

图书在版编目（CIP）数据

移动UI设计 ：微课版 / 李万军编著. -- 北京 ：人民邮电出版社，2022.7
（“创新设计思维”数字媒体与艺术设计类新形态丛书）
ISBN 978-7-115-58212-6

Ⅰ. ①移… Ⅱ. ①李… Ⅲ. ①移动终端－应用程序－程序设计 Ⅳ. ①TN929.53

中国版本图书馆CIP数据核字(2021)第257118号

内 容 提 要

本书采用全流程设计的方式，对 iOS 和 Android 系统移动设备界面的结构及设计规范进行讲解。全书采用知识点辅助案例的方式组织内容，在大量的知识点中融入丰富、有趣的案例制作，全面解析移动端 App 界面设计的流程及设计技巧。书中案例使用 Axure RP 10、Adobe XD、Adobe Photoshop CC、Adobe Illustrator CC 和 PxCook 等主流 UI 设计软件制作。

全书共 8 章，内容包括移动 UI 设计基础知识、移动 UI 的策划与原型设计方法、移动 UI 的色彩搭配方法、移动图标的设计方法、移动 App 的 UI 设计方法、移动 App 的交互设计方法、适配与输出移动 UI 设计的方法、设计与制作移动 App 项目的方法。

本书将提供全部案例的素材、源文件和教学视频，帮助读者提高移动 UI 设计的学习效率。本书适合 UI 设计爱好者、移动 UI 设计从业者阅读，也适合作为各院校设计相关专业的教材。

◆ 编　　著　李万军
责任编辑　韦雅雪
责任印制　王　郁　陈　犇
◆ 人民邮电出版社出版发行　　北京市丰台区成寿寺路 11 号
邮编　100164　　电子邮件　315@ptpress.com.cn
网址　https://www.ptpress.com.cn
优奇仕印刷河北有限公司印刷
◆ 开本：787×1092　1/16
印张：14.25　　2022 年 7 月第 1 版
字数：378 千字　　2024 年 12 月河北第 5 次印刷

定价：79.80 元

读者服务热线：(010)81055256　印装质量热线：(010)81055316
反盗版热线：(010)81055315
广告经营许可证：京东市监广登字 20170147 号

前言 PREFACE

随着科技的发展，手机与人们生活的联系日益密切。手机中的软件系统是用户直接操作的对象，它以精美的视觉效果和便捷的操作为用户所青睐，进而促进了移动UI设计行业的兴盛。

本书主要讲解在iOS和Android两种操作系统中设计与制作App的UI设计相关知识，采用全流程设计的方式，由浅入深地讲解初学者需要掌握的基础知识和操作技巧，全面解析各种元素的具体绘制方法，并在知识点后衔接相关案例，使读者能够轻松理解知识点。

内容安排

全书共8章，每章包含的主要内容如下。

第1章　关于移动UI设计，内容包括了解移动UI设计、移动UI的系统分类、移动UI设计流程、移动UI设计原则和移动UI设计流程的职位划分等。

第2章　移动UI策划与原型设计，内容包括确定移动UI目标用户、完成移动UI策划书、了解思维导图、绘制思维导图的常用软件、绘制移动UI思维导图、绘制移动UI草图、了解原型设计、绘制原型的常用软件和绘制移动UI原型图等。

第3章　优秀的移动UI色彩搭配，内容包括认识色彩、了解色彩搭配方法与配色方法、构建移动UI颜色系统和移动UI色彩搭配的注意事项等。通过对本章内容的学习，读者可以了解并掌握为移动UI进行配色设计的方法与技巧。

第4章　出色的移动图标设计，内容包括初识App图标、图标设计常用软件、熟悉图标栅格系统、图标设计形式、App图标的分类、图标尺寸和图标组设计规范等。

第5章　移动App的UI设计，内容包括移动UI的基本元素、常见的UI设计软件、移动UI的设计基础、移动UI的字体规范、移动UI图片尺寸规范和移动App内容布局等。通过对本章内容的学习，读者可以了解并掌握移动UI设计的方法与技巧。

第6章　移动App交互设计，内容包括了解UI交互设计、常见的交互设计软件、交互设计的基本流程、移动UI交互的类型、动效在UI中的作用和交互设计需要遵循的习惯等。通过对本章内容的学习，读者可以认识并了解移动App中的交互设计。

第7章　适配与输出移动UI设计，内容包括标注的重要性、常见的标注软件、标注移动UI、移动UI标注规范、输出与适配iOS UI设计和输出与适配Android系统UI设计等。通过对本章内容的学习，读者可以了解并掌握标注和输出不同操作系统的移动UI的方法与技巧。

第8章　设计与制作移动App项目，本章通过全流程的方式完成美妆电商App项目和美食外卖App项目的制作，使读者充分体验全流程方式设计与制作移动UI的乐趣和成就感。

本书根据读者对知识理解的不同深度，以实际工作流程为讲解过程，按照策划、配色、设计、制作、标注、切图和适配的步骤进行讲解，真正做到为读者考虑，让不同层次的读者都能有针对性地学习相关内容，并有效帮助UI设计爱好者提高操作速度与工作效率。

本书知识结构清晰，内容有针对性，案例精美实用，适合大部分UI设计爱好者与各院校设计相关专业的学生阅读。本书随书附赠书中所有案例的教学视频、素材和源文件，用于补充书中部分细节内容，方便读者学习和参考。

本书特点

本书采用"知识点+案例"的教学方式，向读者全面地介绍不同类型移动UI设计的相关知识和所需的操作技巧。本书的主要特点如下。

- 语言通俗易懂

本书采用通俗易懂的语言向读者全面介绍各种类型移动App UI设计所需的基础知识和操作技巧，让读者能够理解并掌握相应的功能与操作。

- 基础知识与操作案例结合

本书摒弃了传统教科书式的纯理论式教学，采用"理论知识+操作步骤"的讲解模式。

- 使用当前新技术与软件

本书案例使用的软件与目前该行业使用的软件一致，如使用制作软件Adobe XD和Axure RP 10来完成移动UI的原型展示、使用Illustrator CC和Photoshop CC完成移动UI的图标制作、使用Photoshop CC和Adobe XD完成多个案例的UI设计和交互设计的制作，并使用PxCook完成标注和切图操作。

- 融入德育元素

党的二十大报告指出："育人的根本在于立德。"为了落实"立德树人"的根本任务，本书在每章的开头指出了各章的德育目标，引导读者在学习知识的同时，提升自身的综合素养。

- 利用多媒体辅助学习

为了拓展读者的学习方式和增强读者的学习兴趣，本书提供所有案例的相关素材、源文件和教学视频，请读者前往人邮教育社区下载（www.ryjiaoyu.com）。读者可以参考本书案例实现相应的效果，并将所学知识与技巧快速应用于实际工作中。

本书适合UI设计爱好者、移动UI设计和欲进入UI设计领域的读者，以及设计相关专业院校的学生阅读，同时本书对专业设计人员也有很高的参考价值。希望本书能够帮助读者早日成为优秀的UI设计师。由于编写水平有限，书中疏漏之处在所难免，望广大读者批评指正。

编　者

2023年8月

目录

CONTENTS

CONTENTS

CONTENTS

CONTENTS

CONTENTS

第1章 关于移动UI设计

移动UI设计就是智能手机、平板电脑和智能穿戴等移动终端中软件的人机交互、操作逻辑、界面美观的整体设计。好的移动UI设计不仅可以让软件变得更加独特和精致，还可以让软件的操作变得更加舒适、简单和灵活，充分体现软件的定位和特点。

本章将对移动UI设计中的基础知识进行讲解，帮助读者快速了解移动UI设计的基础知识。

本章德育目标：具备爱岗敬业的精神，树立团队合作意识。

1.1 了解移动UI设计

想要设计出好的移动UI作品，读者首先需要了解移动UI设计的基本概念。读者通过学习和了解移动UI设计的基本概念，可以从本质上理解移动UI设计的内容和原理，并在设计移动UI作品时充分展现个人的设计理念，设计出更多既符合行业需求又满足用户需求的作品。

1.1.1 初识UI设计

UI是User Interface的简称。UI设计则是指对软件的人机交互、操作逻辑和界面美观的整体设计。

UI设计的范围很广，大到Windows操作系统，小到输入法软件，都会涉及UI设计。日常生活中常见的地铁自动售票机界面和智能快递柜界面都属于UI设计范畴，如图1-1所示。

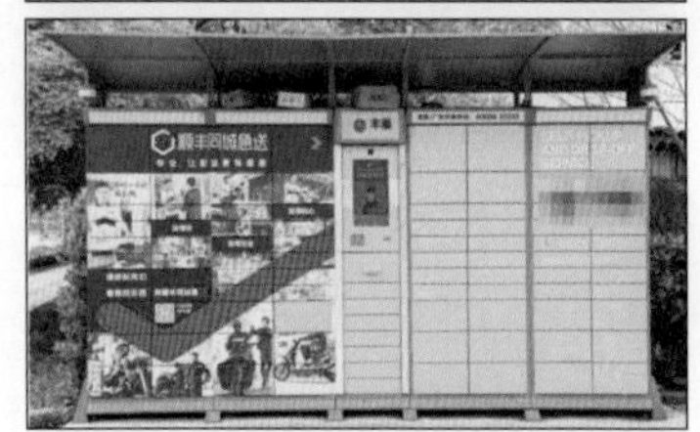

图1-1 地铁自动售票机界面和智能快递柜界面

将UI设计按照职能进行划分，可分为图形设计、交互设计及测试与研究3个部分，如图1-2所示。

图形设计通常是指软件产品的“外形”设计。

交互设计主要是指软件的操作流程、树状结构和操作规范等。通常一个软件产品在编码之前就需要完成交互设计，并确立交互模型和交互规范。

测试与研究则是指测试图形设计的美观性和交互设计的合理性，它主要通过目标用户问卷调查的形式来衡量UI设计是否达标。

提 示

如果没有对UI作品进行测试与研究，则UI设计的好坏只能凭借设计师或领导者个人的审美来评判，这样会给项目带来极大的风险。

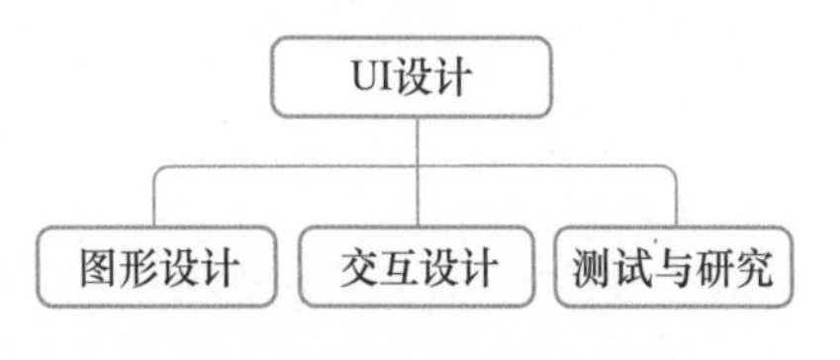

图1-2 UI设计职能划分

1.1.2 移动UI设计的概念

由UI设计的概念可知，移动UI设计指的是智能手机、平板电脑和智能穿戴等移动设备中应用程序的UI设计。图1–3所示为不同移动设备中的UI设计。

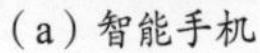

（a）智能手机

（b）平板电脑

（c）智能手表

图1–3 不同移动设备中的UI设计

移动设备中的应用程序就是指App。App是Application的缩写，它多指安装在智能手机上的软件，用来完善原始系统的不足并展现个性化功能，为用户提供更加丰富的使用体验。图1–4所示为京东App和掌上高铁App的首页UI设计。

图1–4 京东App和掌上高铁App的首页UI设计

操作技巧

移动UI设计师的设计思路

用户在选择移动端软件时，通常会选择界面视觉效果良好并具有良好体验的应用软件。目前市面上的移动应用软件非常多，但这些软件良莠不齐，界面各异。如何满足用户要求、如何使自己的软件营利，都是设计师需要考虑的内容。

1.1.3 移动UI与PC端UI

PC端UI设计的范围非常广，包括绝大多数的UI领域。而移动UI设计主要涉及智能手机、平板电脑和智能穿戴设备的客户端。从设计的角度来说，二者在屏幕尺寸、设计规范和交互动效上都有很大的不同。

1. 屏幕尺寸不同

移动设备的屏幕一般都比较小，又受到不同系统的限制，因此每个页面中所容纳的内容较少，需要通过多层级的方式扩充内容。而PC端UI设计则没有这个顾虑，每个页中都要尽量多放内容，从而减少层级。

例如PC端的京东页面，整个页面尺寸较大，页面中摆放内容的空间也较大，用户只需要通过二级页面就可以看到想要的内容，如图1–5所示。

移动端的京东App首页层级较多，用户想要找到感兴趣的商品，往往需要一层一层地查找。点击“京东超市”图标即可进入“京东超市”的二级页面，如图1–6所示。

图1-5　PC端的京东页面

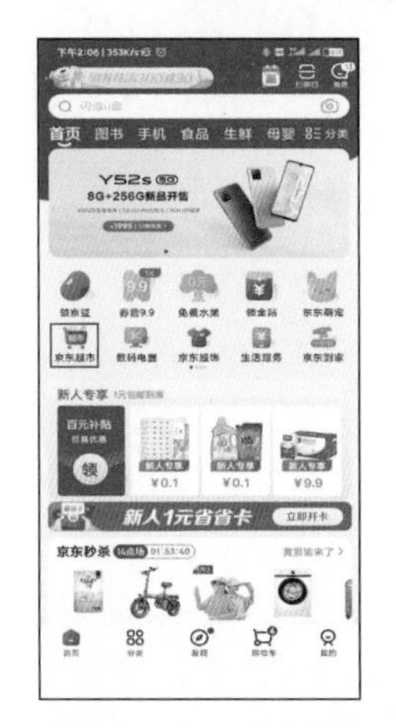

图1-6　点击“京东超市”图标进入二级页面

2. 设计规范不同

PC端UI通常使用鼠标操作，而移动UI使用手指点击操作。鼠标操作的精确度高，而手指操作的精确度则相对较低。因此PC端UI的图标一般比较小，而移动UI的图标则相对较大。图1-7所示为QQ音乐PC端和移动端图标大小的对比。

图1-7　QQ音乐PC端和移动端图标大小的对比

3. 交互动效不同

PC端UI可以通过鼠标进行很多的UI交互操作，如单击、双击、按住、移入、移除、右击和滚动滚轮等。图1-8所示为使用鼠标进行交互操作时，不同状态下鼠标指针的不同显示效果。

图1-8　不同状态下鼠标指针的不同显示效果

移动UI通过手指触控屏幕完成交互操作，因此交互方式相对较少，只能实现旋转、收缩、长按、平移、点击和滑动等操作。图1-9所示为移动UI的交互手势。

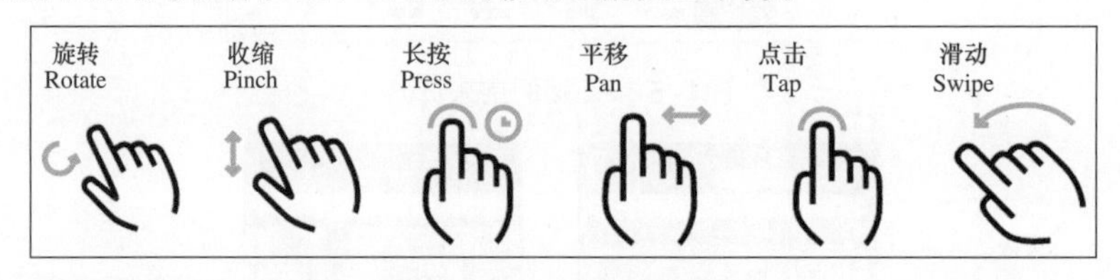

图1-9　移动UI的交互手势

例如，在移动端的爱奇艺视频软件中，浏览者在视频界面左边上下滑动可以调整亮度，在右边上下滑动可以调整声音，在最下面左右滑动可以调整视频的进度，双击可以暂停/继续播放。而在PC端的爱奇艺视频软件中，可通过单击、双击、右击和滚动滚轮等进行多种操作。

提 示

除了以上所讲的不同之处，PC端UI与移动UI还有很多方面是不同的，如图片的格式、切片输出要求等，这些内容在本书后面的章节中会逐一进行详细讲解。

1.1.4　将PC端UI重置为移动UI

移动UI和PC端UI最根本的区别就是屏幕的大小。屏幕的大小直接决定了界面承载信息量的多少，PC端的一个页面中包含的信息在移动端中则需要几个页面才能全部放置完。图1-10所示为同一软件在PC端和移动端的一个页面的信息量对比。

图1-10　同一软件在PC端和移动端的一个页面的信息量对比

一些设计师认为可以通过自适应的方式将PC端与移动端的UI进行适配，即将PC端UI中多余的内容以滚动页面的形式呈现在移动UI中，用户通过滑动查看滚动页面。这是一个非常简单的处理方案，但是忽略了一个重要问题——用户不愿意滑动。

有具体数据显示，移动端的App界面中超过一屏的内容信息，其曝光与点击量会急剧下降。因此，对移动UI来说，重要的内容信息必须放置在首屏，让用户一开始就可以看到或找到。接下来讲解3个将PC端UI重置为移动UI的方法。

1. 重构页面信息架构

如果设计师要为一个PC端网站或软件开发移动App，首先要做的就是重构该网站或软件的信息架构。PC端软件的一个界面可以把所有功能全部展示给用户，而移动App的一个界面只能展示一些主要的功能，次要的功能需要进行层级下放处理。

> **提 示**
>
> 信息架构是指依据最普遍、最常见的原则和标准对UI设计中的内容进行分类整理，确立标记体系和导航体系，将内容结构化，从而让浏览者更加方便、迅速地找到想要的信息。

2. 一个界面一个任务

软件在移动端的使用环境与在PC端的使用环境相比，更加复杂多变，也更容易受到干扰，所以设计师在设计时，必须保证App界面信息简单和直观。

如果一个App在界面中展示过多的信息量，很容易让用户产生混乱的感觉。这里所说的信息量并不是指客观信息量，而是指用户主观感受上能够承载的信息量。

例如软件的登录界面，在PC端中软件或网站的登录信息只占页面的1/4，而在移动端中则占了一整个页面，两种界面排版带给用户完全不一样的感受，如图1-11所示。如果在移动App的一个界面中显示很多内容且布局比较紧凑，则容易让用户产生焦虑的感觉。

图1-11 软件的登录界面

设计师解决了一屏“内容多”的问题后，随之又会出现“步骤多”的问题。在PC端软件中一个界面可以完成的任务在移动App中需要跳转好多个界面才能完成，这无疑增加了用户的操作步骤。对于这个问题，设计师可以不必担心。因为界面内容量用户可以一眼看出来，但用户无法立刻感知任务有多少步骤，等到用户发现任务步骤数较多时，整个任务已经完成了。

3. 突出重要信息

除了控制移动App界面中的信息量，还需要突出重要信息，才能使移动App界面看起来主次分明，可用性强。

例如，如果用户想从南京到新疆维吾尔自治区阿克苏，但是没有直达的车次，只能选择换乘。12306 App和飞猪App的车票搜索界面展示的信息量相差无几，但是两个界面却给浏览者两种截然不同的视觉感受，如图1-12所示。

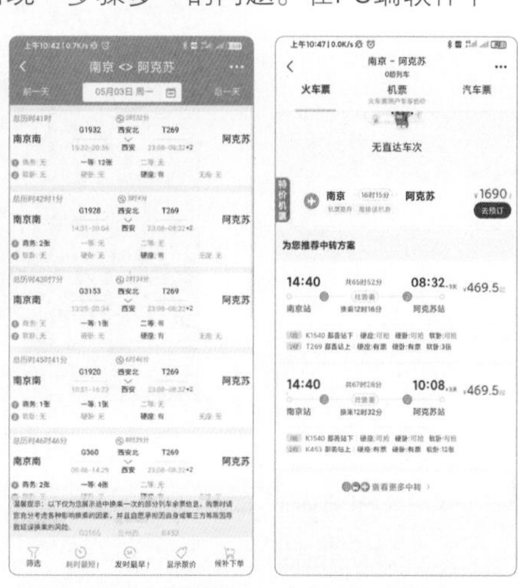

（a）12306 App　　（b）飞猪 App

图1-12 不同App的车票搜索界面

12306 App跟飞猪App展示的信息量几乎相同，唯一的区别在于12306 App展示了两趟车次各自的起止时间，而飞猪App只展示了整趟旅程的起止时间。问题不是信息量，而是信息的展示形式。用户关注的信息应该突出显示，这样才更容易被用户发现。

对一趟车次来说，用户更加关注出发/到达站、出发/到达时间和票价。飞猪App对界面中的信息采用了较为宽松的排版和干净、整洁的颜色处理，让用户的视觉焦点落在重点信息上。

12306 App中所有的信息都属于同一层级，容易让用户抓不到主次，而且界面配色超过3种颜色，增加了用户的信息获取时间。

1.2 移动UI的系统分类

移动UI设计主要是为移动设备设计界面，它会受到移动设备所使用的不同系统影响。目前智能手机和平板电脑的主流系统平台是Android系统和iOS，华为手机的系统平台是HarmonyOS，智能手表的主流系统平台是Wear OS和watchOS。

1.2.1 iOS

iOS是由苹果公司开发的操作系统，目前主要应用在iPhone、iPod touch和iPad等设备上。它以Darwin 操作系统为基础，最初被命名为iPhone OS，在2010 年6 月7日的苹果全球开发者大会（Worldwide Developers Conference，WWDC）上被宣布改名为iOS。从2010年开始，苹果公司逐步完善并发布iOS。至2021年4月，iOS版本为iOS 14.6 Bate。图1-13所示为iOS 6 和iOS 14 的界面。

图1-13　iOS 6和iOS 14的界面

相对于Android系统来说，iOS具有稳定性较高、安全性高、整合度高和应用质量高的特点。

1. 稳定性较高

iOS是一个完全封闭的系统，不开源，但是这个系统有着严格的管理体系和评审规则。由于iOS闭源，系统进程都在苹果公司的掌控之中，因此系统运行较为流畅、稳定，不会出现Android系统那样因后台程序繁多而影响系统响应速度的现象。

2. 安全性高

对用户来说，移动设备的信息安全十分重要。例如企业和客户信息、个人照片、银行信息或者地址等，都必须保证其安全。苹果公司对iOS采取了封闭的措施，并建立了完整的开发者认证和应用审核机制，因而恶意程序基本上没有“登台亮相”的机会。

iOS设备使用严格的安全技术和功能，因此使用起来十分方便。iOS设备上的许多安全功能都是默认的，无须对其进行大量的设置。某些关键性功能，例如设备加密功能，则是不允许配置的，这样能够避免出现用户意外关闭这项安全功能的情况。

3. 整合度高

iOS的软件与硬件的整合度相当高，这使其分化程度极大降低，在这方面要远胜于碎片化严重的Android系统。这样也增加了整个系统的稳定性，经常使用iPhone的用户也能发现，手机很少出现死机、无响应的情况。

4. 应用质量高

作为目前最为流行的手机操作系统之一，iOS与Android系统一样，拥有大量的用户及开发者。但由于iOS的封闭性和严格的审查制度，iOS中的应用相对于Android系统来说，无论是UI设计还是操作流畅度，质量都会高一些。

提 示

由于iOS的封闭性及其对iTunes的过度依赖，iOS的可玩性较弱，因此，大部分数据的导入和导出都相对烦琐。在现在这个硬件层出不穷、知识共享的时代，苹果公司如果不对此做出及时的应对，或许会影响iOS的发展。

1.2.2 Android系统

Android公司于2003年在美国加州成立，2005年被Google公司收购。Android是一种以Linux系统为基础的开放源码操作系统，它主要应用于手持设备。

1.2.3 HarmonyOS

HarmonyOS（鸿蒙系统）是一个面向未来和全场景（移动办公、运动健康、社交通信和媒体娱乐等）的分布式操作系统。在传统单设备系统的基础上，HarmonyOS提出了基于同一套系统能力、适配多种终端形态的分布式理念，能够支持多种终端设备。

2019年8月，华为在开发者大会上正式发布HarmonyOS。

2020年9月，华为在开发者大会上发布HarmonyOS 2.0，并表示将面向应用开发者提供HarmonyOS 2.0的beta版本。

2021年6月，华为正式发布HarmonyOS 2.0。

从发布到现在，经过两年的不懈努力，HarmonyOS进入稳定版的内测和公测。目前市面上90%以上的华为手机都会升级为HarmonyOS。

提 示

塞班系统是塞班公司为手机设计的操作系统。塞班公司于2008年被诺基亚公司收购。由于缺乏新技术支持，塞班系统的市场份额日渐萎缩。2013年1月，诺基亚官方宣布放弃塞班品牌，同时不再发布塞班系统手机。

Google用甜点名称为Android系统的各个版本命名，从Android 1.5开始到Android 9.0，命名版本的甜点依次为纸杯蛋糕、甜甜圈、松饼、冻酸奶、姜饼、蜂巢、冰激凌三明治、果冻豆、奇巧、棒棒糖、棉花糖、牛轧糖、奥利奥、派。图1-14所示为Android系统“棒棒糖”版本和“派”版本的图标。

（a）“棒棒糖”版本

（b）“派”版本

图1-14 Android系统“棒棒糖”版本和“派”版本的图标

提 示

从Android Q版本开始，Andriod系统不再采用“首字母+甜点”的命名方式，而是直接采用数字，例如Android Q被命名为Android 10。

相对iOS来说，Android 系统具有系统开源、跨平台和应用丰富的特点。

1. 系统开源

Android系统的底层使用Linux内核、GPL许可证，这也意味着相关的代码必须是开源的。开源带来的是快速流行的能力与较低的学习成本。各个手机厂商无须自行开发手机操作系统，因此纷纷采用Android系统，甚至可以按照自己的想法进行深度定制。例如三星的One UI系统和华为的EMUI系统，就是在Android系统的基础上改进而成的，如图1-15所示。

（a）One UI

（b）EMUI

图1-15 深度定制系统

开源促进了学习研究社区的迅速兴起。对开发者来说，相比iOS，Android系统更适合研究与修改，不会受到限制。

开源带来的另一个极大的好处就是降低了手机厂商的成本。没了操作系统开发的高成本，安装Android系统的手机价格可以控制在很低的水平，或者在同样价位中相对安装iOS的手机拥有更高端的硬件配置。因此在中低端市场中，Android系统有着绝对的统治地位，在高端市场也与iOS有一较之力。可以说，Android系统的诞生实现了普通消费者使用智能手机的梦想。

2. 跨平台

由于Android系统是使用Java进行开发的，因此Android系统继承了Java跨平台的优点。Android系统的任何应用几乎无须修改就能运行于所有的Android设备之上。因此厂商将Android系统应用到各种各样的硬件设备中，不仅仅局限于手机、平板电脑和智能手表，电视和各种智能家居也都在使用Android系统。

跨平台也极大地方便了庞大的应用开发者群体。对同样的应用来说，不同的设备需编写不同的程序，这是一件极其浪费劳动力的事情，而Android系统的出现很好地改善了这一情况。Android系统在系统运行库层实现了一个硬件抽象层，向上为开发者提供了硬件的抽象，从而实现跨平台，向下极大地方便了Android系统向各式设备移植。

3. 应用丰富

操作系统代表着一个完整的生态圈，一个系统若没有丰富的应用支持，设计得再好也很难流行。Android 系统由于其本身的特点和Google 公司的大力推广，很快就吸引了开发者的注意。

时至今日，Android系统已经积累了相当多的应用，这些应用使Android系统更加流行，从而也吸引了更多的开发者开发出更多更好的应用。

1.2.4 Wear OS和watchOS

Google公司与苹果公司在智能手机操作系统市场中一直是分庭抗礼的。随着智能穿戴设备的兴起，分别由两家公司开发的Wear OS和watchOS也逐渐走进大众的视野。

图1-16 Google智能手表

1. Wear OS

Wear OS是Android系统的一个分支版本，其专为智能手表等可穿戴智能设备设计，首个预览版公布于2014年3月。图1-16所示为Google智能手表。

Wear OS支持数字助理、传感器等功能，现有众多芯片和设备合作伙伴，如华硕、华为、三星、Intel、索尼、LG、摩托罗拉、HTC、联发科、博通、高通和MIPS等，使用该系统的手表产品超过50款。

2. watchOS

watchOS是苹果公司基于iOS开发的一套使用于Apple Watch的操作系统。在2014年9月的iPhone 6发布会上，苹果公司带来了其全新产品——Apple Watch，Apple Watch运行基于iOS的watchOS。图1-17所示为Apple Watch。

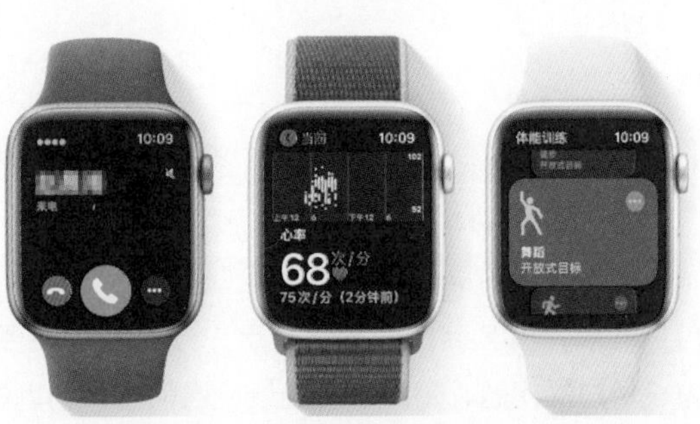

图1-17 Apple Watch

提示

2021年6月发布的watchOS 8给用户带来了更丰富的健康和健身功能，以及更强大的Siri和更广泛的第三方App支持。

1.3 移动UI设计流程

移动UI设计只是产品设计中的一个步骤，因此设计师要想更好地理解移动UI产品的设计流程，必须先了解产品设计阶段的整体工作流程。一般情况下，完成一款移动UI设计作品按先后顺序需要经历图1-18所示的7个阶段。

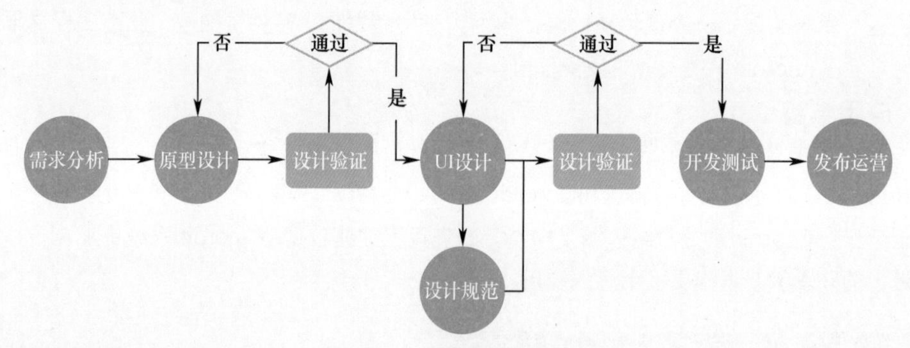

图1-18 移动UI设计流程

1.3.1 需求分析

需求分析是一个“烧脑”的工作阶段，这个阶段需要产品经理、交互设计师，以及公司市场、运营等各个部门的人员参与，做大量的研究和提炼工作。一般通过用户分析、竞品分析、核心流程分析、技术分析和市场分析等几个步骤，最终可以梳理出需求规划文档。图1-19所示为需求分析阶段的主要步骤。

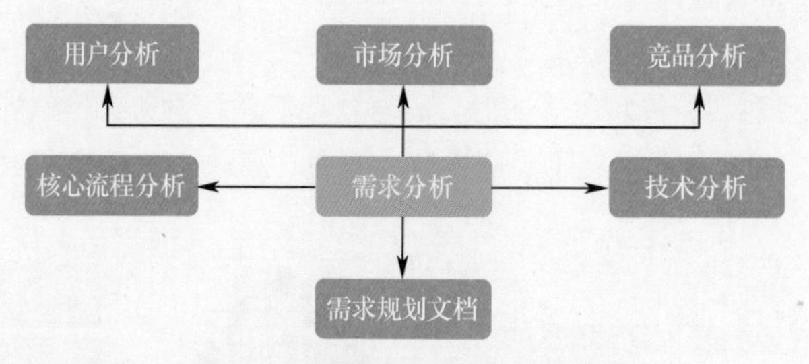

图1-19 需求分析阶段的主要步骤

1. 用户分析

需求分析的第一步工作是用户分析。产品的一切都是建立在用户需求之上的，一个产品能满足用户需求才有其存在的价值。用户分析的主要目的是确定目标用户，并详细了解用户的目的和行为、用户的问题、用户使用场景及当前用户问题的解决方案等。用户分析的目的、方法和产出物如图1-20所示。

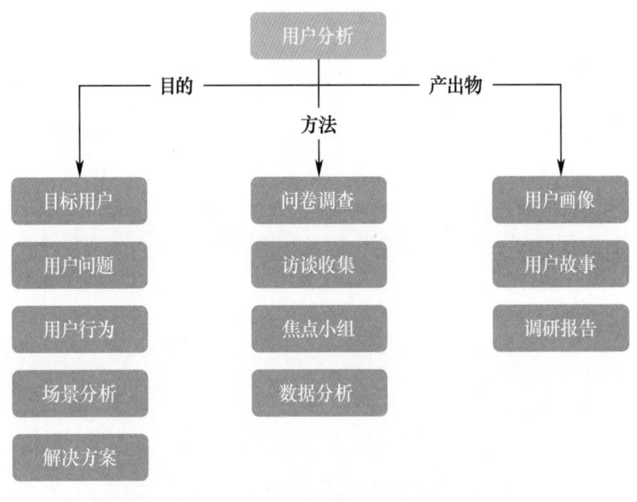

图1-20 用户分析的目的、方法和产出物

用户分析其实很复杂，大公司会有专门的用户研究工程师来负责此项工作，但一般公司都是由产品经理或交互设计师来完成此项工作，而且他们通常没有太多资源和时间进行详细调研，但可以简化用户分析这一步骤，因为简化的用户分析也是有用的。

最简单、有效的用户分析方法是做几次用户访谈，通过访谈可以收集足够多的信息。如果资源和条件足够，那么还可以使用问卷调查等常见的方法。

2. 竞品分析

大多数产品都会有竞品，做好竞品分析能达到事半功倍的效果。产品层面的竞品分析就是从用户需求、产品功能、交互流程和视觉展示等方面进行分析和对比，总结出产品的优劣势和机会等。

竞品分析不应包含市场格局、公司战略之类的内容，商业层面的竞争关系可以放在商业市场环节去分析。竞品分析的目的是了解竞品，更好地制定竞争方案，同时学习竞品优秀的地方，但不要完全照搬。竞品分析的产出物是竞品分析报告等文档。图1-21所示为竞品分析的目的、方法和产出物。

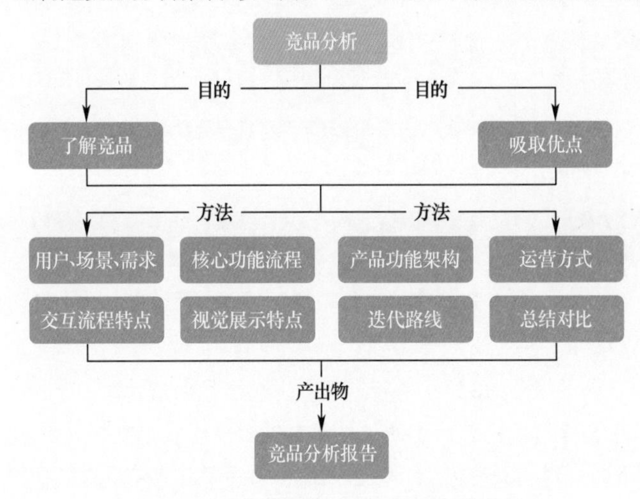

图1-21 竞品分析的目的、方法和产出物

3. 核心流程分析

产品需要满足最主要的用户需求，需求分析阶段需要团队成员明确核心流程、统一方向。核心流程分析的角度包含角色、任务、信息流向和时间阶段等，一般产出物为泳道图。图1-22所示为核心流程分析的目的、角度和产出物。

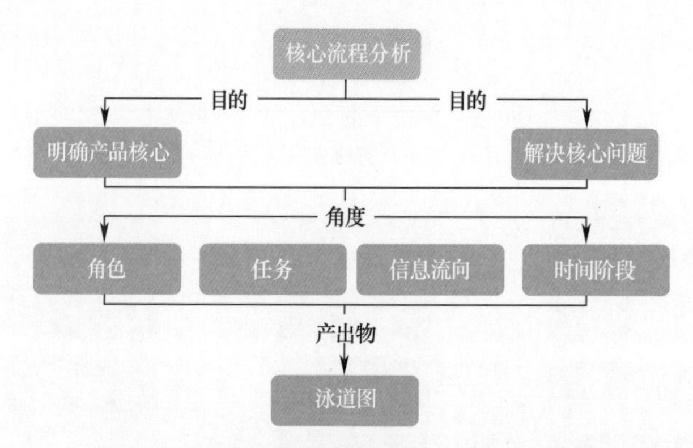

图1-22　核心流程分析的目的、角度和产出物

4. 技术分析

在制定核心流程后，产品设计人员要与技术负责人共同对技术进行分析，了解研发成本。产品设计人员在设计流程阶段需要做很多讨论和评审工作，要及时与技术负责人沟通，避免后期出现不必要的麻烦。图1-23所示为技术分析的流程。

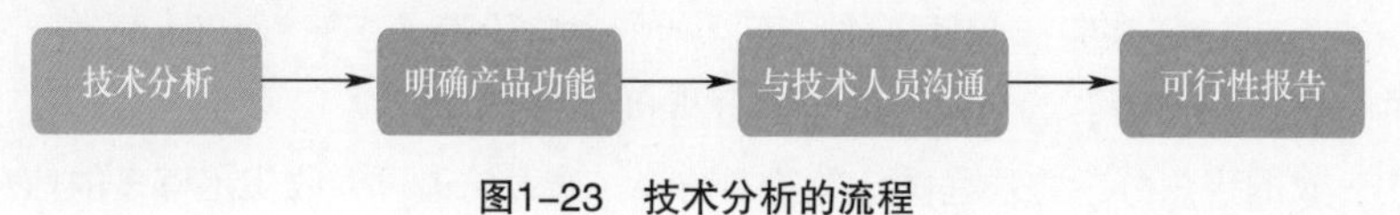

图1-23　技术分析的流程

5. 市场分析

要做某一行业的产品，必须深入了解该行业。市场分析的目的是明确产品的商业价值，为公司高层做决策提供参考依据，并获得人力、资金和资源支持等。商业市场决策一般都由老板决定，产品经理负责执行。

市场分析的角度有很多，主要目的是了解行业、市场、竞品和用户等，预估成本和风险，不同的行业、公司的侧重点不同，需要具体问题具体分析。市场分析的产出物是商业需求文档（BRD）、市场需求文档（MRD）和产品需求文档（PRD）等。图1-24所示为市场分析的目的、角度和产出物。

图1-24　市场分析的目的、角度和产出物

6. 需求规划文档

设计团队接到的需求可以分为3类：全新产品、现有产品新增功能、产品改版。在前期的需求分析阶段，产品经理主要是与客户进行沟通，从而整理出需求规划文档。需求规划文档包括BRD、MRD和PRD这3种。下面是对这3种文档的简述，表1-1所示为3种文档的重点突出内容和用途等。

BRD（Business Requirement Document，商业需求文档）：该文档是基于商业目标或价值描述产品需求的文档。

MRD（Market Requirement Document，市场需求文档）：该文档属于过程性文档，是由产品经理或者市场经理编写的产品说明文档。

PRD（Product Requirement Document，产品需求文档）：该文档是将BRD和MRD用更加专业

的语言描述出来的文档。

表1-1　3种文档的重点突出内容和用途

类型	重点突出内容	用途
BRD	项目背景、市场分析、团队、产品路线、财务计划和竞争对象分析等	确立项目，分析客户公司的发展，对产品前景进行展望，以及权衡所要消耗的资源
MRD	目标市场分析（目标、规模、特征和趋势）； 目标用户分析（用户描述、用户使用场景、用户分类统计、核心用户、用户分类分析、竞争对手分析和产品需求概况）	面向市场，重点分析产品在市场上如何短期、中期和长期生存，明确核心用户的需求等
PRD	功能清单、优先级、功能目的和功能详细说明； 业务流程、用例； 业务规划、界面原型； 数据要求（输入/输出、极限范围和数据格式等）	面向团队开发人员、设计人员、程序员和运营人员等，团队需要更加详细地策划 App 的所有功能和设计

1.3.2 原型设计

进入信息时代后，多媒体的运用使UI原型设计更加多元化，多学科、多角度的剖析使原型设计理论更加丰富。

将产品需求梳理好后，接下来就要开始进行原型设计了。原型设计阶段是产品成型的阶段，产品从抽象的需求转换成具象界面的过程需要产品经理和交互设计师配合完成。当然，这在大部分公司中都是由产品经理独立完成的。原型设计的工作流程如图1-25所示。

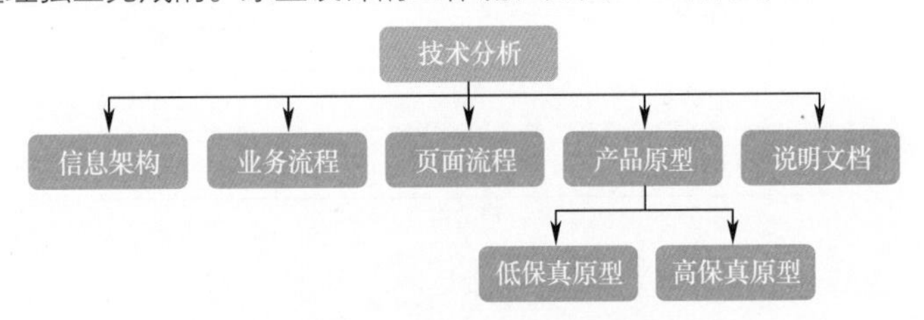

图1-25　原型设计的工作流程

1. 信息架构

原型设计中的信息架构其实就是产品信息分类，即明确产品由哪些功能组成，然后将相关功能内容组织分类，明确逻辑关系，并平衡信息展现的深广度，引导用户寻找信息。图1-26所示为信息架构的目的、方法和产出物。

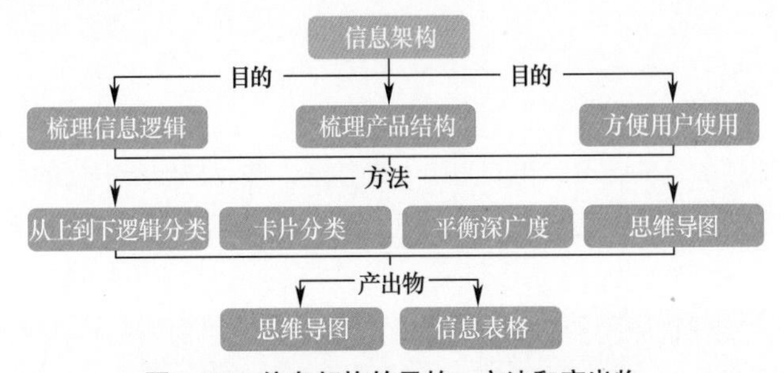

图1-26　信息架构的目的、方法和产出物

在信息架构工作中要把导航规划好，最好的产出物是思维导图。图1-27所示为一款音乐App产品的思维导图。

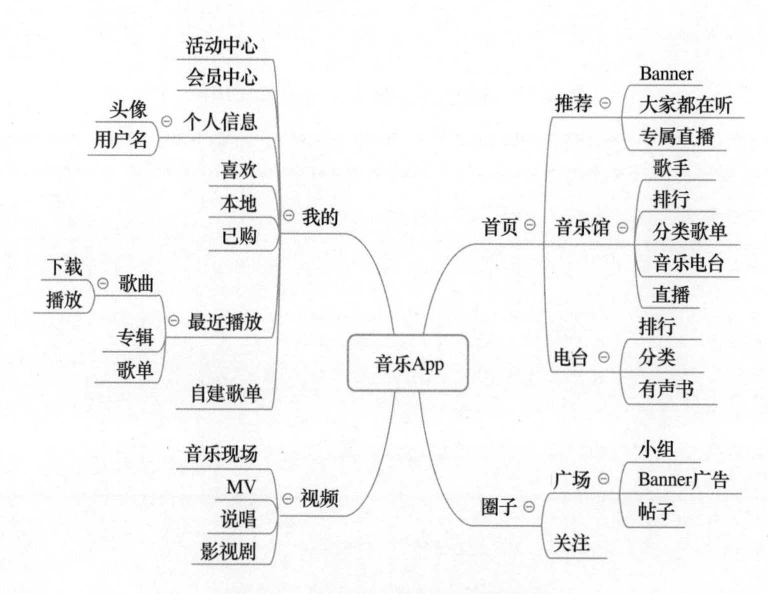

图1-27 音乐App产品的思维导图

2. 业务流程

业务流程是一个产品功能设计的基础，确定了流程，后面的工作才能顺利进行，否则会出现反复修改产品功能的状况。图1-28所示为业务流程的目的、角度和产出物。

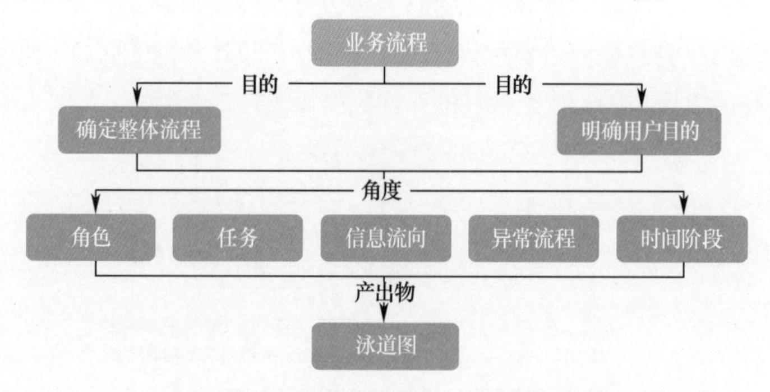

图1-28 业务流程的目的、角度和产出物

提 示

确定好产品中的角色、任务、时间阶段后，按信息流向把流程绘制出来。一般绘制完业务流程，产品需求文档也就成型了。产品需求文档主要是给开发者做参考依据的，因此需把产品层面的逻辑表达清楚。

3. 页面流程

页面流程是业务流程的延伸，要以用户为中心来整理，按用户使用页面的顺序进行组织，把页面结构和跳转逻辑梳理清楚，并确定每个页面的主题。图1-29所示为页面流程的目的、角度和产出物。

4. 产品原型

产品原型可以分为低保真原型和高保真原型，其目的和产出物如图1-30所示。

低保真原型就是验证交互思路的粗略展现，不用描绘得很精细，因为在这个阶段还需不断地评审和讨论，会有很多更改。最好用纸和笔手绘低保真原型，也可以用Axure RP或Sketch制作一些简单的草图，还可以使用Adobe XD 来绘制。图1-31所示为一款App的低保真原型。

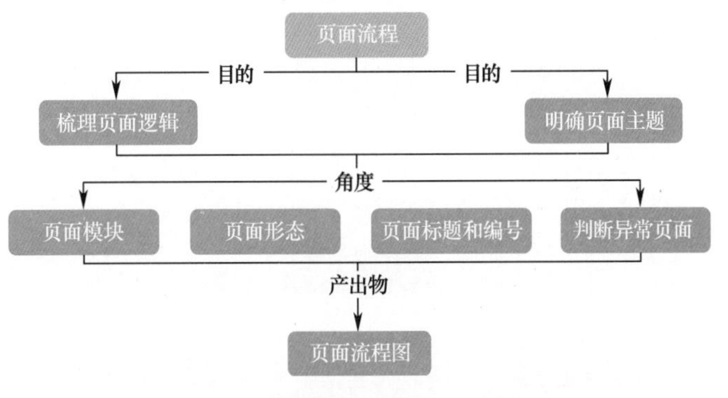

图1-29　页面流程的目的、角度和产出物

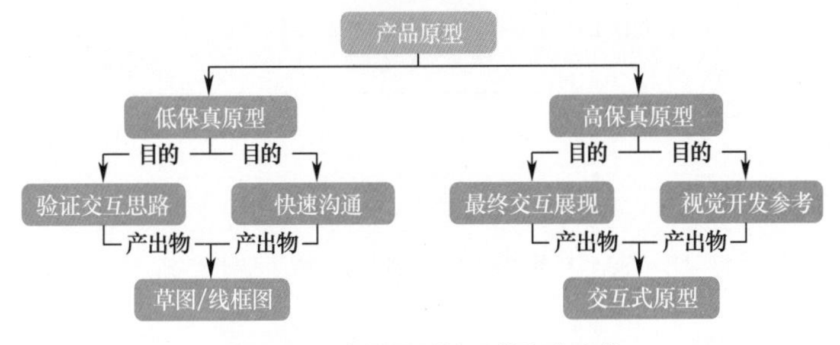

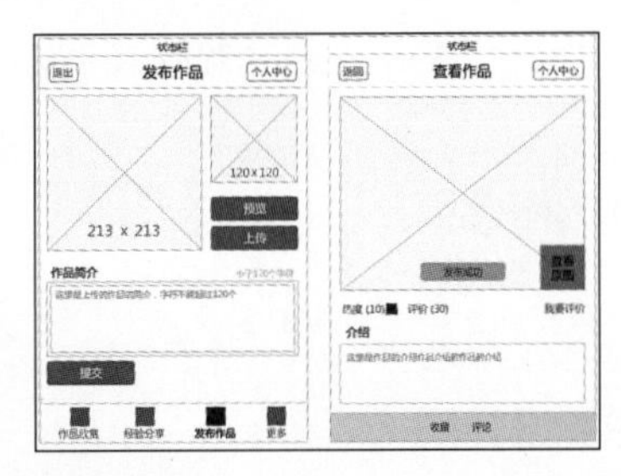

图1-31　低保真原型

高保真原型要将页面控件、布局、内容、操作指示、转场动画、异常情况等都详细地表达出来，给视觉和开发阶段的工作提供详细参考。图1-32所示为一款App的高保真原型。

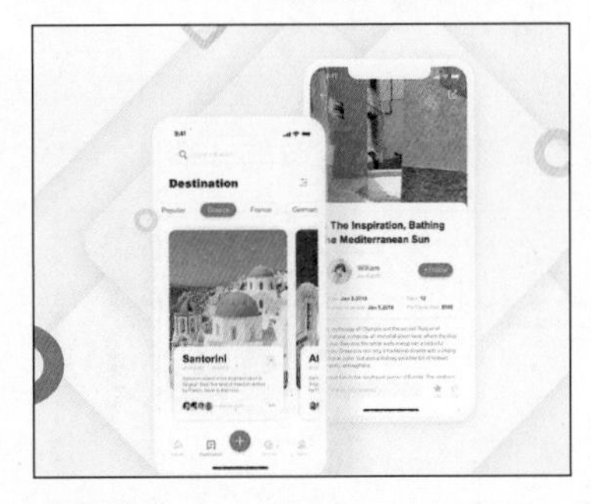

图1-32　高保真原型

提 示

高保真原型可以显著降低沟通成本。高保真的具体程度要看团队的习惯和时间，有的团队制作的高保真原型会无限接近视觉稿，模拟真实的产品交互操作；有的团队制作的高保真原型则以黑、白、灰为主，把交互细节都展现出来，特别需要颜色体现交互的地方才加一些颜色提示。

5. 说明文档

此处的说明文档指的是交互说明文档。写交互说明文档时要以开发为中心，使用开发者能够理解交互的逻辑和规则。

如果没有专门的交互说明文档，那么一般会在原型旁边添加注释说明，从而把交互逻辑和交互规则表达清楚。图1-33所示为交互说明文档的目的、角度和产出物。

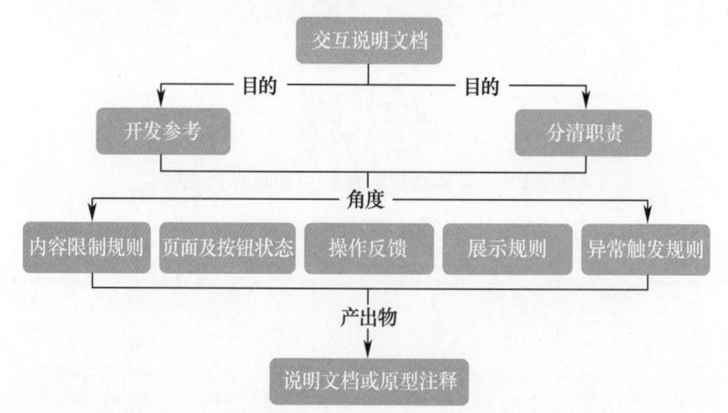

图1-33　交互说明文档的目的、角度和产出物

1.3.3　UI设计

移动UI设计可以简单归纳为设计视觉概念稿、设计视觉设计图和标注切图3个步骤，下面逐一进行讲解。

1. 设计视觉概念稿

在开始正式的视觉设计之前，设计师可以挑选几个典型的、不同风格的页面设计稿，等客户或者领导确定视觉风格后，再进入下一步的工作，避免推翻重做。

2. 设计视觉设计图

视觉设计是用户体验的一个重要组成部分，它给用户带来最直观的印象。视觉设计之后还需要建立标准控件库和页面元素集合等视觉规范，使团队的工作统一化、标准化。图1-34所示为完成的某移动App的视觉设计图。

3. 标注切图

视觉设计完成后，需要给设计稿做标注，以方便前端工程师切图。标注的内容主要是边距、间距、控件长宽、控件颜色、背景颜色、字体、字号大小、字体颜色等，如图1-35所示。

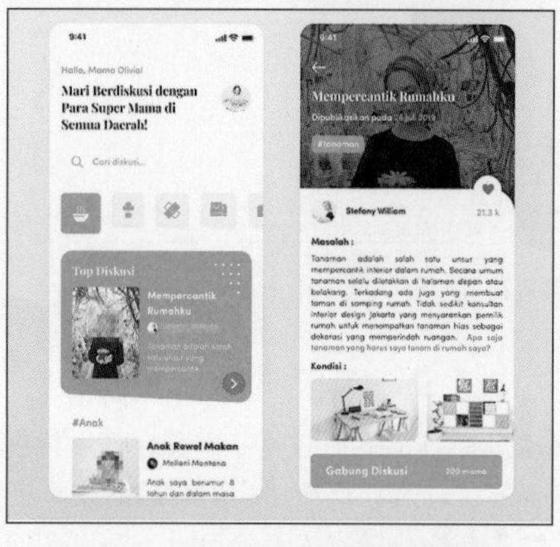

图1-34　某移动App的视觉设计图

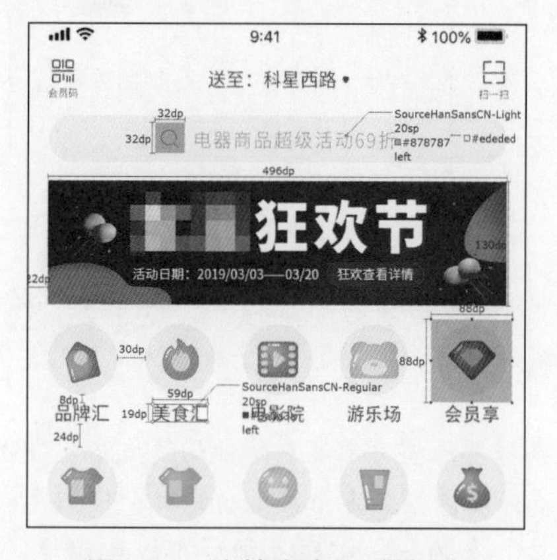

图1-35　为某移动App做标注

1.4 移动UI设计原则

设计师按照UI设计规范中的四大设计原则制作移动App界面，可以设计出更加舒适、简单及体现产品定位和特点的App界面。

1.4.1 风格一致性原则

遵循风格一致性的设计原则设计出的App界面直观、简洁，操作方便、快捷，界面中的功能也一目了然，用户不需要研究太久就可以顺畅地使用该App。图1–36所示为符合风格一致性原则的某移动App界面。

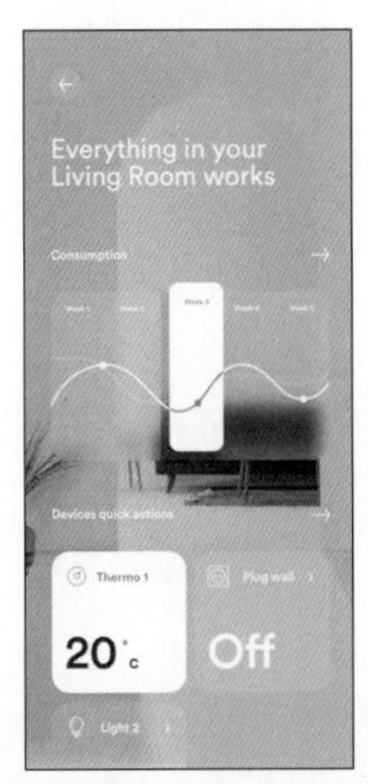

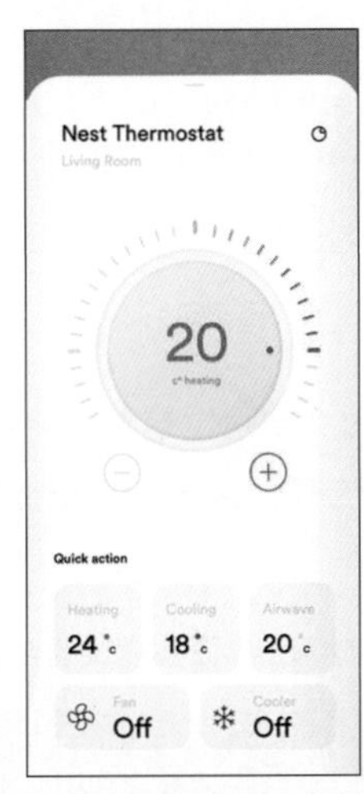

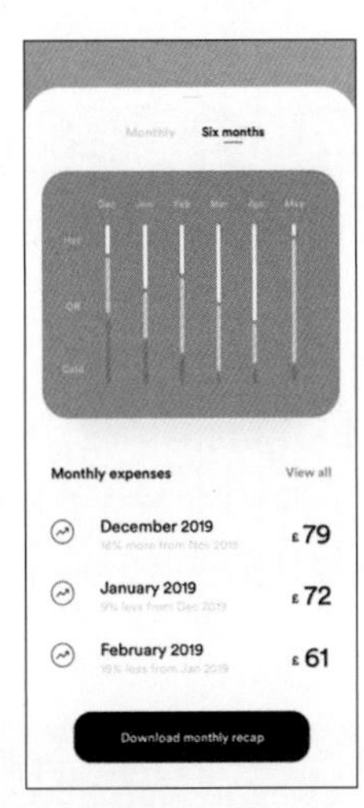

图1–36 符合风格一致性原则的某移动App界面

下面是风格一致性原则的具体表现。设计师可以在设计与制作App界面时灵活运用风格一致性原则，增强用户体验的同时使App界面更加规范化。

1. 字体

保持字体及颜色一致，避免App中出现多种字体。不可修改的字段统一用灰色文字显示。

2. 对齐

保持App界面内元素对齐方式一致。没有特殊情况，设计师应该避免同一款App中出现多种对齐方式，以保持App界面内容整洁、有序。

3. 表单录入

如果App界面中包含必填与选填内容，必须在必填项旁边给出醒目标识，例如添加*。

不同类型的数据输入需要限制文本类型，并提供或标明格式。例如电话号码输入选项只允许输入数字，邮箱地址输入选项必须包含@等。同时，在用户输入有误时给出明确提示，提升移动App的用户体验。

4. 明确系统用语

同一功能不能使用多个词汇进行描述，否则会扰乱用户的思维和界面的节奏。例如编辑和修改、新增和增加、删除和清除等。

设计团队可以在App项目开发阶段建立一个产品词典，产品词典包括产品中的常用术语及描述，设计或开发者应严格按照产品词典中的术语词汇展示内容信息。

1.4.2 元素准确性原则

在设计与制作移动App界面时，需要使用相同的标记、缩写和颜色，使显示信息的含义明确且清晰，方便设计和开发者查阅与使用。下面是元素准确性原则的一些归纳和总结，设计师在设计与制作移动App时可以参考借鉴。

（1）对错误信息的提示进行有意义的设计，避免单纯的程序错误提示带给用户的混乱感。

（2）避免使用文本输入框样式来放置不可编辑的文字内容。

（3）使用缩进和文字信息辅助用户理解界面内容。

（4）尽量使用用户词汇语言展示信息内容，避免专业计算机术语带给用户距离感。

（5）高效地利用App显示空间，同时也要避免空间过于拥挤。

（6）保持语言的一致性，例如“确定”对应“取消”，“是”对应“否”等。

1.4.3 界面布局合理化原则

设计师在进行移动UI设计时需要充分考虑布局的合理化问题，也就是说，需要满足用户从上而下及自左向右的浏览和操作习惯，同时也应该避免常用功能排列分散的问题。这样做的目的是提高App界面的友好性。

在设计与制作移动App界面时，多做“减法”运算，将不常用的功能区块隐藏，保持界面的整洁和干净，使用户专注于主要业务操作流程，这样有利于提高App的易用性及可用性。表1-2所示为移动App界面各模块的合理化布局。

表1-2 移动App界面各模块的合理化布局

模块名称	合理化布局
菜单	保持菜单简洁性及分类的准确性，避免菜单深度超过3层。菜单功能如果需要打开一个新界面才能完成，设计师可以在菜单名称后面加上“…”，用于提醒
按钮	确认操作按钮放置在App界面左边，取消或关闭按钮放置在App界面右边
功能	未完成的功能必须隐藏处理，不要将其置于App界面内容中，以免引起用户的不必要操作
排版	所有文字内容在排版时必须与边界保持10px～20px的间距，并在垂直方向上居中对齐；各控件元素间也需要保持至少10px以上的间距，并确保控件元素与界面边界有一定的边距
表格数据列表	为了方便阅读，字符型数据保持左对齐，数值型数据保持右对齐；并根据字段要求，统一只显示到小数点后两位
滚动条	移动App布局设计时应避免出现横向滚动条
导航App	在App界面显眼位置设定导航栏，让用户知道当前页面所在位置，并明确导航结构
信息提示窗口	信息提示窗口应位于当前页面的居中位置，并适当弱化背景层以减少信息干扰，让用户把注意力集中在当前的信息提示窗口。一般情况下，设计师会在当前界面添加一个半透明的黑色遮罩层用以突显信息提示窗口

1.4.4 系统响应时间原则

系统响应时间应该适中，响应时间过长，用户就会感到不安和烦躁；而响应时间过短，则会影响到用户的操作节奏，同时可能导致用户出现操作失误。因此，设计师在制作移动App界面动效时，应在响应时间上坚持下面的3个原则。

（1）处理信息提示的时间最好在2～5秒，避免用户误以为没响应而进行重复操作。

（2）如果处理信息提示需要5秒或者更长的时间，设计师需为这部分内容设计进度条，避免用户因为长时间的等待而关闭界面。

（3）当长时间处理完成时，应给予用户操作成功的提示信息，及时的反馈可以安抚用户情绪。

1.5 移动UI设计流程的职位划分

移动UI的设计团队指的是围绕一个产品打造，并以设计、开发完成该产品为目标的团队。团队按照其工作职能可以分为部门经理、用户分析师、产品经理和项目经理、原型设计工程师、UI设计师、前端开发工程师、后端开发工程师、测试工程师和运营人员。图1–37所示为移动App项目开发过程中不同职位的参与顺序。

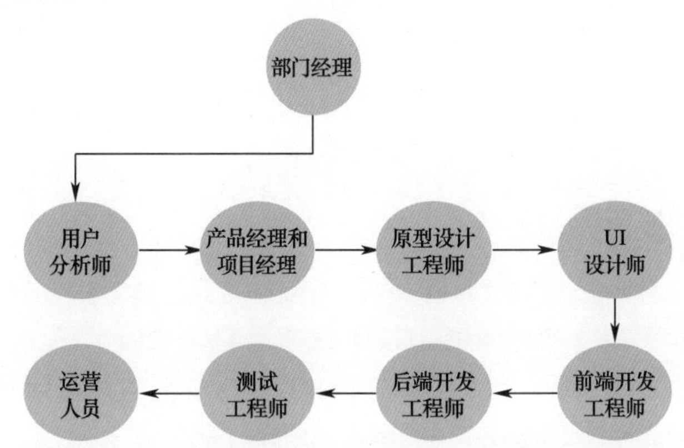

图1–37 移动App项目开发过程中不同职位的参与顺序

在这些职位中，产品经理、项目经理、UI设计师及开发工程师（包括前端与后端）都会直接参与移动UI设计，下面将详细介绍几个主要职位的工作职能和工作技能。

1.5.1 产品经理

产品经理主要负责细化产品逻辑和制作产品原型图。原型图用于向上级管理层或客户汇报工作，并交付设计师和开发者。

产品经理的职责是在产品策划阶段向管理层提出建议并制作产品文档。产品文档通常包括产品的规划、市场分析、竞品分析、迭代规划等。在立项之后产品经理负责进度的把控、质量的把控和各个部门的协调工作。在产品开发过程中，产品经理是领头人、协调员和鼓动者，但并不是老板。

产品经理针对产品开发本身有很大的权力，可以对产品生命周期中的各阶段工作进行干预。从行政角度上讲，产品经理并不像一般的经理那样会有自己的下属，但在实际工作中又需要调动很多资源来做事，因此扮演好这个角色是需要有许多技巧的。

主要输出：产品需求文档、市场需求文档、原型图等。

使用软件：文档书写软件（Office）、原型图软件（Axure RP、Adobe XD 等）。

1.5.2 项目经理

从职业角度讲，项目经理是企业以项目经理责任制为核心，对项目实行质量、安全、进度、成本管理的责任保证体系和为全面提高项目管理水平而设立的重要管理岗位。

项目经理是为项目的成功策划和执行负总责的人。在很多公司里，这个职位由产品经理兼顾。项目经理负责进度的把控和项目问题的及时解决。

主要输出：项目进度表。

使用软件：文档书写软件（Office）。

1.5.3 UI设计师

UI设计师不仅要给产品原型上色，还要根据实际的具象内容和具体的交互修改产品版式，甚至重新定义产品交互等。同时UI设计师还要为页面制作人员提供切图、说明文档、标注文件和设计稿。美工、全链路设计师、全栈设计师、视觉设计师等，都可以理解为UI设计师。

UI设计师接到原型图后，会根据原型图的内容进行交互优化、排版、视觉设计，最终确认后将产出物交付给开发者。如果对接的项目是移动端项目，则需要交付给开发者切图、标注文件和规范文件。

主要输出：设计稿、设计规范、切图文件和标注文件等。

使用软件：设计软件（Adobe Photoshop、Sketch等）和切图标注软件（PxCook、Assistor PS 等）。

1.5.4 开发工程师

开发工程师一般是指懂得如何搭建网站、软件及App的人员，其工作内容包括页面的设计、页面的整体排版、后台的编程开发、数据库的管理及程序的优化和运行等。

开发工程师接收到设计图后，会根据设计图的内容对网站、软件或App进行搭建。搭建完成后，需要对照原型设计进行最终确认并交付测试工程师进行测试。

主要输出：HTML页面或应用程序等。

使用软件：程序编写软件（Dreamweaver等）。

1.6 本章小结

本章介绍了移动UI设计的相关基础知识，针对移动UI与PC端UI的区别、移动UI的系统分类、移动UI设计流程、移动UI设计原则和移动UI设计流程的职位划分进行讲解，帮助读者深刻体会移动UI设计的流程和要点。

第2章 移动UI策划与原型设计

本章主要讲解如何将客户提出的抽象化描述转换为具象化的移动UI策划和原型设计，转换过程中使用的方法及常用软件也将一一为读者进行详细介绍，帮助读者更好地完成每一款移动UI产品的策划与原型设计。

本章德育目标：树立正确的价值观，策划与设计积极向上的移动UI产品。

2.1 确定移动UI目标用户

面对产品行业竞争激烈的状况，很多创业者知道，如果想要获得成功，则确定目标用户尤为重要。精确地定位目标用户，意味着可以使产品在高度同质化竞争中突出重围，聚拢一批高质量的用户，当他们对这一类产品或服务有所需求时，就会首先选择在这个App中浏览或查看。

想要确定一个移动App项目的目标用户，可以通过分析项目的背景和绘制项目用户画像来完成。

2.1.1 分析移动UI项目背景

项目背景描述了项目的由来及设计师想要完成的内容和解决的问题，从而让浏览者快速了解建立项目的原因和价值。也就是说，项目背景为移动App项目的创建和价值提供了理论依据。同时，分析项目背景的过程，也是为移动App项目团队梳理思路、确定项目目标的过程。

项目背景分析不是一个点、一条线、一个面，而是一个完整的体系，它包括以下3个方面的内容。通过分析这3个方面，可以确定项目建立的必要性和商业价值。

（1）使用何种方式、在何种位置实施移动App项目及原因。

（2）解释当前的情况及其问题和解决这些问题的方式。

（3）提出的解释和假设必须有可靠的数据支持。

通过撰写项目背景可以将这3个方面的内容展示给浏览者。撰写项目背景分为搜集背景资料、创建项目背景模型和整理资料3个步骤。

1. 搜集背景资料

在撰写项目背景时，准确的信息非常重要，产品经理或设计师必须使用来源可靠的数据。这些数据大多来源于官方组织分享的实时信息，例如住房和其他指标的统计数据。官方组织包括联合国、国家银行和其他大型组织与公司。

要避免从非官方组织处获取项目背景数据，即使获取的数据完全符合项目目的。并且在撰写项目背景时，所使用的数据必须标明出处，同时必须确保数据与项目相关。

2. 创建项目背景模型

移动App项目团队可以通过SET分析、PEST分析和SWOT分析3种模式创建项目背景模型。

（1）SET分析模式

使用SET分析模式可以随时构建出影响人们生活方式的新产品。表2-1所示为SET分析模式影响因素的说明和举例。

表2-1　SET分析模式影响因素的说明和举例

影响因素	说　明	举　例
社会文化（Sociocultural）	人们在生活中长期形成的各种习惯等，就是社会文化因素的集中体现	家庭结构、工作模式、健康状态和喜爱的音乐等
经济（Economic）	人们已经拥有的或希望拥有的购买力水平，就是经济因素的集中体现	现有经济状况、消费偏好的转移和可自由支配的收入等
技术（Technological）	先进和新兴的行业技术，以及为现有技术制定可持续发展方向，就是技术因素的集中体现	—

以一款适合老年人使用的削皮刀产品为例，使用SET分析模式为该产品创建项目背景模型，可以得到图2-1所示的背景信息。

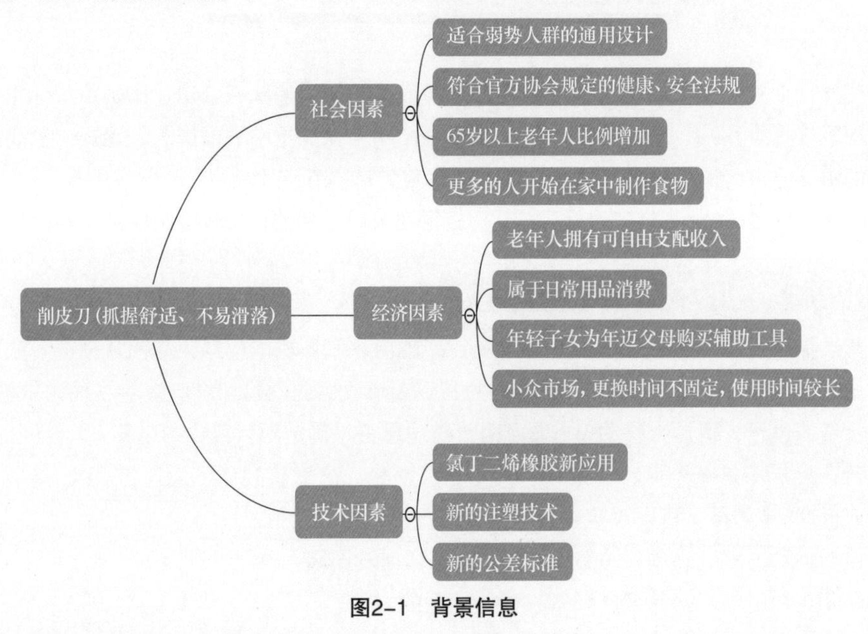

图2-1　背景信息

（2）PEST分析模式

使用PEST分析模式可以对宏观环境进行具体分析。

P是指政治因素（Political Factors），即坚持正确的政治方向，不涉及违法、违规操作。

E是指经济因素（Economic Factors），其包括利率、就业率、人均GDP、财政货币政策、居民可支配收入水平、市场机制和市场需求等内容。

S是指社会文化因素（Sociocultural Factors），其包括居民受教育程度、文化水平、宗教信仰、风俗习惯、审美观念和价值观念等内容。

T是指技术因素（Technological Factors），其包括国家对科技开发的投资和支持重点、该领域技术发展动态、研究开发费用总额、技术转移和技术商品化速度、技术专利及其保护情况等。

（3）SWOT分析模式

使用SWOT分析模式将对产品内外部条件和各方面内容进行综合评定和概括，进而分析出产品的优势和劣势、面临的机会和威胁等。其中，S和W都是内部因素，而O和T则是外部因素。

S是指优势（Strenths），即产品相对于竞品具有的优势，其包括研发能力、用户基础、市场份

额、人力资源、技术专利、组织架构、政府公关和客服能力等。

W是指劣势（Weaknesses），即产品相对于竞品具有的劣势。

O是指机会（Opportunities），其具体包括新产品、新市场、新需求、外国市场壁垒解除和竞品决策失误等。

T是指挑战（Threats），其具体包括新的竞争对手、替代产品增多、市场缩水、行业政策变化、经济衰退、客户偏好改变和突发事件等。

3. 整理资料

项目团队获得足够多的资料后，需要按照模型要素将资料分类、归纳和整理，最终输出文本或图表，以供设计人员使用。

操作技巧

整理资料的小技巧

（1）多用和善用总结性语言，同时突出重点。

（2）使用官方数据佐证资料的准确性。

（3）善用信息图将数据进行可视化处理，方便浏览者阅读和查看。

2.1.2 掌握用户画像分析法

在移动UI设计的需求分析阶段，设计团队常用的数据分析思维和方法叫作用户画像分析。接下来介绍用户画像的概念和作用，帮助读者尽快掌握用户画像分析的使用方法和操作技巧。

1. 用户画像的概念

用户经常在各种App上购物。作为商品供给方，产品策划人员需要知道App的用户是什么样的，如年龄、性别、城市、收入、购物品牌偏好、购物类型和平时的活跃程度等信息，这些信息描述就是用户画像。

产品策划人员在策划一个好的产品功能时，需要调研用户最大的可见价值及隐形价值，还需要调研必需价值及增值价值。此时为了了解用户，应该使用用户画像分析法建立用户画像。用户画像中的数据可以帮助完善产品功能。

在面对用户拉新、挽留、付费和裂变等情况时，用户画像中的数据可以帮助产品运营人员找到潜在用户，这样产品运营人员才能使用各种运营手段触达潜在用户。

基于上述内容可知，用户画像分析就是基于大量的数据，建立用户的属性标签体系，同时利用这种属性标签体系去描述用户。

2. 用户画像的作用

用户画像的作用主要包括广告投放、精准营销、个性化推荐、风控检测和产品设计5个方面。

（1）广告投放

在为某个移动App项目进行产品运营时，需要在外部的一些渠道上进行广告投放，对可能存在的潜在用户进行拉新。如果没有用户画像分析，可能会出现投了很多次广告，但是没有人点击的情况。如果App项目团队进行了用户画像分析，产品运营就可以有针对性地进行广告投放，从而获得较高的投资回报率。

（2）精准营销

假设某个电商App需要举办一个活动，给不同层次的用户发放不同的券。此时，电商App就要利用用户画像对用户进行划分，例如按照不同的活跃度为用户发放优惠券。

（3）个性化推荐

使用用户画像可以精确地为每一个用户进行个性化推荐，例如用户在音乐App上看到的每日推荐。App之所以推荐得这么准，是因为设计团队在做点击率预估模型的时候，考虑了使用者的用户画像属性，如图2-2所示。

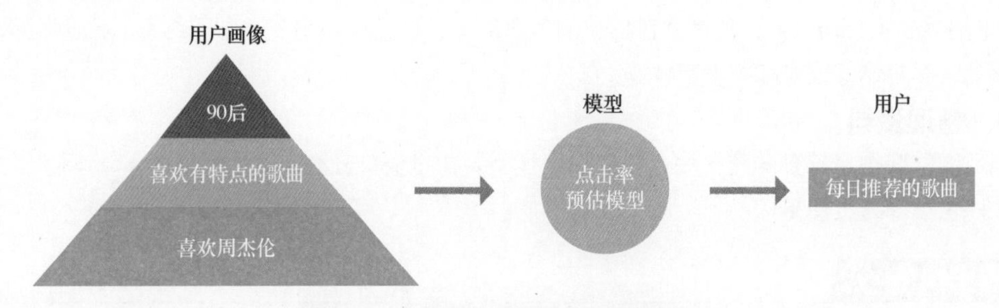

图2-2　使用用户画像完成个性化推荐

（4）风控检测

在金融类App中用户画像可用作风控检测，例如银行App决定是否要给一个申请贷款的用户放贷，解决方法就是使用用户画像分析法搭建一个风控检测模型，预测这个用户是否会还贷款。

用户的收入水平、受教育水平、职业、是否有家庭、是否有房子及过去的诚信记录等，都是模型预测时的重要数据。

（5）产品设计

互联网产品的价值离不开用户、需求和场景这三大因素，所以项目团队在做产品设计时，需要知道使用该App用户的属性，这样才可以设计出满足用户需求的产品功能。

2.2 完成移动UI策划书

如果产品策划人员在开发App项目之前撰写了详细的策划书，不仅可以让整个项目的开发过程流畅很多，同时企业还可以时刻掌握App项目的开发进度，极大提高App开发效率。图2-3所示为某移动App UI策划书与实际产品的对比。

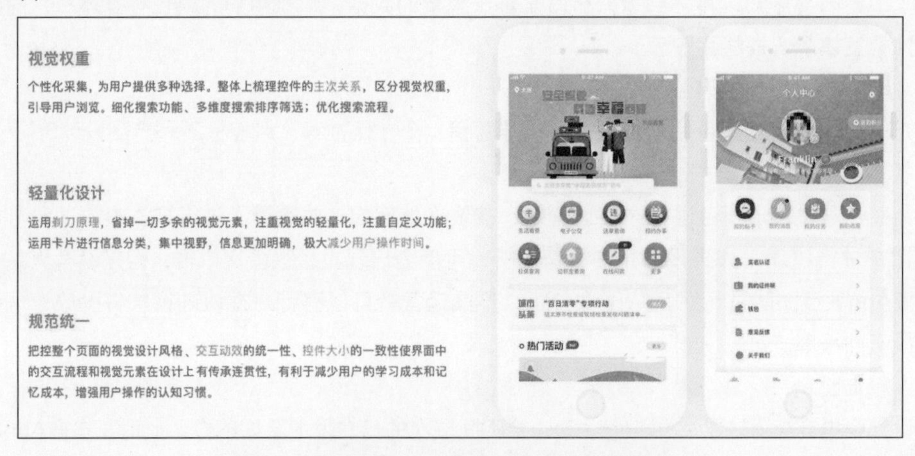

图2-3　某移动App UI策划书与实际产品的对比

接下来讲解移动UI策划书的书写内容。

（1）明确开发目的

书写的策划书要帮助企业和项目开发团队明确App的主要作用及需要解决哪些问题，也就是明确开发目的，从而判断App开发的实际用途，以及开发的产品是否具备商业价值。

（2）精准定位目标用户

精准定位用户群体是成功开发App产品的关键所在。因此，移动UI策划书上必须明确用户群体的特点、购买行为、兴趣和爱好等信息，从而精准定位用户群体，为开发的App产品将来拥有更多的用户及占领更大的市场做准备。

（3）App的操作系统

App的操作系统是移动UI策划书中非常重要的内容之一。一般情况下，项目团队以主流的Android操作系统和iOS为主。因为Android系统和iOS的开发语言及开发价值存在差异，所以移动UI策划书上也应明确指出App开发的适用系统。

（4）App的功能举例

这主要是指在策划书中将需要开发的App功能一一列举，展示App开发的具体风格设计，展示或搭建模型，从而为之后的App开发工作提供详细且具体的指导。

提示

要想开发出一款成功的App产品，需要在UI设计阶段不断地优化、填充App的具体功能和界面细节。

2.3 了解思维导图

思维导图又叫心智导图，它是一种思维整理工具，即把人大脑中的信息提炼后进行图形化处理。思维导图是发散性思维和图形思维的结合体。

2.3.1 思维导图的设计依据

人类的思维可以分为线性思维和非线性思维两种。

线性思维是一种直线的、单向的、单维的和缺乏变化的思维方式，如图2-4所示。

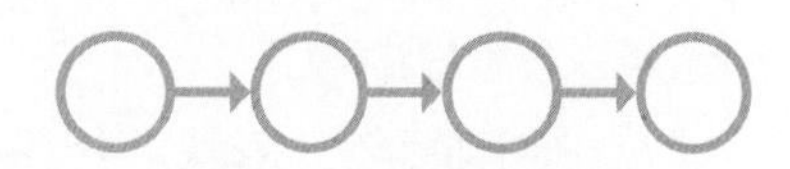

图2-4 线性思维示意图

非线性思维则是相互连接、非平面、立体化、无中心、无边缘的网状结构，类似于人的神经网络结构和血管组织，如图2-5所示。

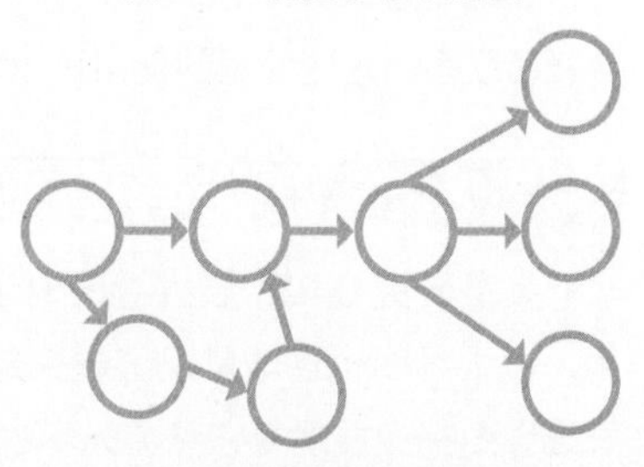

图2-5 非线性思维示意图

线性思维和非线性思维虽然存在着巨大的差别，但是无优劣之分，各有利弊。线性思维有助于深入思考，探究的是事物的本质；非线性思维有助于拓展思路，探究的是事物的普遍联系。总体而言，非线性思维是为了支持线性思维的深入进行，线性思维是最终目的，而非线性思维是辅助手段。

长期以来，由于线性思维的简捷性和经济性，人们对线性思维产生了很强的依赖，从而忽视了非线性思维的存在。直到20世纪80年代末，才有学者首次提出非线性思维的概念，将其从线性思维的模糊模型中抽离出来。

随着信息时代飞速发展、科技的快速进步，人脑“摄入”大量高难度的信息，信息超载使线性思维不堪重负，而非线性思维正好能够解决这个问题。非线性思维能使大数据与复杂系统的处理变得简单、快捷和高效。

提 示

人的思考过程本身是线性思维与非线性思维并举的，它们相互依存，相互促进。人类的知识结构本身则以非线性为主。思维导图正是这样一种非线性思维工具，帮助人们促进思维的发散，拓宽思维的广度。

2.3.2 思维导图的特点

思维导图是发散性思维的表达，也是人类思维的自然体现。思维导图具有以下5个基本的特点。

1. 焦点集中

焦点集中是指在绘制思维导图的时候，一定要突出中心。如果浏览者不能一眼看出一张思维导图的中心，那么这张思维导图无疑是失败的。突出中心最常用的办法就是使用中心图形或醒目的艺术字来代替普通文本。

2. 主干发散

主干发散是指在拿到一张思维导图时，浏览者能够立即找到它的主干，并且每一分支下面有各自的内容，条理非常清晰，保证浏览者能够快速、高效地对思维导图进行理解加工。

3. 层次分明

思维导图的内容并不是随意发散、随意安排的，而是按照知识内部的结构进行分级加工的。重要的话题、与焦点联系密切的话题要尽量放在靠近导图中心的位置，而一些相对来说次要的内容安排在导图边缘的位置，这样就能够保证开发者可以很快掌握重点内容，以及这些内容之间的层级关系等。

4. 节点相连

节点相连指的是思维导图的内容不是孤立的，而是通过线条连接成了一个整体。每一条连线都代表着一条思维路径。

5. 使用颜色、形状、代码等

在绘制思维导图时，为了可以有效地刺激大脑，一般会使用丰富的图形和颜色，图形一定要与内容紧密联系。这些元素的使用可以让思维导图变得美观、和谐和舒适。

2.3.3 思维导图的作用

大量研究证实，思维导图对记忆、理解、信息管理、思维激发和思维整理都有不同程度的作用，思维导图也逐渐呈现出越来越多的运用方式。今天，在我们学习、生活和工作的各个环节中，思维导图都在展现着它无穷无尽的生命力。

成功都是规划出来的，思想决定行为，行为决定结果，在开发移动App项目时体现得尤为明显。因此，开发移动App项目时，可以通过整理与提炼关键词绘制思维导图，用思维导图精准表达项目的核心内容。

App项目团队也可以通过思维导图细化商业模式、技术、支付、营销和运营等环节，还可以通过思维导图梳理千丝万缕的思路，构建App界面蓝图。图2-6所示为思维导图在移动App项目中的作用。

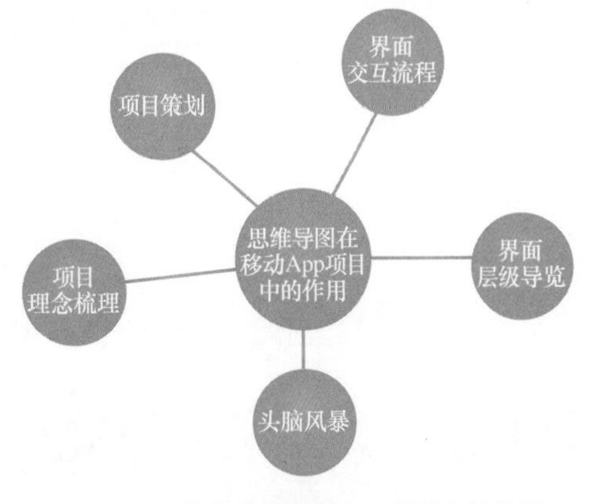

图2-6　思维导图在移动App项目中的作用

思维导图对产品原型设计有什么作用呢？

1. 优化大脑，提高沟通效率

人的大脑就像计算机的C盘，装的东西多了，计算机就变得卡了，所以把一些资料存放在其他硬盘中，能让它运行得更快。该记下来的就记下来，不要让大脑太累了，让大脑做真正该做的事。设计师每天要做的事情很多，要记的事情也很多。因此，在开发移动App之前，如果能用思维导图把项目策划或项目背景展示出来，不但能节省很多与开发团队沟通的时间，还能使工作效率更高。

2. 防止记忆或沟通的遗漏

人的记忆有限，不可能记住所有的事情。当设计与制作App时，会有很多的功能点，设计师不可能全部记住。因此，策划人员根据App的战略、商业模式等把想要实现的功能逐一罗列出来，这样在与开发团队沟通时，就不会出现遗漏了。

3. 让自己的思路变得有条理

当所有任务都清晰地展示在眼前，对该做的事情也有所了解时，你就会慢慢发现，其实开发一个App也没有那么难，逐个地去解决问题和实现功能就可以了。将思路梳理清楚后，不管是与开发团队还是与外部的供应商、经销商、用户和其他合作伙伴沟通时，心里都会有底，而且非常有条理，先制作什么、后制作什么都会很清楚。

所以如果想要开发一个App项目，首先使用思维导图软件把自己脑海里的想法全部画出来，可能就会发现很多之前没有想到的盲点。

2.4 绘制思维导图的常用软件

目前流行的思维导图制作软件有很多，比较知名的有MindMeister、MindManager和XMind，接下来分别介绍这3款软件。

2.4.1 MindMeister

MindMeister软件是一款典型的思维导图软件，它功能非常完善，由艺图软件公司研发。作为一款在线头脑风暴应用程序，MindMeister以协作为设计理念，具有实时更新思维导图，可跨地点、多设备共享思维和创造的特点，在团队共创方面表现突出。

读者可以打开MindMeister官方网站，如图2-7所示。注册并登录后，即可开始思维导图的绘制。

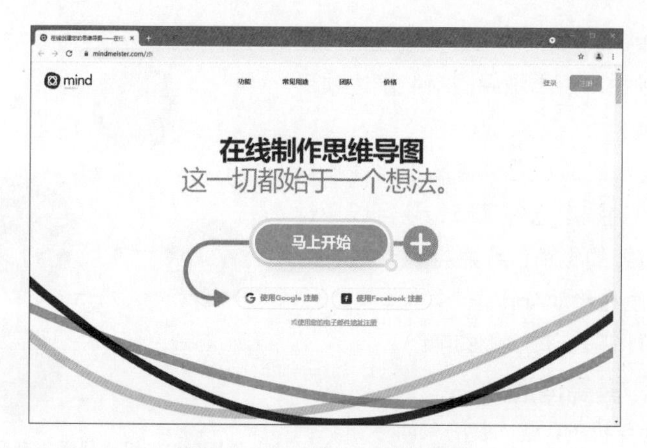

图2-7　MindMeister在线界面

2.4.2　MindManager

MindManager是一款专业的、国际化商业思维导图软件，是创造、管理和交流思想的软件，可添加图像、视频、超链接和附件。

MindManager提供了友好、直观的用户界面，可快速协助用户记录灵感和想法，有序地把用户的思维、项目进程、资源和管理项目组织为一个整体，极大地提高用户的工作效率。图2-8所示为MindManager的工作界面。

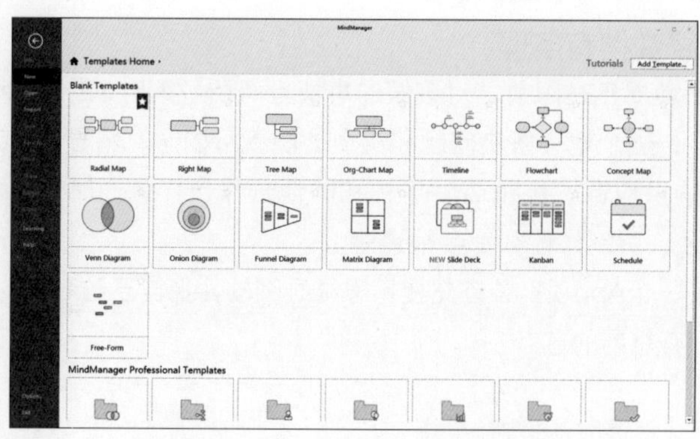

图2-8　MindManager的工作界面

提 示

MindManager与同类思维导图软件相比，最大的优势是软件同Microsoft Office无缝集成，能够快速将数据导入或导出到Microsoft Word、PowerPoint、Excel、Outlook、Project和Visio中。MindManager越来越多地受到了职场人士的青睐。

2.4.3　XMind

XMind是一款易用性很强的思维导图软件。使用XMind可以随时开展头脑风暴，帮助人们快速厘清项目的策划思路。XMind绘制的思维导图、鱼骨图、二维图、树状图、逻辑图和组织结构图等均以结构化的方式展示具体的内容，能够帮助人们提高学习和工作效率。

读者可以进入XMind官方网站，选择XMind 2020或XMind 8两个版本中的任意一个进行下载，然后利用它绘制移动App项目的思维导图。图2-9所示为XMind 8的启动图标和启动界面。

图2-9　XMind 8的启动图标和启动界面

XMind 8和XMind 2020两者之间没有本质的区别，XMind 2020是在XMind 8基础上重新设计的版本，不但具备XMind 8全面的思维导图功能，同时还增加了全新界面、大纲视图、风格编辑器和图片导出等功能。图2-10所示为XMind 2020的启动图标和开始界面。

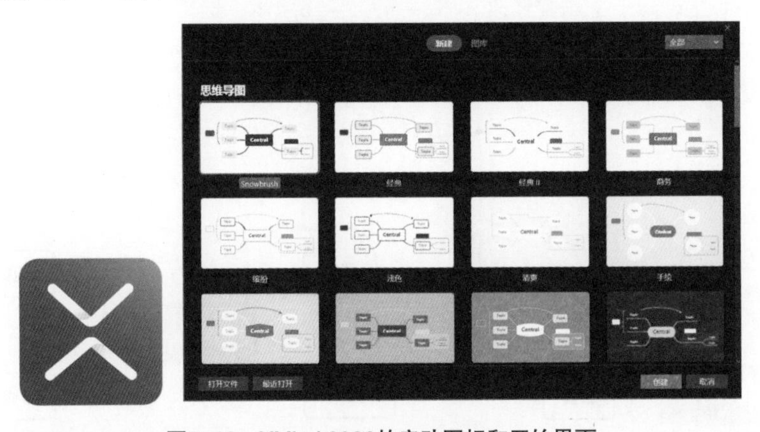

图2-10　XMind 2020的启动图标和开始界面

2.4.4　操作案例——下载并安装XMind

源文件：资源包\源文件\第2章\2-4-4.xmind

视　频：资源包\视频\第2章\2-4-4.mp4

（1）打开浏览器，进入XMind官网，找到XMind 2020下载页面，单击页面中的“免费下载”按钮，如图2-11所示。下载完成后，双击XMind-2020.exe文件，弹出“XMind安装”对话框，如图2-12所示。

图2-11　软件下载界面

图2-12　“XMind安装”对话框

（2）完成软件的安装后，系统弹出图2-13所示的界面。选择一种样式后，单击“创建”按钮，即可进入XMind 2020工作界面，如图2-14所示。

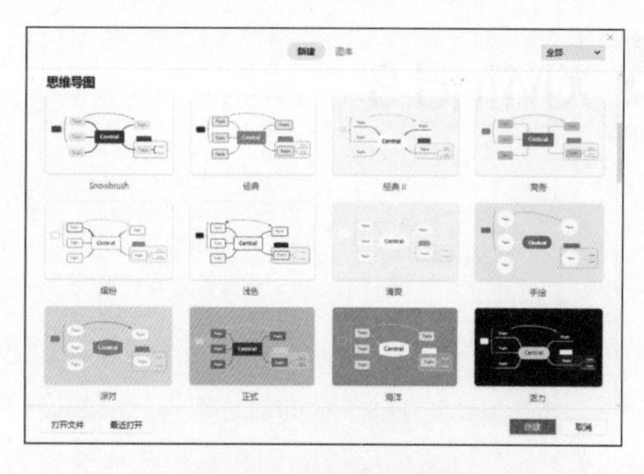

图2-13　新建文件界面　　　　图2-14　XMind 2020工作界面

（3）选中中心主题和子主题并修改文本，如图2-15所示。选中“购物车”子主题，向左侧拖曳移动主题位置。保持“购物车”主题的选中状态，单击软件顶部的“主题”按钮，添加同等级的主题，修改主题文本，效果如图2-16所示。

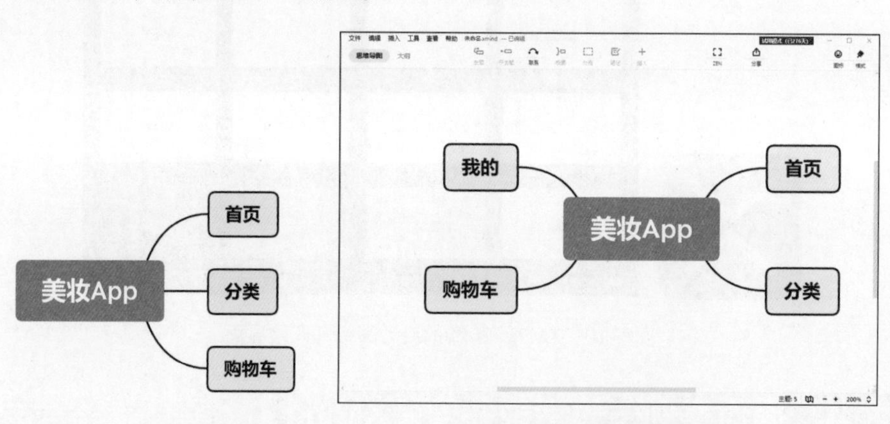

图2-15　修改主题文本　　　　图2-16　移动主题位置

2.5 绘制移动UI思维导图

在移动App项目创建的初期，根据设计团队前期的项目策划，相关人员可以使用思维导图将产品的操作流程、页面、控件或者用户需求表达出来，如图2-17所示。

2.5.1　思维导图的操作流程

创建思维导图的常规操作流程分为创建中心主题、确立子主题、完善思维导图和优化思维导图4个步骤，如图2-18所示。

1．创建中心主题

每一个思维导图都有唯一的中心主题，它是思维导图的中心思想，围绕该主题可延伸出许多具体的分支。图2-19所示为建立的中心主题。

2. 确立子主题

确定中心主题后，即可拆分中心主题的属性来产生子主题，也称作分支主题或二级主题。分支主题由中心主题向四周属性延伸发散而产生。图2-20所示为建立的二级主题。

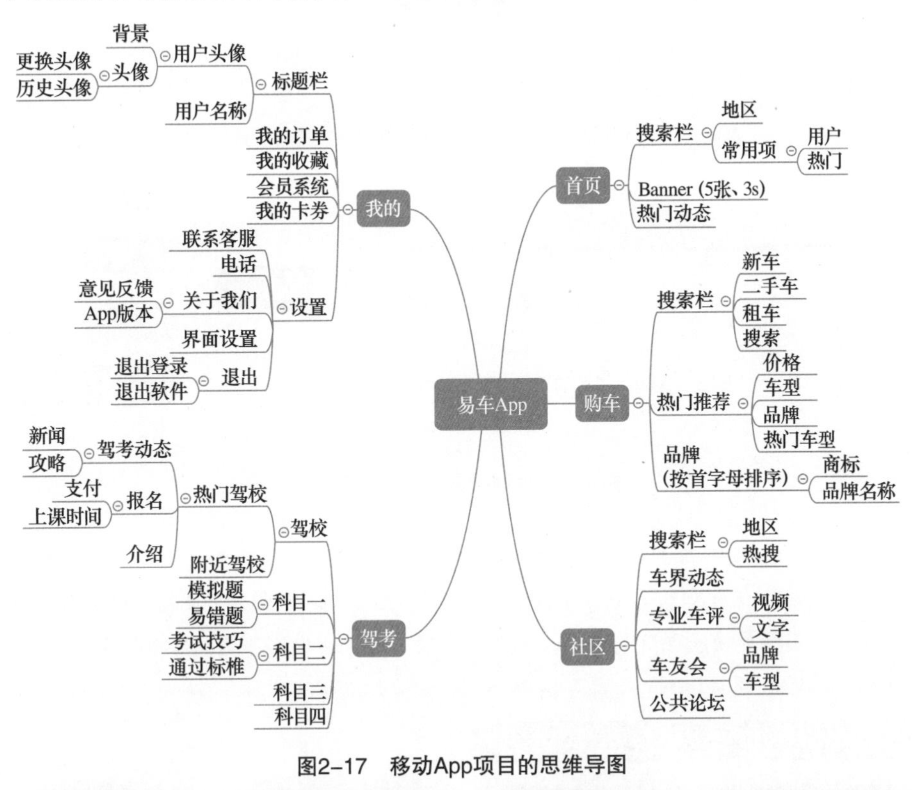

图2-17　移动App项目的思维导图

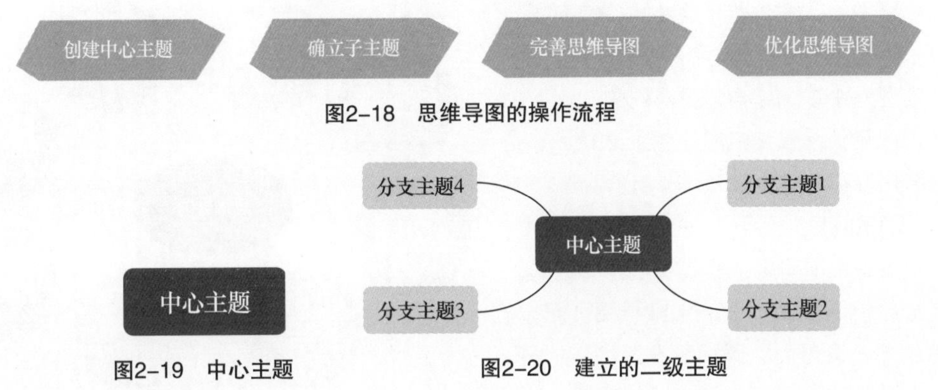

图2-18　思维导图的操作流程

图2-19　中心主题

图2-20　建立的二级主题

3. 完善思维导图

每个分支由子主题通过线条与中心主题相连。分支主题继续分解属性，三级主题和更多子主题也会以分支形式层叠展现，一步步使思维导图的内容更丰满，最终构成一幅完整的思维导图。

绘制思维导图的过程就是头脑风暴的过程。绘制时以每个主题或子主题为方向，通过思维碰撞，反复修改，做更详细的分析，最终得出最优方案。图2-21所示为一个完整的思维导图框架。

4. 优化思维导图

完成思维导图的制作后，我们可对思维导图的外观进行优化，增强思维导图的可视性。目前常见的思维导图软件一般都配置有内置模板或样式主题，只需一键即可简单换装。图2-22所示为思维导图优化后的效果图。

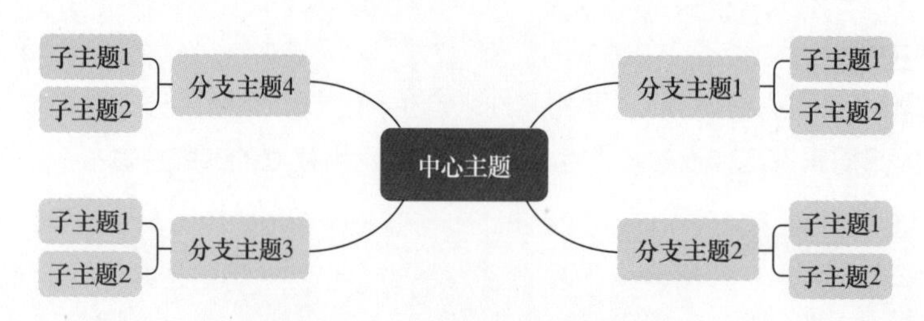

图2-21　一个完整的思维导图框架

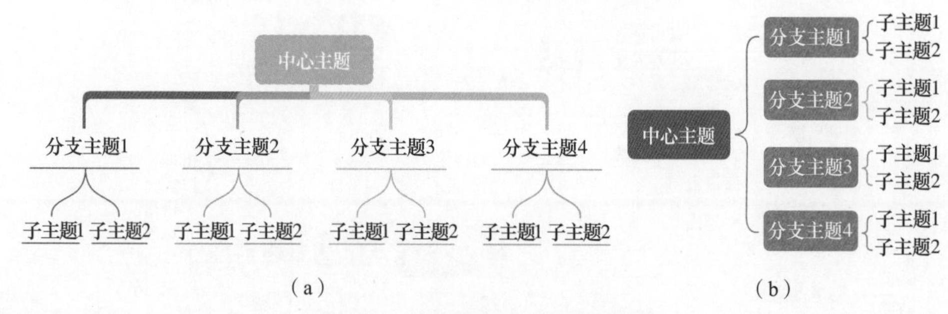

图2-22　思维导图优化后的效果图

提 示

从形态上划分，思维导图可以通过手动绘图和软件绘图两种方式绘制。随着信息技术的发展，思维导图软件功能也日趋完善，越来越多的人选择使用软件绘制思维导图。

2.5.2　思维导图的基本类型

思维导图的基本类型有圆圈图、气泡图、树状图、桥形图、括号图和流程图6种，还有很多类型是由基本结构延伸得到的，例如，气泡图可以延伸为双气泡图。图2-23所示为思维导图的多种类型展示。

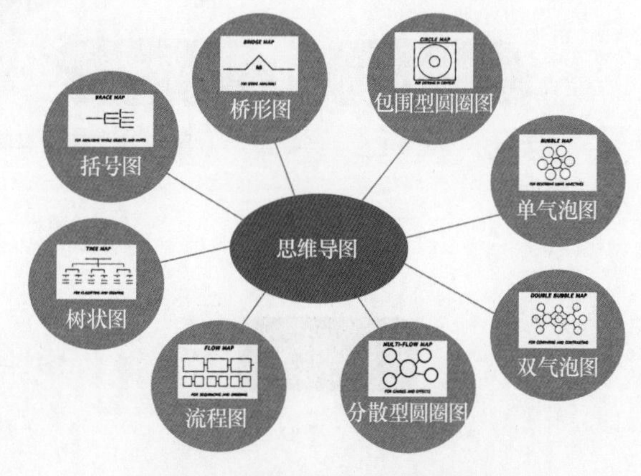

图2-23　思维导图的多种类型展示

1. 圆圈图

圆圈图是由不同大小的圆圈组合而成的。读者通过绘制圆圈图类型的思维导图，可以培养想象力及联想力。圆圈图有两种：一种是分散型圆圈图；另一种是包围型圆圈图。

在分散型圆圈图中，位于中间的圆圈是中心主题，一般会偏大一点；位于四周的圆圈是分支主题，面积比中心主题稍微小点，如图2-24所示。

在包围型圆圈图中，位于中间的圆圈同样是中心主题，但是面积会偏小一点；而将中心主题包围起来的大圆圈则是分支主题，如图2-25所示。

2. 气泡图

气泡图包括单气泡图和双气泡图。单气泡图由很多圆圈围绕中心主题构成，如图2-26所示；双气泡图是由两个气泡思维导图组建而成的，中间的部分是两个思维导图重合的部分，也就是总结内容时两个关键词都具备的特性，如图2-27所示。

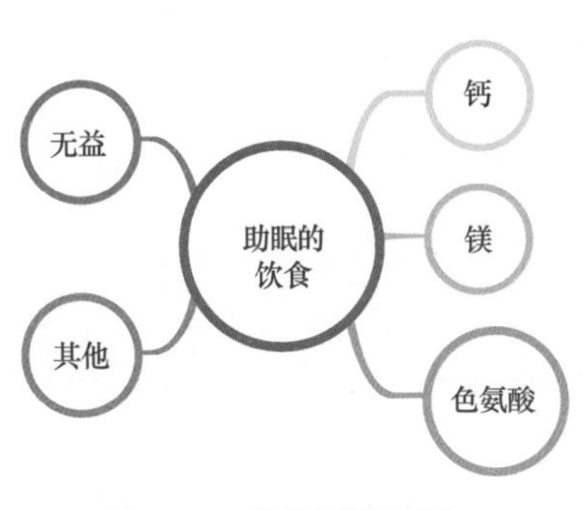

图2-24　分散型圆圈图

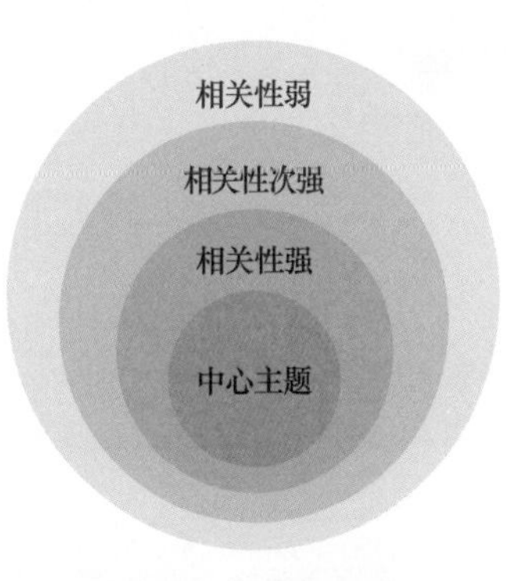

图2-25　包围型圆圈图

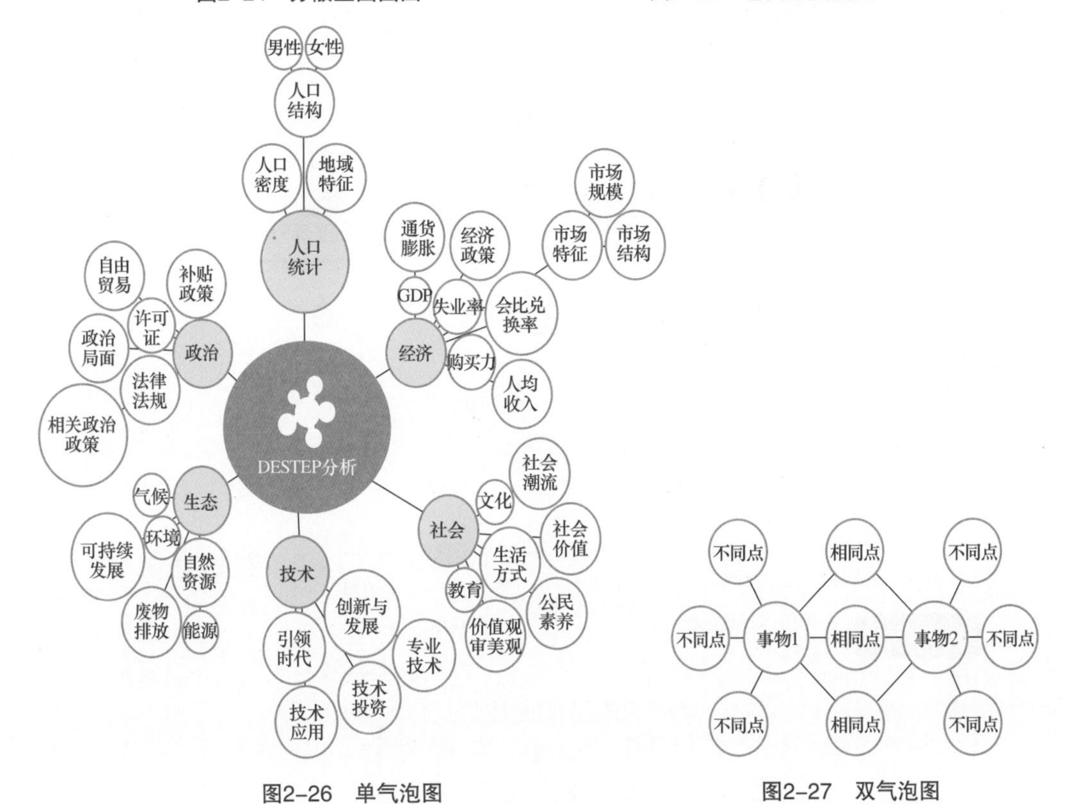

图2-26　单气泡图

图2-27　双气泡图

3. 树状图

树状图如同一棵大树一样，该类型的思维导图主要适用于对知识点的归纳和总结。这种思维导图在后期使用时，有助于一目了然地复习和巩固知识点，如图2-28所示。

4. 桥形图

桥形图用于类比事物之间的关系，将新旧知识进行归纳和串联，如图2-29所示。

5. 括号图

括号图与树状图的功能相似，最常使用的情况也是对知识点的归纳和总结。利用大括号对不同的主题进行详解，如图2-30所示。

6. 流程图

流程图也是思维导图的一种，只是流程图讲述的是某件事情或者是解决问题的方法。不同于围绕中心主题搭建的其他思维导图，流程图通过模块的先后顺序分析事物的发展状况及内在逻辑，如图2-31所示。

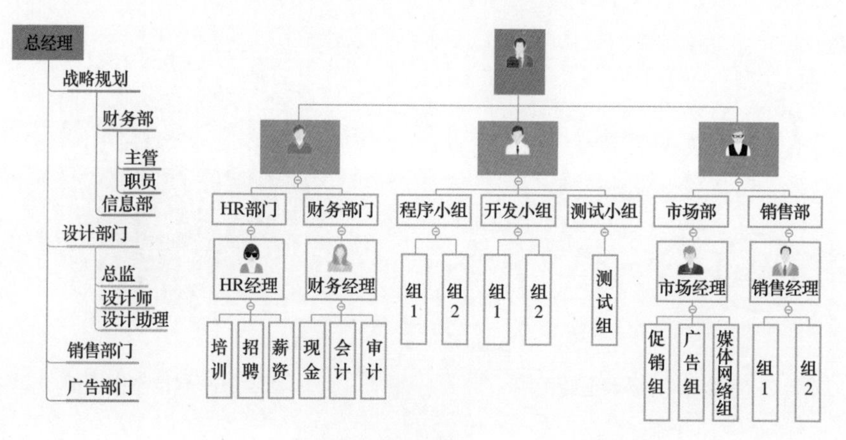

图2-28 树状图

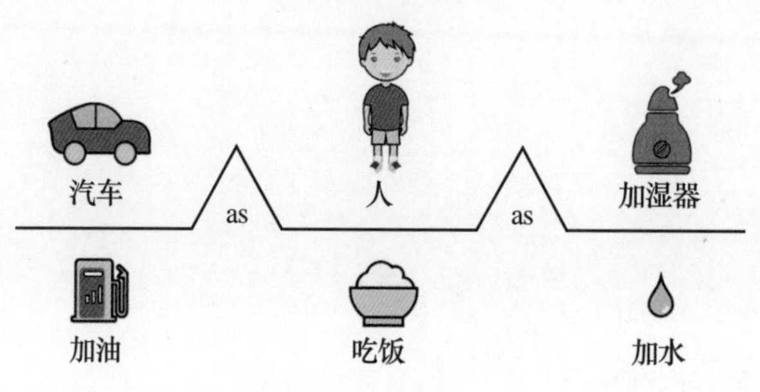

图2-29 桥形图

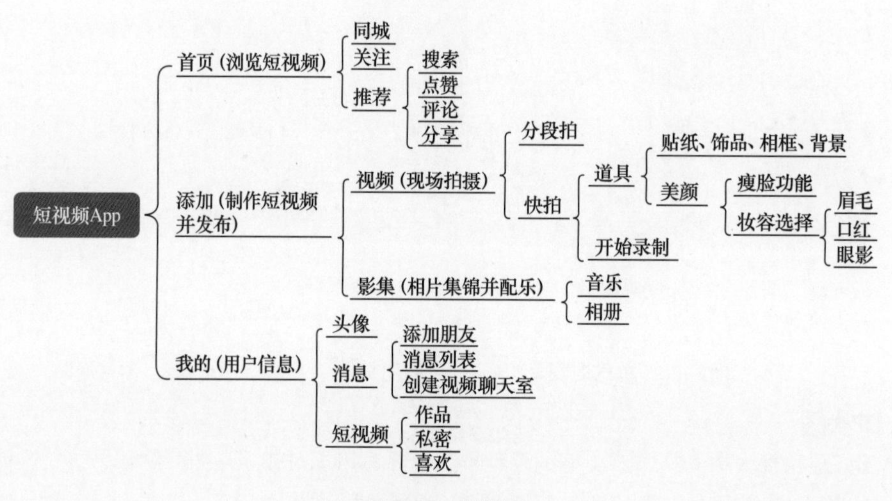

图2-30 括号图

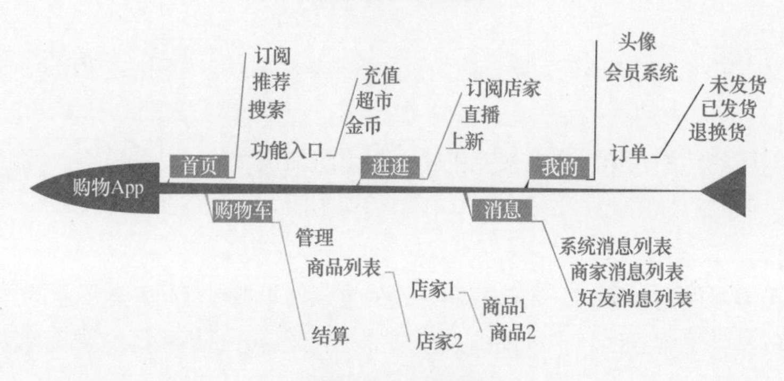

图2-31 流程图

2.5.3 操作案例——绘制美妆App的首页思维导图

源文件：资源包\源文件\第2章\2-5-3.xmind

视　频：资源包\视频\第2章\2-5-3.mp4

（1）启动XMind软件，弹出图2-32所示的界面。单击界面左下角的“打开文件”按钮，弹出“打开”对话框，选择“2-5-3.xmind”文件，单击对话框右下角的“打开”按钮，进入XMind软件的工作界面，如图2-33所示。

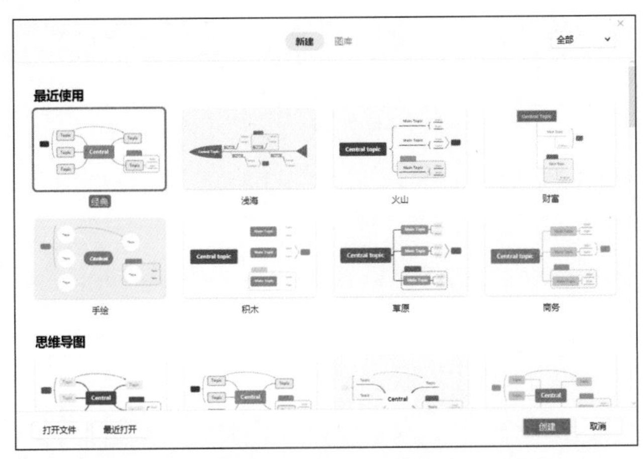

图2-32　新建文件界面

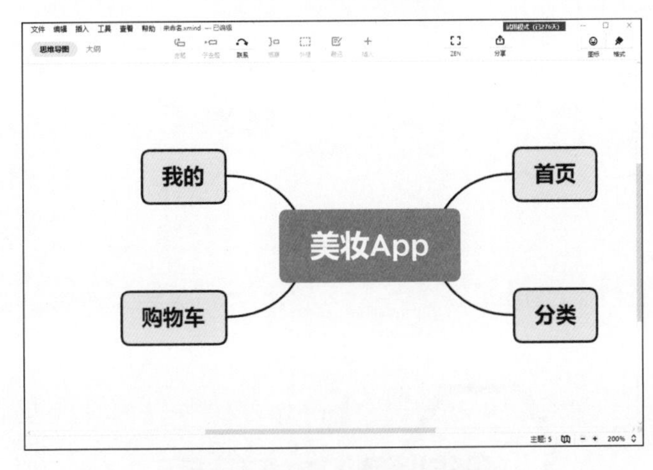

图2-33　XMind软件的工作界面

（2）选择首页子主题，单击软件顶部的“子主题”按钮，添加“状态栏”子主题，如图2-34所示。使用相同的方法，添加与“状态栏”同等级的其余主题，完善首页界面基本结构，如图2-35所示。

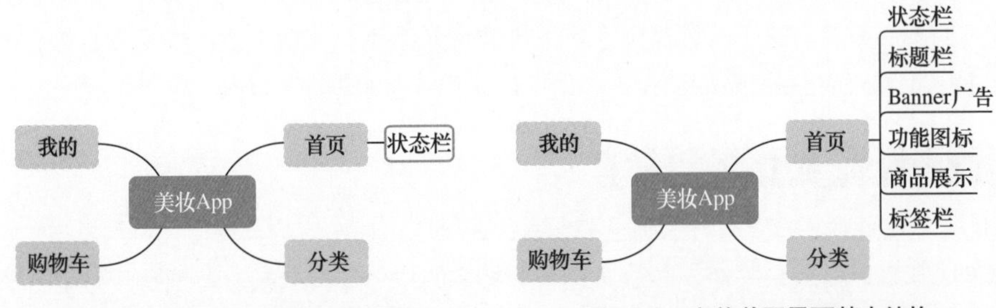

图2-34　添加“状态栏”子主题

图2-35　完善首页界面基本结构

（3）选择“标题栏”子主题，单击软件顶部的“子主题”按钮，添加“搜索框”子主题和“扫码”子主题，如图2-36所示。使用相同的方法，为“搜索框”子主题添加下属内容，完善搜索框的内容结构，如图2-37所示。

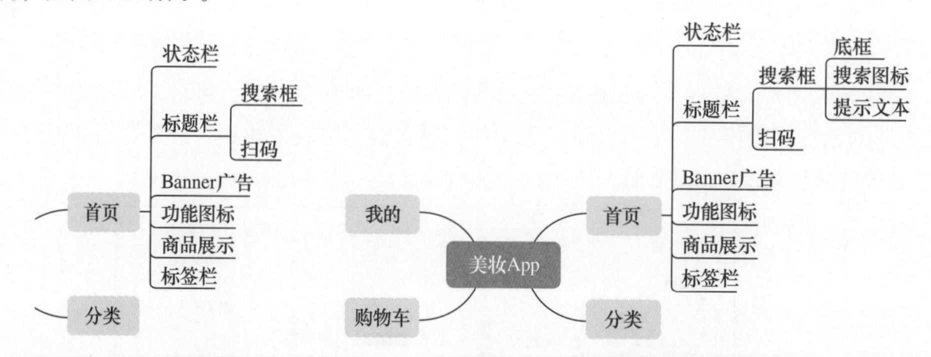

图2-36　添加“搜索框”子主题　　　图2-37　完善搜索框的内容结构

（4）使用步骤（2）、步骤（3）的方法，完善“Banner广告”和“功能图标”子主题的内容结构，如图2-38所示。使用步骤（2）、步骤（3）的方法，完善首页界面的内容结构，如图2-39所示。

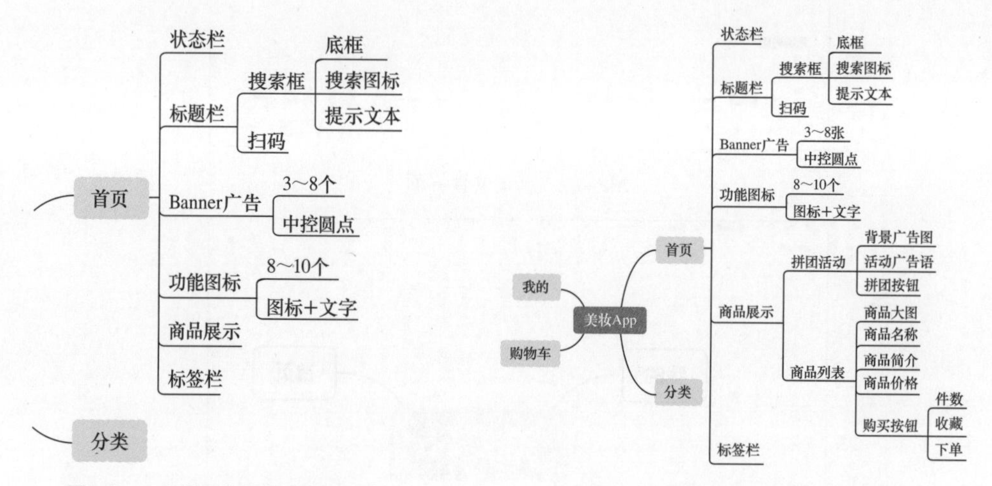

图2-38　完善子主题的内容结构　　　图2-39　完善首页界面的内容结构

2.6 绘制移动UI草图

在移动App项目开发的早期阶段，设计师对产品功能及业务场景的操作都处于规划阶段，还没有形成成熟的产品方案。这个阶段充满了可能性和可修改性，团队成员在进行项目规划时，通常使用草图进行讨论，这是由于草图的设计成本很低，且能够随时进行修改。

2.6.1　了解草图的概念

一名优秀的设计师不仅要有好的构思和创意，还要能通过一定的表现形式将构思与创意表达出来。要想构思和创意被他人感知，必须通过某种特定的载体进行转换。草图是表达设计构思与创意、捕捉记忆最直接和有效的手段。

草图是人们进行创作或设计构思时，通过记录和方案推敲绘制的不“正规”图，是用来反映、交流和传递设计构思的载体。图2-40所示为只显示页面布局的线框草图。

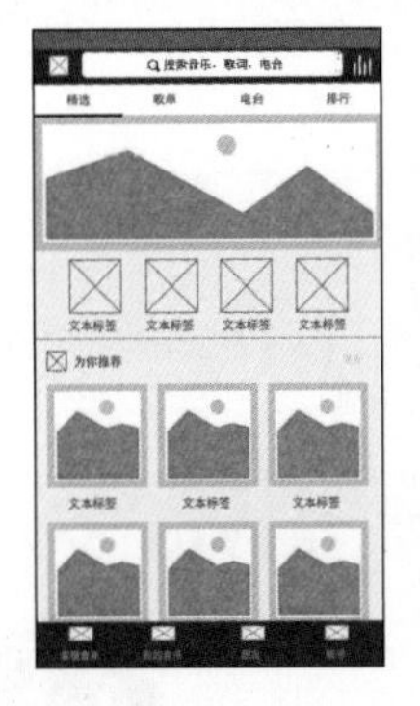
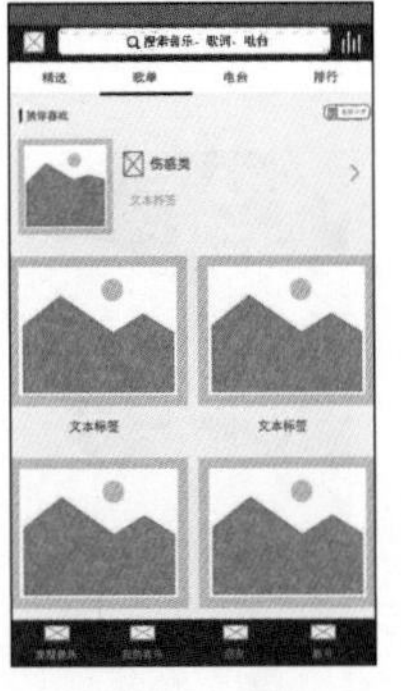
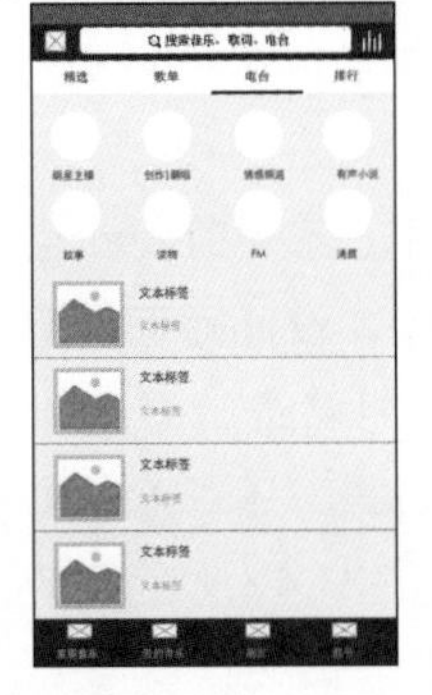
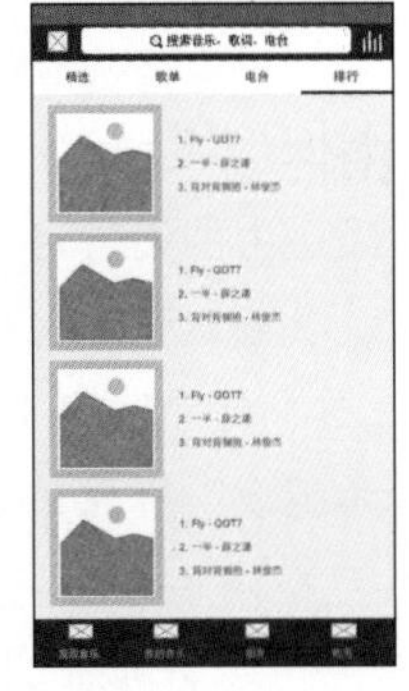

图2-40 只显示页面布局的线框草图

在开发移动App项目时，草图表达了设计师的设计雏形，能够帮助设计师进行方案推敲、概念捕捉、想法记录、图纸表达和沟通。

移动App项目中的草图以能够说明项目的基本意向和概念为佳，通常不要求绘制得很精细，也不用看到App界面的具体细节；在表现手法方面，草图通常采用手绘的方式进行精简表达，不一定非要依赖软件。图2-41所示为移动App界面的手绘草图。

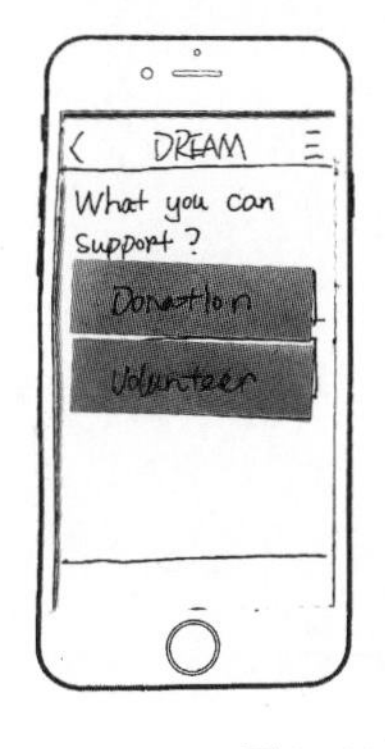

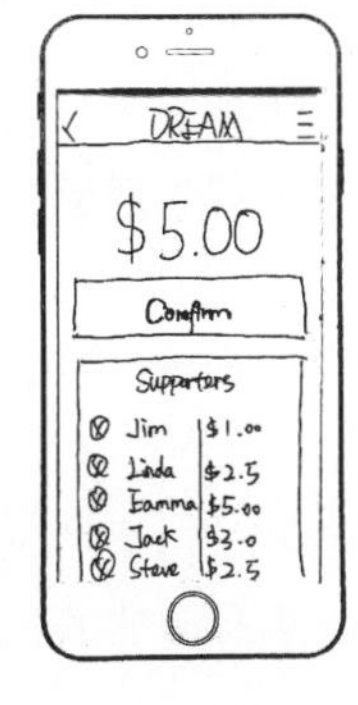

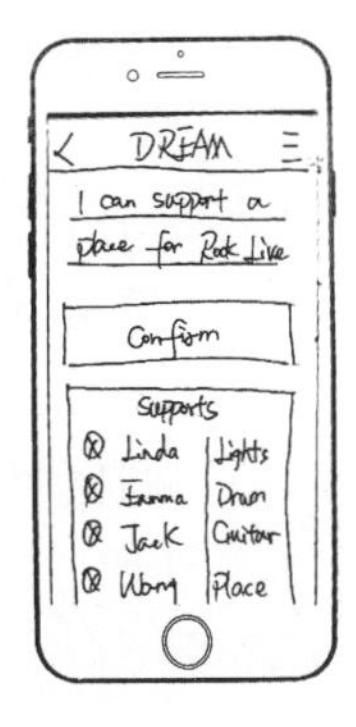

图2-41 移动App界面的手绘草图

提 示

草图不是一个目标，而是设计师通过图解思考并最终形成设计概念的工具。草图是把设计构思转换为现实图形的有效手段，是用来记录设计与制作的一种手段和过程。

在草图设计中，只需把大脑中构思的布局轮廓绘制出来即可。这个阶段属于项目的创造、设计阶段，不必追求效果和准确性，不必讲究表达上的细腻与工整，也不必考虑细节。如果绘制的界面较多，可以利用原型制作软件进行制作，例如Axure RP。

原型草图可以表达出App的基本功能及布局。绘图者利用基本的几何图形（如方框、圆和一些线段）表达产品雏形，使参与讨论会议的人员明白大概意图即可。一般情况下，草图应包含App界面上主要的功能区块、区块的顺序和动态流程设计这3个关键点，如图2-42所示。

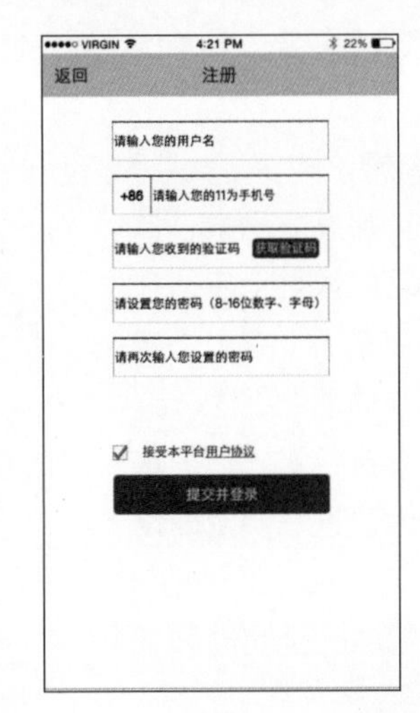

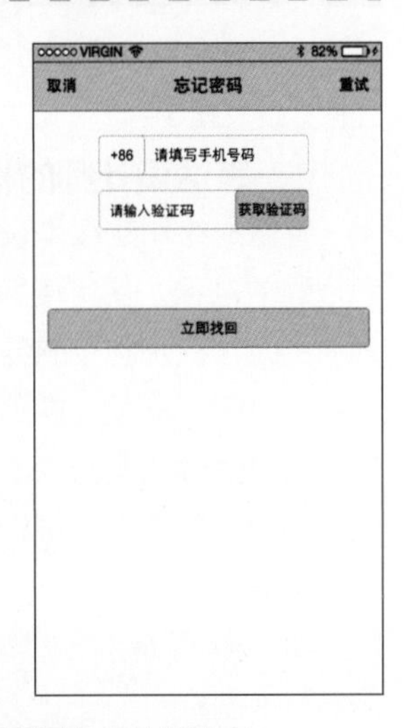

图2-42 App界面草图包含的关键点

2.6.2 认识草图的特点

草图作为移动App项目策划实施的工具，是将设计师设计理念进行实体化的形式，其本质是用来解决问题的。一般来说，草图有以下几个特点。

1. 自由性

草图是最自由的设计形式，不受时间和空间等的限制。灵感出现的时候，设计师可以随时随地地勾画、记录，并且能够进行迭代设计。草图作为建议、探索的工具，还可以自由修改，直至方案确定下来。图2-43所示为初始的手绘草图，设计师在此基础上可以随意修改。

图2-43 初始的手绘草图

2. 迅捷性

设计师利用草图能够最大限度地捕捉脑海中的闪光点，然后快速对局部进行推敲、完善，对多个方案进行对比，从而得到理想的设计方案。

3. 低成本

绘制草图所需资源很少，手绘草图只需要纸和笔。

4. 概括性

草图是一种可视化的、清晰且有效的沟通方式，它能够简练、明确地表达创意。草图的表现力直接影响到产品设计流程中的信息沟通。

> 提 示
>
> 想要创建良好的移动App项目草图，首先要了解用户的需求，需要做好用户需求的分析和调研，不断从用户那里获得反馈信息，然后根据需求方的商业模式进行草图开发。

2.6.3 草图功能的体现

草图作为展示设计师思维的工具，其功能主要表现为表达设计师的构想、便于向客户沟通与便于团队之间交流3点。

1. 表达设计师的构想

草图的绘制过程是设计师反复思索、自我表现的过程，使用草图可以很好地表达开发者的想法。捕捉灵感绘制草图，有利于减轻记忆负担，释放大脑的存储功能，这样大脑只需要处理这些图像而不用记忆它们。草图有利于检验方案的可行性，进一步明确设计构想。

图2-44所示为一款移动App的启动和登录界面草图。

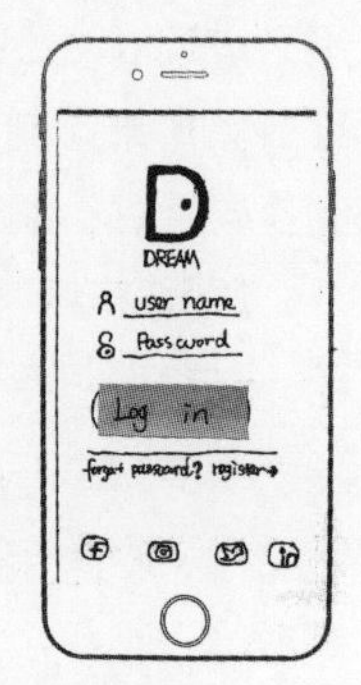

图2-44 移动App的启动和登录界面草图

2. 便于向客户沟通

草图是设计师与客户交流的“桥梁”。在移动App项目开发过程中，草图设计构思灵活、思路

开阔，可以带给客户直观的视觉感受，为开发者和客户之间更好地交流打开大门。项目越复杂，就要越早向客户确认构想，确保得到客户的认可。

对一个普通客户来说，草图越直观，越容易理解。开发者向客户展示直观的草图，也可以节约大量的时间，与客户的沟通更加顺畅。图2-45所示为某移动App的首页草图，该手绘草图清晰明了、简单易懂，可以让客户迅速地理解设计意图。

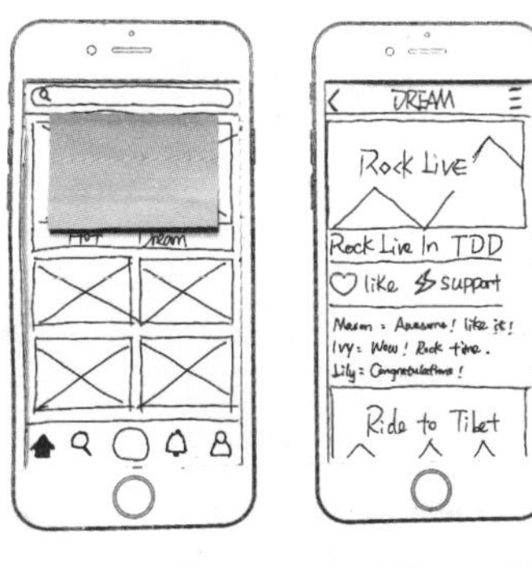

图2-45　某移动App的首页草图

草图是开发者与客户顺利沟通的一种有效手段。开发者在设计过程中的一些灵感和设想通过草图的方式提供给客户，能使双方的交流更为顺畅，并达到双方一致的目的。开发者也可根据客户的意见在图纸上进行标记和更改。

草图方案敲定后，设计就可以进入下一个流程——利用Axure RP进行高保真原型设计。图2-46所示为使用Axure RP制作的某移动App首页和二级页面高保真原型。

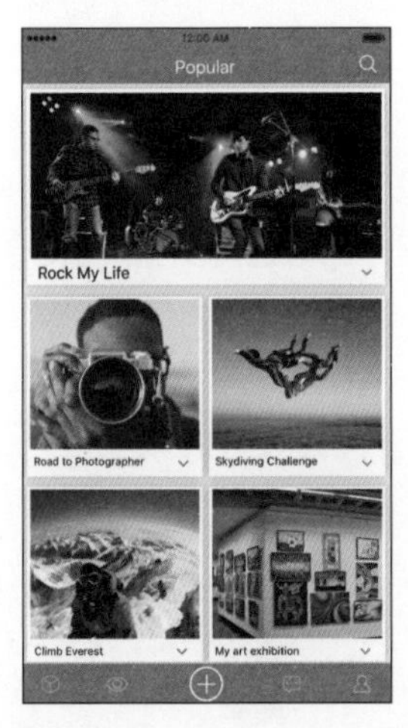

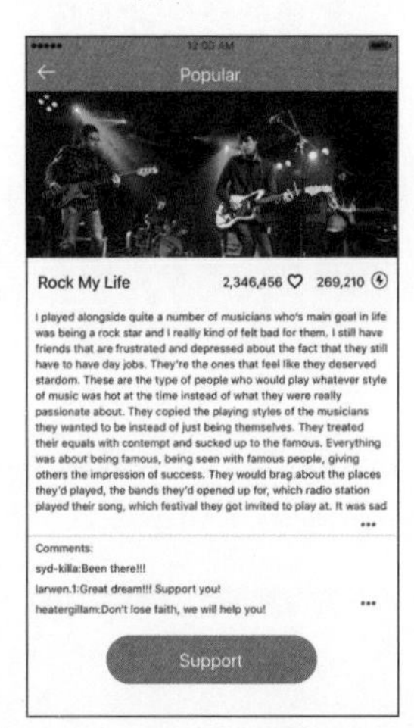

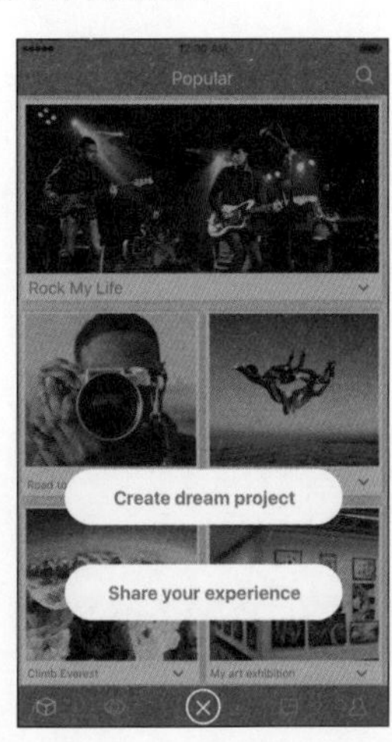

图2-46　某移动App的高保真原型

提 示

采用手绘草图与客户进行沟通交流，手绘风格能够自然地拉近与客户之间的距离。草图经过不断修改，最终还是要以客户的需求为终极目标。

3. 便于团队之间交流

在移动App产品设计的过程中，产品的整体功能布局、框架结构及交互实现的可行性，往往需要产品开发相关人员间相互进行反复的交流和沟通。设计师可以通过草图来及时表达自己的想法，将产品的布局、结构和交互等主要内容表达出来，与开发团队共同评价草图方案的可行性，以达成初步的设计意图，并进一步完善设计。

移动App项目草图的质量直接关系到企业对设计方案的决策。开发者的一些好设计构思和想法一定要在草图中表现出来，要让团队的所有成员包括产品经理、业务分析人员等都能看懂，而且尽量发散思维，多出几个创意，方便大家讨论与完善方案。

草图作为团队之间分享、沟通、交流的直观工具，可以更有效地激发项目参与者的参与意识和积极主动的态度。图2-47所示为某美食App项目的两个方案草图。

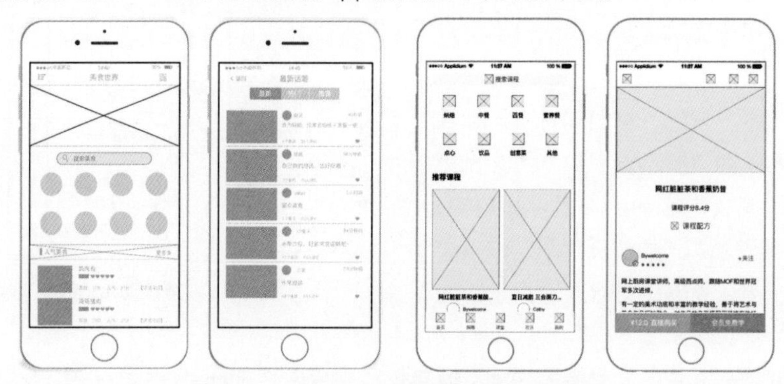

图2-47　某美食App项目的两个方案草图

> **提 示**
>
> 在构思App页面、布局及思考功能流程或者脚本的时候，设计师可随时随地采用直接、有效的手段绘制草图，不必拘泥于计算机软件的使用等而分散注意力。草图有着超强的表达能力，无论是用户还是产品经理等团队成员，都能够通过草图理解开发者的设计意图。

在原型设计初期阶段，设计师需要用草图探讨各种不同的设想和形式，并以更多的草图反复深化设计，同时与客户交流、沟通，以便达成需求共识；设计过程中，通过与团队成员的商讨，不断修改草图，以完成项目方案。

创意和草图互相联系又互相作用，图形思考促进了交流，这种交流又刺激了思考；思考支持了草图，草图又反映了思考。草图在讨论中会不断推演变化，会成为项目的原型，为成品的完美实现做准备。图2-48所示为美妆购物App项目的原型设计过程。

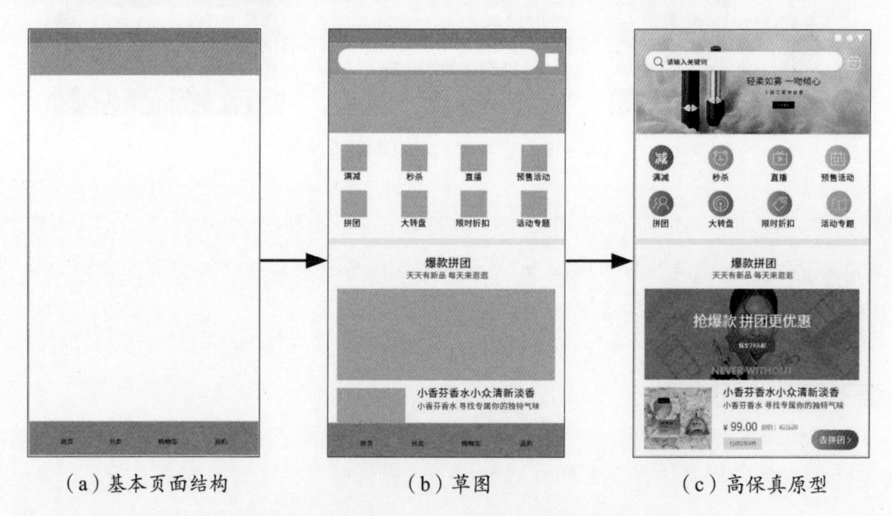

图2-48　美妆购物App项目的原型设计过程

2.6.4　常见的草图形式

草图可以是纸质的，也可以是由软件制作的图形文件，其只要能传达设计师的想法和概念即可。

草图并没有具体的规范，设计师绘制草图时可以用实际文字代替字段标签，也可以画几条线来表示某个位置需要放一个标签。如果要画一个应急草图，可以只用线条表达App界面中的功能区块，但保真度较低。如果字段顺序很关键，同时又需要传达出层叠顺序，可以采用保真度高一点的线框图。

移动App项目草图从表现方式上可以分为构思草图和设计草图。

1. 构思草图

在App项目设计中，一般使用笔、纸等简单工具徒手绘制构思草图。它可以帮助设计师迅速地捕捉头脑中的设计灵感和思维路径，并将其转换成形态符号记录下来。在产品设计初期，设计师头脑中的设计构思是模糊且零碎的；在某一瞬间产生了设计灵感时，设计师应尽量使用简洁、清晰的线条通过手中的笔尽快地表现出来。

在早期的构思过程中，需要一个个验证构思概念并选择确认最终方案，因此手绘草图是非常实用的一种方式。例如，在设计制作某一手机App的首页时，其构思草图经历了以下几个阶段。

图2-49所示为初步手绘草图：基本的结构草图，明确几个主要的功能分区，以及基本的布局形式等。图2-50所示为改进手绘草图：局部细节得到加强，考虑到操作的便利性，加了4个图标功能键。图2-51所示为确定手绘草图：基于避免误操作和操作干扰方面的因素，把4个图标功能键移到了界面的中间，确定最终手绘草稿。

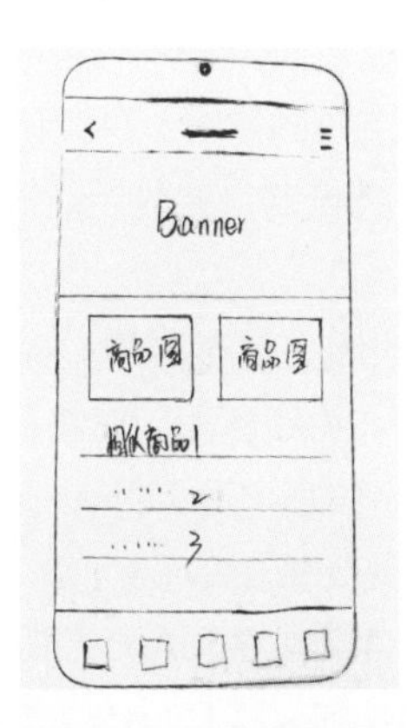

图2-49 初步手绘草图

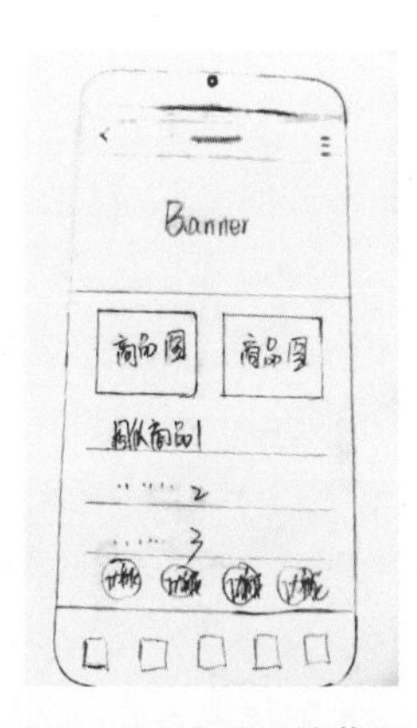

图2-50 改进手绘草图

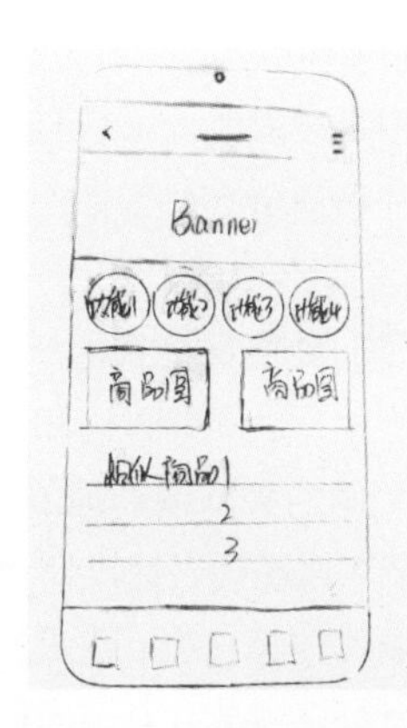

图2-51 确定手绘草图

通过手绘草图，可以快速将想法转换为实际内容，并快速测试和验证。在项目设计初期，设计师通过构思草图从模糊的可能性中捕捉到一些推动设计走向下一步的重要因素，为设计的推进奠定基础，在缩减成本的同时发展更具原创性的方案草图。

构思草图可以主要围绕名称、图案、图文结合或者纯文字表现展开。图2-52所示为某App界面中功能图标的手绘草图。

图2-52 某App界面中功能图标的手绘草图

由于构思草图阶段是项目设计的展开阶段，这一阶段的App界面可以仅仅是几根线条，也可以是一个大致的轮廓，但能够表现出设计师的设计构思和设计理念，因此，构思草图不会拘泥于整体形式与结构。图2-53所示为某移动App界面的手绘构思草图。

图2-53　某移动App界面的手绘构思草图

可以看出，虽然构思草图的线条非常简略且模棱两可，却为最终的设计创意和表现手法提供了更多的思路和可能性。构思草图快速、准确、直观地将设计师的设计思维展现出来，让设计师能够更加便捷地与客户进行交流沟通。构思草图作为表达形式的重要组成部分，在项目设计中发挥着不可替代的作用。

提 示

构思草图是相对产品开发而存在的，是一个记录项目设计各种构想的原始文件。构思草图的关键是把脑子里的想法展现出来，其有形象、有逻辑，可以随意修改，重于意而不在乎形。

2. 设计草图

设计草图是在前期构思草图的基础上经过整理、选择、修改和完善的草图，是一种近乎正式的草图方案。在移动App项目中，设计草图推荐使用Axure RP软件进行绘制，完成后能够得到App项目的线框图。

线框图是一种低保真且静态的呈现方式，它能明确表达内容大纲、信息结构、导航和布局即可，主要用于团队之间的讨论和反馈。图2-54所示为某移动App的界面线框图，它将App中所有的界面及界面之间的关系清晰地展示出来；每个界面都将清晰地展示信息内容，并保证界面有序排列。设计草图可以明确表达设计师的设计想法，无须展现过多的视觉效果。

设计师制作的移动App草图是否合理，直接决定App前期的关键词排名和App近期的优化发展速度，除此之外还决定了App的格局和App的优化方向。因此，设计师要根据App特有的需求去设计，研究关键词，站在用户的角度考虑，从而对移动App项目做一个价值定位，做好界面布局和导航头部的设置。

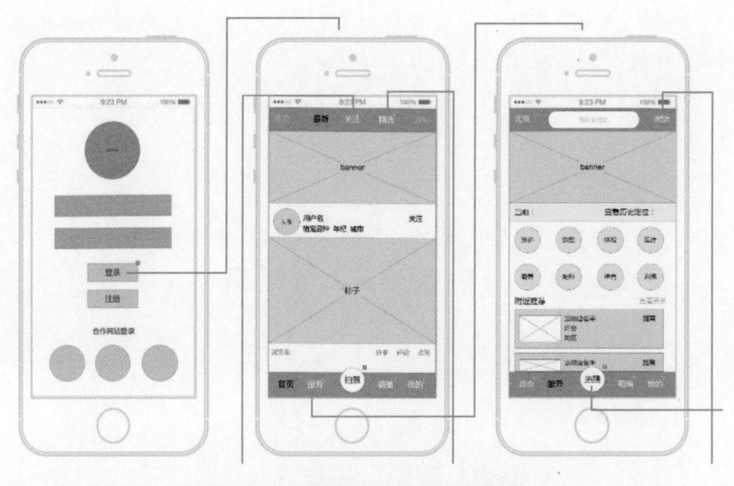

图2-54　某移动App的界面线框图

2.7 了解原型设计

在正式开发移动App项目之前，通过对项目策划书的研究获得App产品相关信息后，就可以开始设计与制作产品原型。

原型用于产品经理、设计师和客户之间的沟通与讨论，这样便于随时对项目进行补充和修改，确认最终内容后再进入App开发环节。制作App原型既能够节约开发成本，又能够节省大量时间，避免反复修改。

2.7.1 原型设计的概念

产品原型是用线条、图形描绘出的产品框架。原型设计是综合考虑产品目标、功能需求场景和用户体验等因素，对产品的各模块、界面和元素进行合理性排序的过程。

对移动UI行业来说，原型设计就是将界面模块、各种元素进行排版和布局，获得一个界面的草图效果，如图2-55所示。为了使效果更加具体、形象和生动，设计师还会加入一些交互性的元素来模拟界面的交互效果，如图2-56所示。

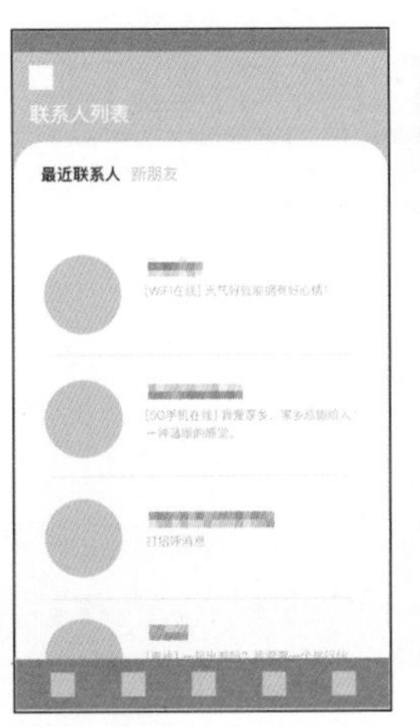

图2-55　界面草图效果

图2-56　界面交互效果

提 示

随着互联网技术的日益普及，为了获得更好的原型效果，很多产品经理采用“高保真”的原型，以确保策划与最终的展示效果一致。

2.7.2 原型设计的参与者

一个项目的设计开发通常需要多个人员的共同努力。很多初学者认为，产品原型设计是发生在整个项目的早期过程中，只需要产品经理独立完成即可。但实际上产品经理只是了解产品特性、用户需求和市场需求的角色；对于App的UI设计和用户体验设计，产品经理可能没有达到专业水平。而且若设计师独立创作，则会导致产品经理和设计师无法相互理解，进而反复修改。

为了避免产品设计、开发过程中反复修改的情况发生，在开始原型设计时，产品经理应邀请界面（UI）设计师和用户体验（UE）设计师一起参与产品原型的设计和制作，如图2-57所示。这样才可以设计出既符合产品经理预期，又具有良好用户体验且页面精美的产品原型。

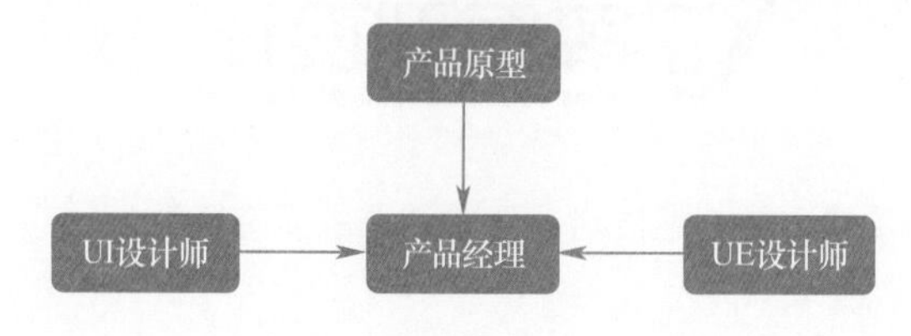

图2-57　原型设计的参与者

提 示

互联网产品经理在互联网公司中处于核心位置，需要具有非常强的沟通能力、协调能力、市场洞察力和商业敏感度。互联网产品经理不但要了解消费者、了解市场，还要能够跟各种风格迥异的团队配合。可以说，互联网产品经理决定了一个互联网产品的成败。

2.8 绘制原型的常用软件

在移动App项目开发过程中，选择一款优质的原型制作软件能够节省大量的时间和其他成本，常见的原型制作软件有Axure RP和Adobe XD两种。

2.8.1 Axure RP

Axure RP是美国Axure Software Solution公司开发的一款专业的快速原型设计软件，它能帮助负责定义需求和规格、设计功能和界面的专家快速创建应用软件或Web网站的线框图、流程图、原型和规格说明文档。

作为专业的原型设计软件，Axure RP能快速、高效地创建原型，同时支持多人协作设计和版本控制管理。Axure RP的启动图标和工作界面如图2-58所示。

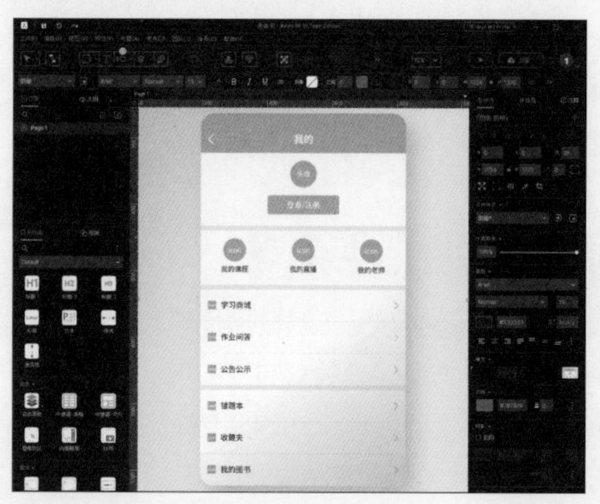

图2-58　Axure RP的启动图标和工作界面

提 示

用户可以通过互联网下载Axure RP的安装程序和汉化包，安装并汉化后即可开始使用软件进行原型的设计与制作。

在开始使用Axure RP之前，需要将Axure RP软件安装到本地计算机中，读者可以通过官网下载最新的Axure RP软件版本，如图2-59所示。

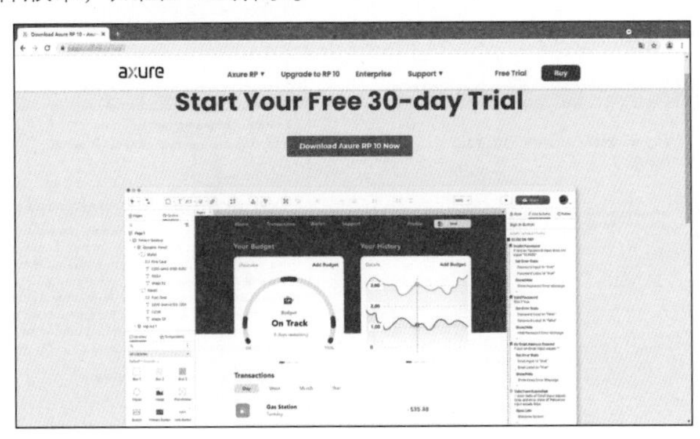

图2-59 Axure RP官方下载页面

提 示

不建议读者去第三方平台下载软件，否则除了有可能会被捆绑安装很多垃圾软件外，还有可能感染病毒。由于Axure RP 10没有发布中文版本，读者可以通过下载汉化版实现对软件的汉化。

Axure RP作为原型设计软件的“领头羊”，功能全面，无论是流程图还是动态面板，都受到众多产品经理和设计师青睐。

2.8.2 Adobe XD

Adobe XD全称为Adobe Experience Design，它是一款功能强大的原型创建软件。利用该软件，开发团队可以更快地将设计投入开发，让项目保持有序的进度，消灭拖慢工作流程的重复性任务和单调任务；设计师可以快速地与开发团队共享详细的设计规范。图2-60所示为Adobe XD的启动图标和工作界面。

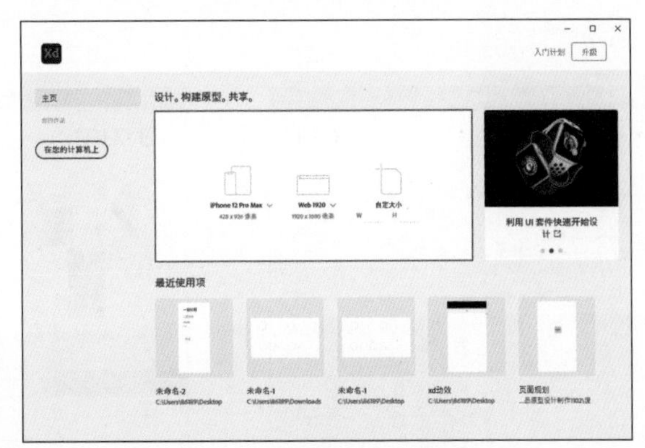

图2-60 Adobe XD的启动图标和工作界面

2.8.3 操作案例——安装Axure RP 10

源文件：无

视　频：资源包\视频\第2章\2-8-3.mp4

（1）在下载文件夹中双击AxureRP-Setup.exe文件，弹出“Axure RP 10 Setup”对话框，如图2-61所示。单击“Next”按钮，进入图2-62所示的对话框，认真阅读协议后，勾选“I accept the terms in the License Agreement”复选框。

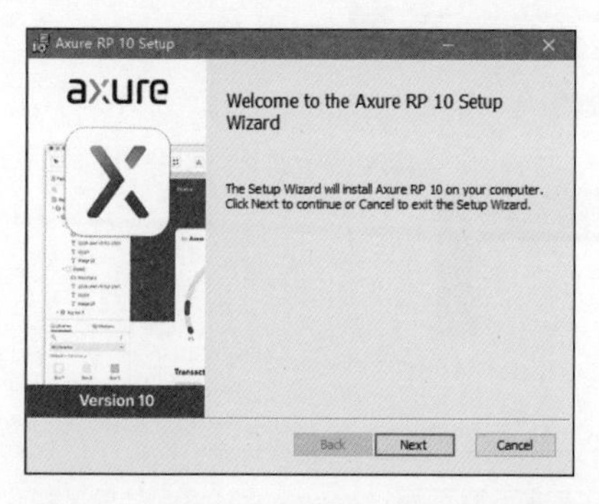

图2-61　“Axure RP 10 Setup”对话框

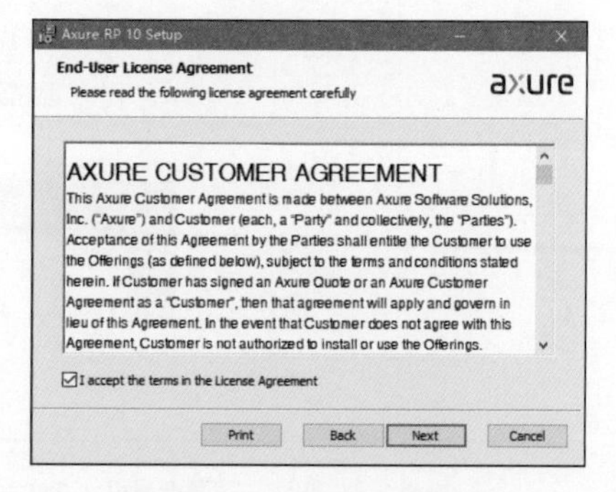

图2-62　阅读协议并同意

（2）单击“Next”按钮，进入图2-63所示的对话框，设置安装地址（单击“Change”按钮可以更改软件的安装地址）。单击“Next”按钮，进入图2-64所示的对话框，准备开始安装软件。

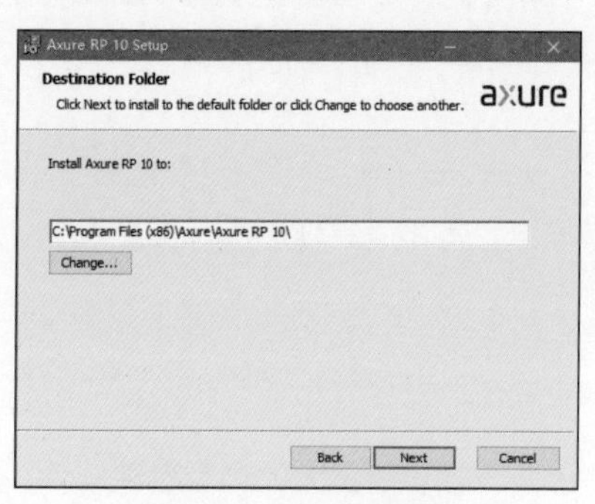

图2-63　选择安装地址

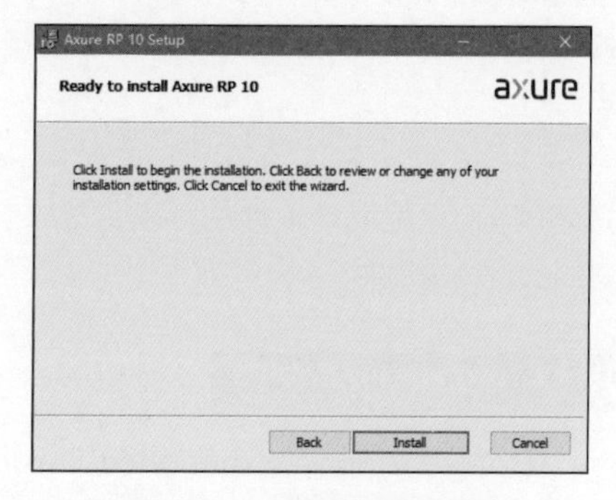

图2-64　准备开始安装软件

（3）单击“Install”按钮，开始安装软件，如图2-65所示。稍等片刻，单击“Finish”按钮，即可完成软件的安装，如图2-66所示。如果勾选“Launch Axure RP 10”复选框，在完成软件安装后将立即自动启动软件。

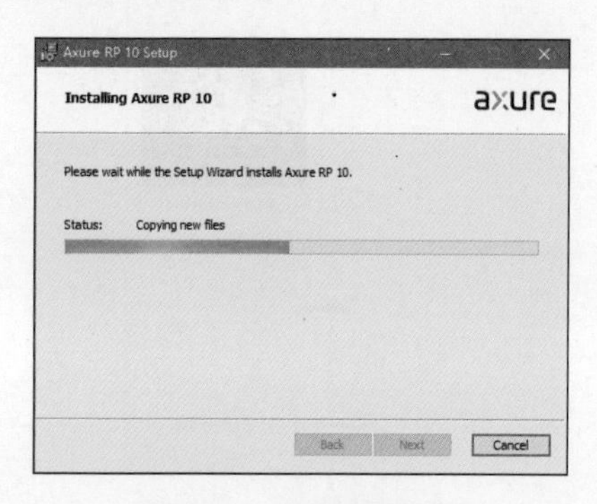

图2-65　开始安装软件

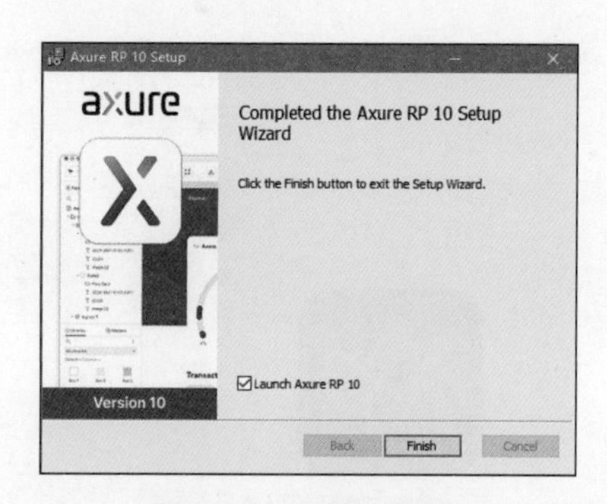

图2-66　完成软件安装

（4）安装完成后，读者可在桌面上找到Axure RP 10的软件图标，如图2-67所示。也可以在“开始”菜单中找到软件启动选项，如图2-68所示。

图2-67 桌面启动图标

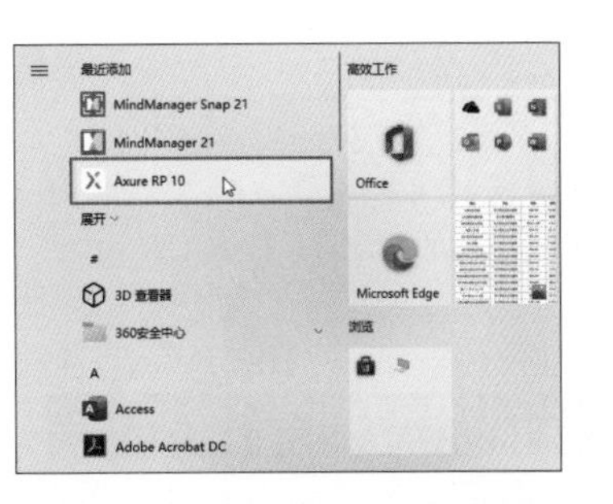

图2-68 “开始”菜单中的启动选项

操作技巧

汉化Axure RP 10软件

读者可以通过互联网获得Axure RP 10的汉化包，下载的汉化包解压后通常包含了图2-69所示的文件夹和文件。将汉化包中的所有文件直接复制并粘贴到Axure RP 10的安装目录下，重新启动软件，即可完成软件的汉化。

DefaultSettings
lang
LICENSE
README.md

图2-69 汉化文件

汉化完成后，读者可以通过双击桌面上的软件启动图标或单击“开始”菜单中的启动选项来启动软件，启动后的软件界面如图2-70所示。

通常在第一次启动软件时，系统会自动弹出“管理授权”对话框，如图2-71所示。该对话框要求输入被授权人姓名和授权密码，授权密码通常是在购买正版软件后获得。如果没有输入授权码，则软件只能正常使用30天，30天后将无法正常使用。

图2-70 汉化软件界面

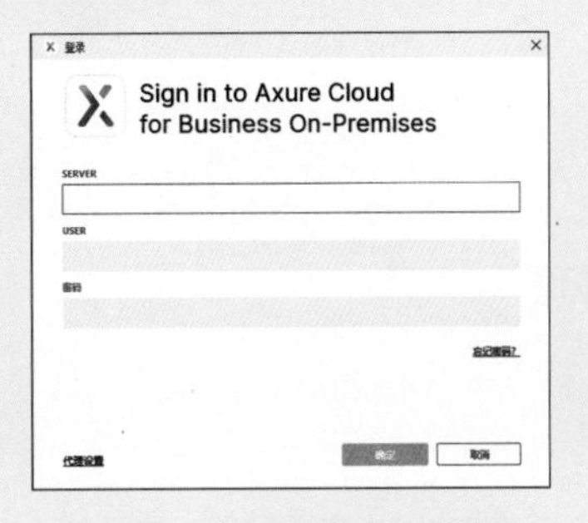

图2-71 “管理授权”对话框

提 示

如果在软件启动时没有完成授权操作，可以执行“帮助>管理授权”命令，再次打开“管理授权”对话框，完成软件的授权操作。

2.9 绘制移动UI原型图

原型常被称为线框图、原型图和Demo，它是一种让用户提前体验产品、交流设计构思和展示交互系统的方式。原型本身是一种交流、沟通的工具，通过原型设计可以表达出设计师的设计思路和理念。

提 示

原型设计的目的是在正式进行设计和开发之前，模拟产品的视觉效果和交互效果。产品原型是产品的雏形，是从无到有的过程。

2.9.1 原型的表现手法

对互联网行业来说，原型阶段是产品开发的初期阶段。一个高保真原型设计能够辅助开发者完美实现最终产品。

简单地说，产品原型就是产品设计成形之前的一个框架，即将页面模块、各种元素进行排版和布局所获得的一个大致页面效果，如图2–72所示。从原型设计到完成最终效果可以分为“草图”“低保真”“高保真”3个层次。

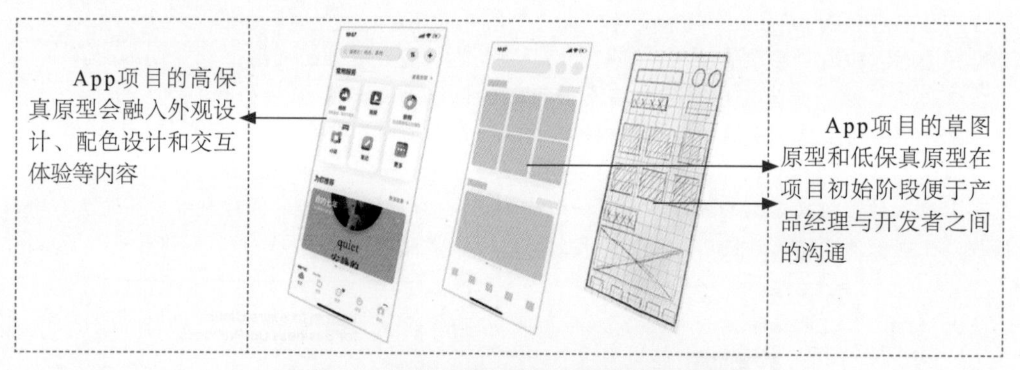

图2–72　原型从草图到高保真原型的设计过程

1. 草图

草图是对产品的一个简单设想，如图2–73所示。前面已经详细介绍了草图的相关知识，此处就不再赘述。

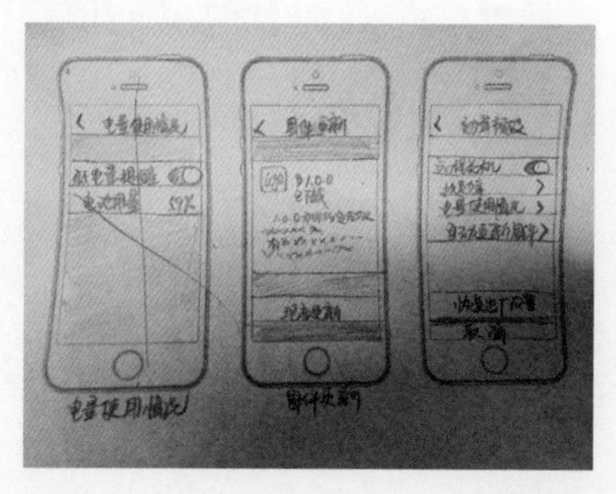

图2–73　某移动App草图

提 示

通过这种方式可以将原型产品的构思和框架基本确定，再通过专业的软件将原型更形象、更直观地转移到电子文档中，以便后续的研讨、设计、开发和备案。

2. 低保真原型

低保真原型最重要的作用是检查和测试产品功能，而不是展现产品的视觉外观。低保真原型主要用于公司内部人员的沟通和交流，即便于产品经理与设计人员之间进行初步沟通，如图2-74所示。

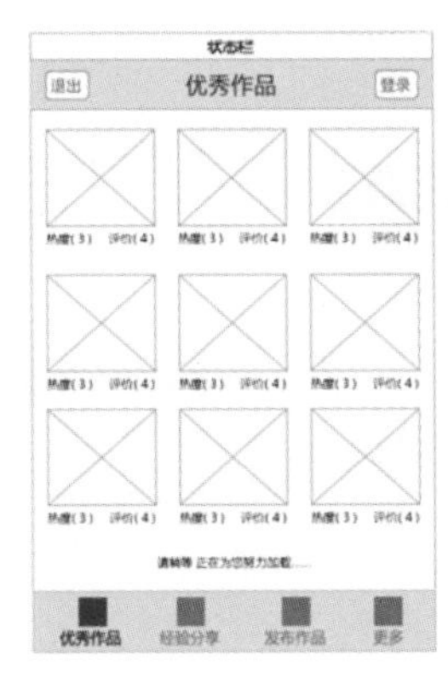

图2-74　某低保真产品原型

相对于草图原型，低保真原型更加清晰和整洁，适用于正式场合的PPT形式宣讲。低保真原型还可以将App界面的功能结构以视觉效果呈现，传达界面的布局及功能元素定义，将产品需求以线框结构的方式展示出来，让产品需求更加规整和直观地进行展现。图2-75所示为使用Axure RP 绘制的某低保真App界面原型。

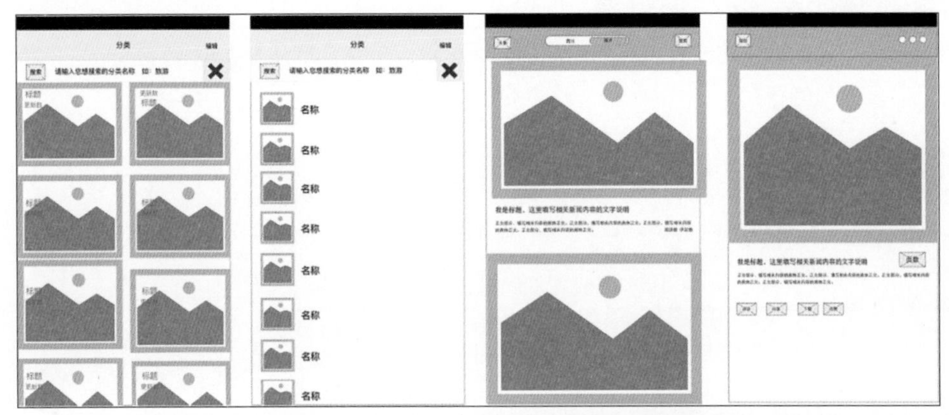

图2-75　使用Axure RP 绘制的某低保真App界面原型

3. 高保真原型

高保真原型是经过精心设计与渲染，模拟交互效果，接近真实产品，给客户提供最直接的模拟体验的原型体现手法，如图2-76所示。

高保真原型真实地模拟产品最终的视觉效果、交互效果和用户体验感受，在视觉、交互和用户体验上非常接近真实的产品，注意高保真原型中甚至包含产品的细节、真实的交互和UI等。图2-77所示为使用Adobe XD完成的某高保真App产品界面原型。

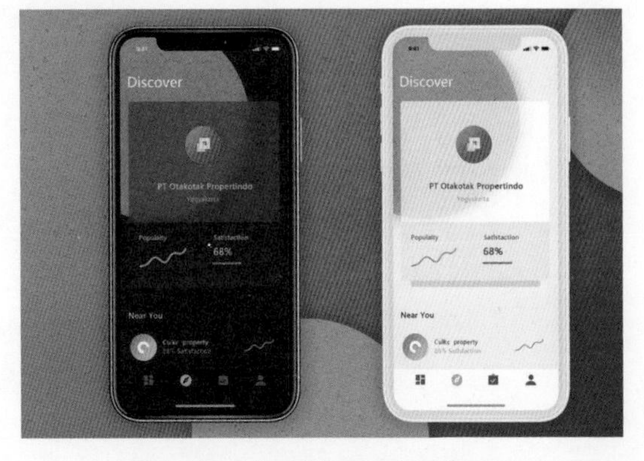

图2-76　某App产品的高保真原型

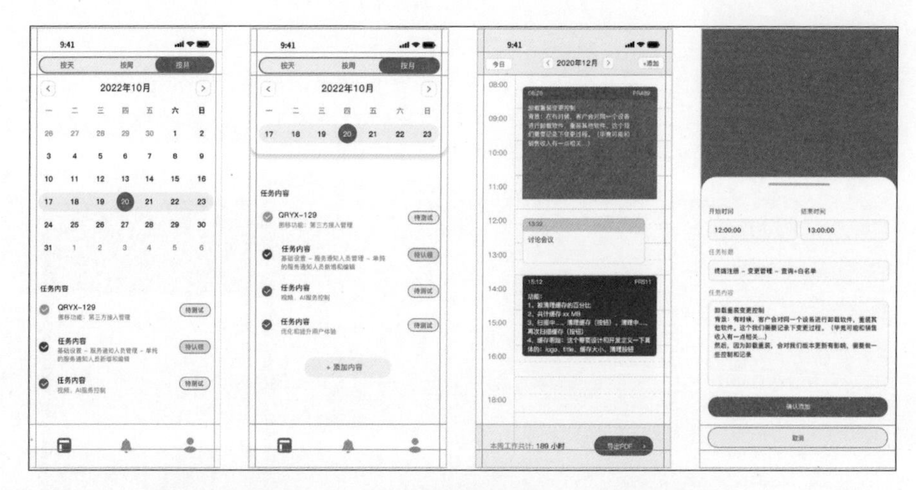

图2-77　使用Adobe XD完成的某高保真App产品界面原型

提 示

不同的公司、不同的团队在互联网产品的原型设计中采用的方式可能会大相径庭，不一定非要使用某种固定的方式，最适合自己的才是最好的。

2.9.2　原型的重要性

原型是用于表达产品功能和内容的示意图。原型设计是整个产品开发中最重要的，并且是决定整个产品开发方向的存在。

提 示

原型设计的核心目的在于测试产品。没有哪一家互联网公司可以不经过产品测试，就直接上产品和服务的。

通常情况下，产品原型宜由产品经理和交互设计师一起完成。交互设计师无法评估和预测产品价值与产品可用性，而产品经理难以掌握产品的技术成本。而产品原型可以在产品价值、产品可用性和技术成本之间互通有无，相互平衡。所以产品原型被称为App项目开发的理想工具，如图2-78所示。

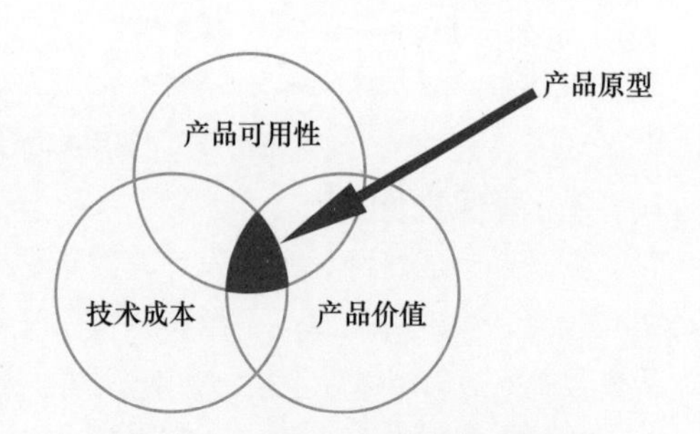

图2-78　产品价值、产品可用性和技术成本间的平衡

原型设计是将设计师和产品经理对产品的基本概念和构想形象化地呈现出来，让参与进来的每个人都可以查看和使用，以及给予反馈，并且在最终版本定下来之前进行必要的调整。

一份完整的产品原型需要清楚地说明产品包括哪些功能和内容、产品分为几个界面及功能和内容在界面中的排版布局、用户与产品的交互细节是如何设计的。将这些进行归纳和总结，可以将其概括为制作产品原型的3个要素：元素、界面和交互，如图2-79所示。

原型设计的重要性是显而易见的，其主要体现在完善和优化产品需求方案、便于评估产品需求和有效提升团队成员的沟通效率3个方面。

1. 完善和优化产品需求方案

在产品开发初期，产品需求还停留在抽象、模糊的概念阶段，产品经理和设计师对产品的理解和沟通不够深入；随着产品原型的开发设计，其效果非常接近最终的成品时，产品经理和设计师才能够更清晰地了解产品需求。

在设计与制作产品原型的过程中，一方面，产品经理可以模拟不同的用户情景来试用“产品功能”，这样能够轻松发现遗漏的功能模块、逻辑分支，以及其他一些细节；另一方面，产品经理还可以分别以交互设计师和开发工程师等视角审视产品原型，发现其中的不足并加以改进。

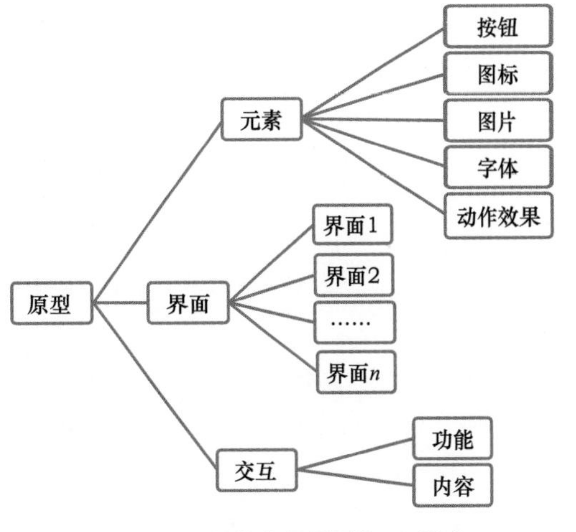

图2-79 制作产品原型的3个要素

> **提示**
>
> 通过这样不断地调整产品原型，产品经理对产品需求的思考越深入，产品需求方案也就越完善、越合理。

2. 便于评估产品需求

当产品需求进入开发环节后，再进行需求变更是要付出巨大代价的，人力、时间和资金都要被消耗，项目进度也无法按原计划推进。因此，在投入大量资源进行实际设计和开发之前，要对产品功能进行评估，以确保产品需求的正确性和合理性，如图2-80所示。

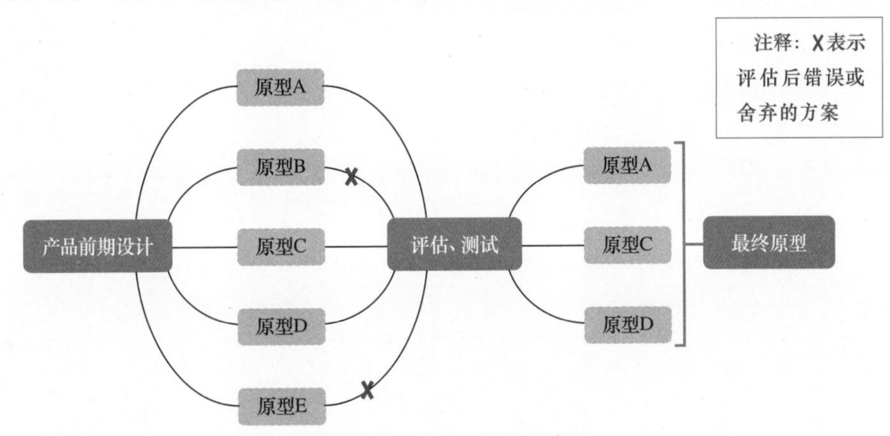

图2-80 原型设计评估流程

此时，便突显了产品原型的重要性和可操作性：一方面，产品原型的制作成本不高，比使用文字描述更加直观，修改也非常容易；另一方面，产品原型将产品需求形象、具体地展示出来，可视化的方式能够大幅提升产品需求评估的准确性。

3. 有效提升团队成员的沟通效率

产品原型的重要性还体现在它能够有效提升团队成员的沟通效率。

在实际工作中，产品经理要向很多人描述产品需求，例如公司高层、业务相关方、开发工程师、设计师和测试人员等。产品需求的信息量非常大，文档可能包含几十页内容，仅通过文档进行描述的难度是非常大的，并且让人在短时间内深入理解产品也非常困难。

此时，产品原型的优势就显现出来了。它能够将产品需求以图形化的方式进行演示，使产品需求一目了然，大幅提升沟通效率，如图2-81所示。例如，有经验的开发者面对产品原型图，不用他人过多解释，就能够马上明白需要编写哪些功能模块，以及这些功能模块间是怎样的逻辑关系。

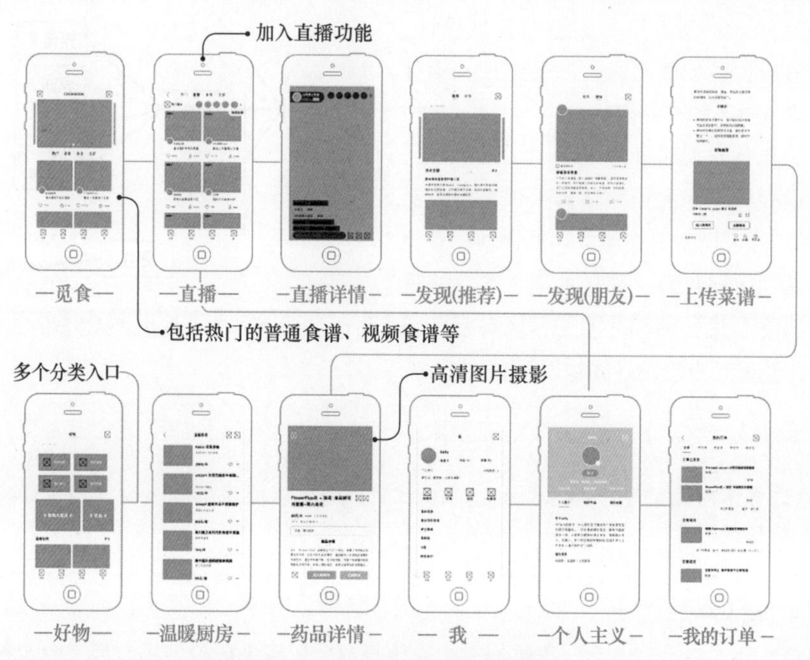

图2-81　有效提升团队成员的沟通效率

2.9.3 操作案例——绘制美妆App首页草图

源文件：资源包\源文件\第2章\2-9-3.rp

视　频：资源包\视频\第2章\2-9-3.mp4

（1）启动Axure RP 10软件，弹出“欢迎使用Axure RP 10”界面，单击界面右下角的“新建文件”按钮，进入工作界面，如图2-82所示。在“样式”面板中“页面尺寸”下拉列表框中选择“自定义设备”选项，设置页面尺寸为1080px×1920px，如图2-83所示。

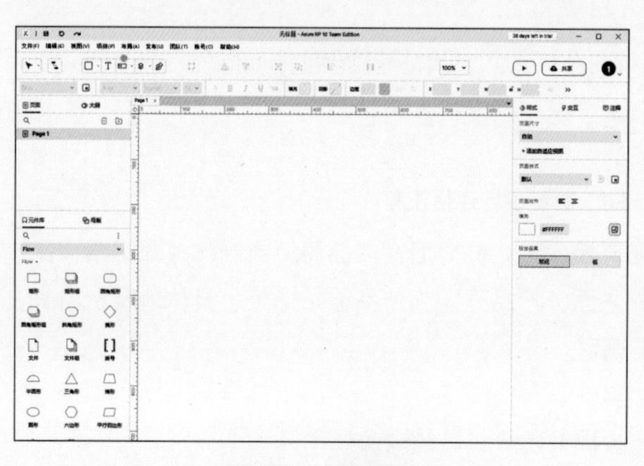

图2-82　新建文件

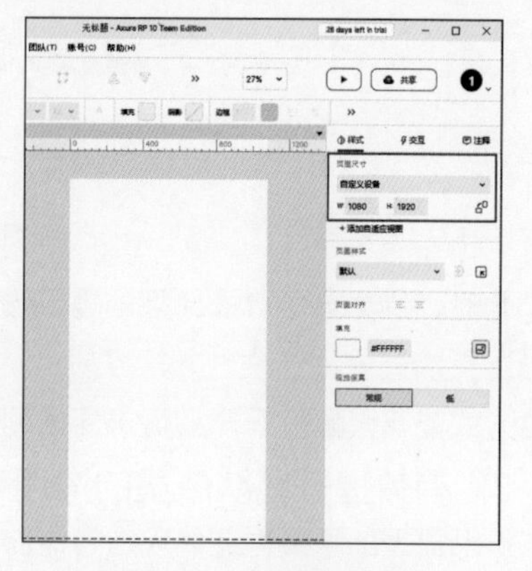

图2-83　自定义页面尺寸

（2）单击“页面”面板中的“page1”页面，修改页面名称为“首页”，如图2-84所示。将

“矩形2”元件从“元件库”面板中拖曳到页面中，在“样式”面板中修改元件大小，如图2-85所示。

图2-84　修改页面名称

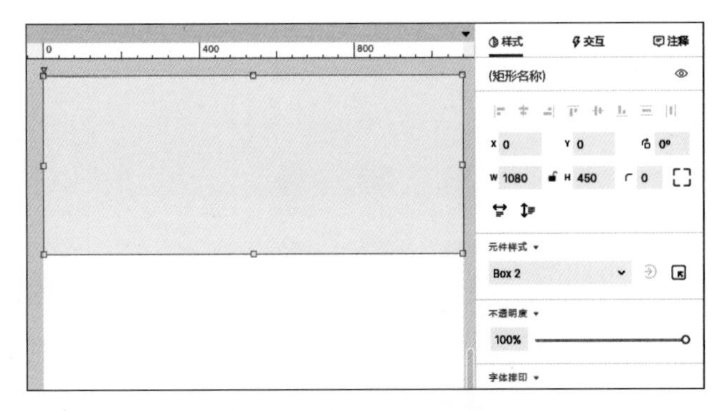

图2-85　添加元件并修改大小

（3）将“矩形3”元件从“元件库”面板中拖曳到页面中，为页面添加两个矩形，在“样式”面板中修改大小，如图2-86所示。选择图2-87所示的矩形，在“样式”面板中的“圆角”选项下设置“半径”为45。

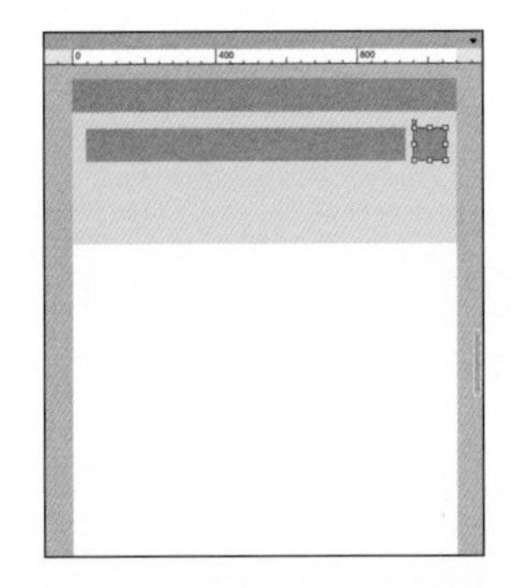

图2-86　连续添加3个矩形元件

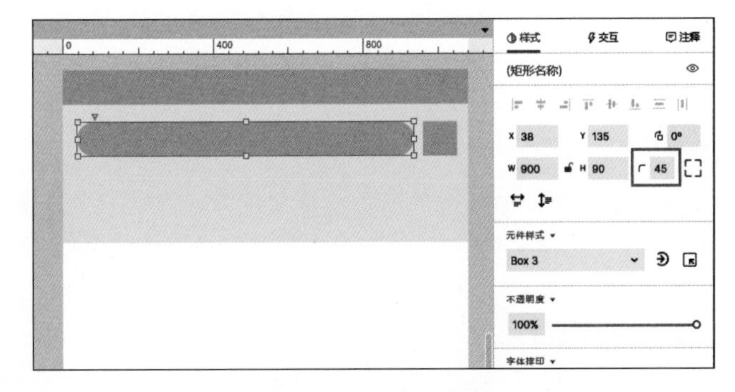

图2-87　设置半径值

（4）将“圆形”元件从“元件库”面板中拖曳到页面中并修改元件大小，如图2-88所示。修改“圆形”元件的填充和边框颜色。将“标签”元件拖曳到页面中，修改文本内容和大小。功能图标草图效果如图2-89所示。

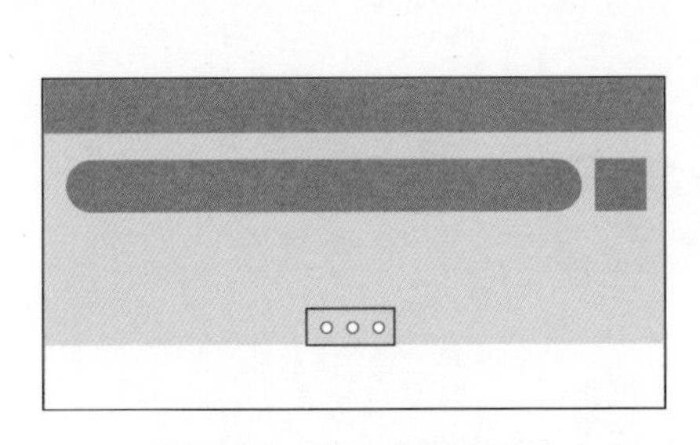

图2-88　添加3个圆形元件

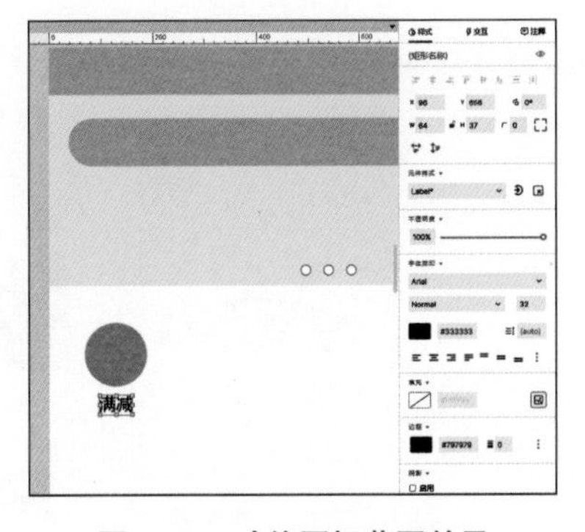

图2-89　功能图标草图效果

（5）同时选中“圆形”元件和“标签”元件，按住【Ctrl】键的同时用鼠标将其向右拖曳，复制功能图标，修改文本内容。使用相同方法完成其余功能图标的制作，如图2-90所示。使用步骤（2）～步骤（4）的方法，完成美妆App首页草图的其余内容，界面效果如图2-91所示。

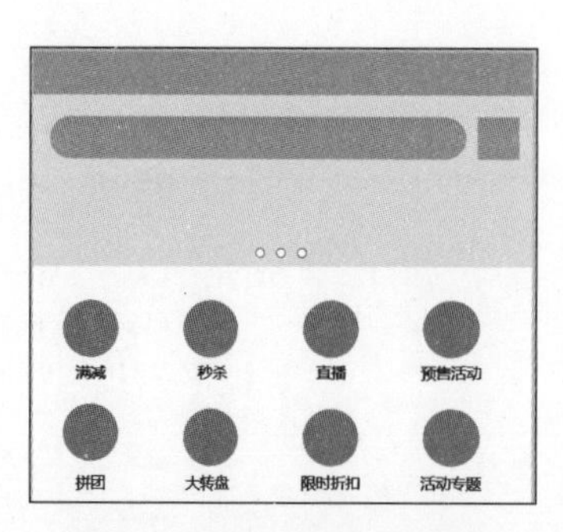

图2-90　制作其余功能图标

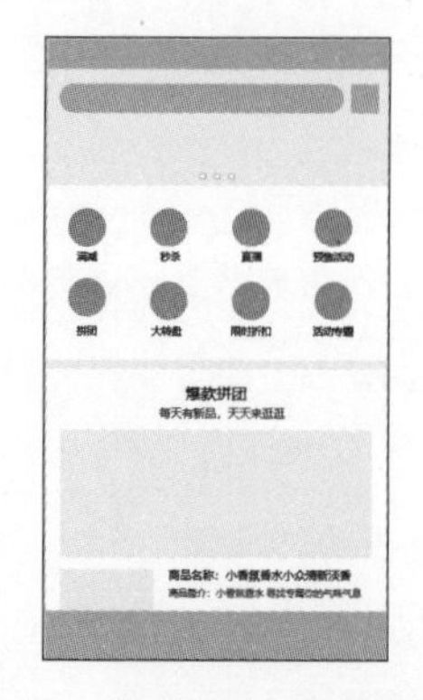

图2-91　完成美妆App首页草图

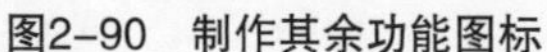

2.9.4 App原型设计与用户体验

原型制作在电子商务项目开发过程中起着至关重要的作用。一个高保真原型除了能够高度还原产品的外观之外，还能够让用户在产品未开发之前就看到其最终效果。

借助原型，用户能够模拟使用产品，这样既能够降低项目开发的成本，又能够提前了解产品价值。让用户体验原型可以直接测试产品外观和布局的合理性、界面的友好度，以及功能是否符合项目要求。原型制作过程中要考虑用户多种体验方式。

提 示

用户体验是用户在使用产品过程中建立起来的一种纯主观感受。其作用是强调用户在使用产品前、使用期间和使用后的全部感受，因为用户的反馈直接关系到该产品的发展。

1. 用户体验方式

从用户使用的角度出发，用户体验包括感官体验、交互体验和情感体验。下面逐一进行讲解。

（1）感官体验

对用户而言，视听上的舒适性具有先入为主的意义。例如App的设计风格、色彩的搭配、界面布局、界面大小、图片的展示、字体的大小和Logo的空间等，用户第一眼看到的感受，能够直接决定用户是否继续浏览该产品。

图2-92所示为儿童类App产品页面。丰富的色彩、可爱的卡通风格能够直接吸引孩子与家长。

图2-92　儿童类App产品页面

（2）交互体验

产品界面与用户的交互过程贯穿浏览、点击、输入和输出等一系列操作，它能给用户提供更直接的体验。

（3）情感体验

加强用户体验过程中的心理认可度，能提升用户忠诚度。若用户能通过产品认同、抒发自己的内在情感，那么可以达到较好的用户体验效果。情感体验的升华带来的是口碑的传播，口碑能够形成一种高度的情感认可效应。

图2-93所示为某社交类App产品页面。利用该App，用户除了能够与好友随时沟通以外，还能够通过点击访问企业公众号，在公众号中直接完成相关操作。这种设计为用户带来良好的交互体验。

微信中浮窗功能的推出可以让用户在微信中操作时支持多任务切换，而无须再跳转到其他App，同时用户体验也非常友好。

图2-93　某社交类App产品页面

图2-94所示为QQ安全中心App的动态密码界面和天天P图App的拍照界面，两者极简的界面都表现了其最重要的功能。用户的认同感不会因为界面中只存在单调的功能而有所减少。

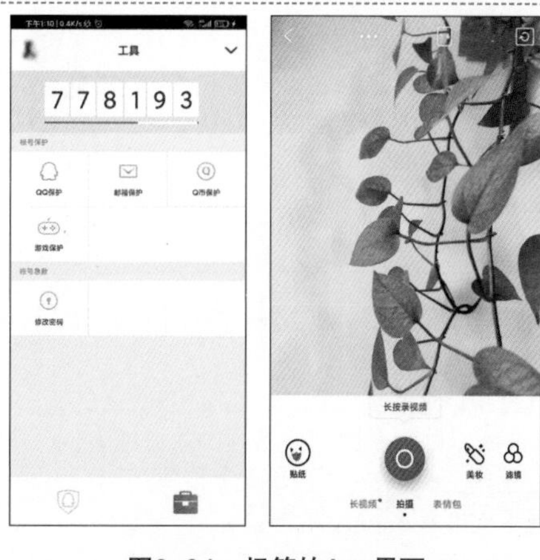

图2-94　极简的App界面

2. 用户体验要素

一个成功设计方案的用户体验要素要在可用性、功能性、内容和品牌4个方面充分考虑，使用户在使用App时既可以便捷地访问自己所需的内容，又在不知不觉中接受设计本身要传达的品牌和内容，如图2-95所示。

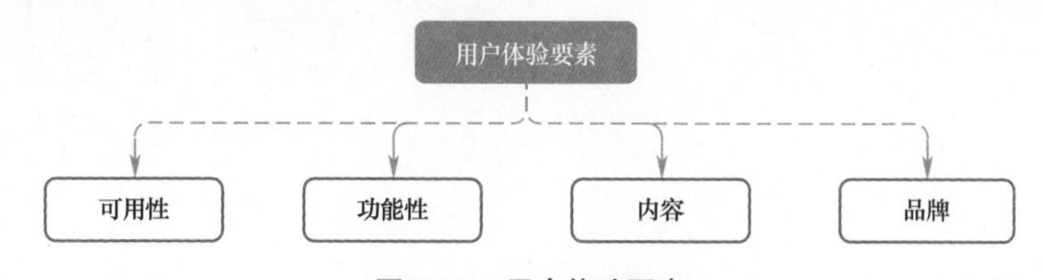

图2-95　用户体验要素

（1）可用性

可用性包含“有用”和“好用”两层含义。无论什么产品，首先必须有用。用户认为有用，这个产品才有价值。产品对用户来说仅仅有用还不够，它还必须足够好用。产品经理要与交互设计师一起不断地提升产品的可用性，让不同类型的用户都能够很好地使用产品。

（2）功能性

有用问题解决之后，就要降低用户的使用门槛和操作成本，方便用户使用。产品的功能性指的是产品的易用程度，即用户为了完成自己的任务，需要付出多大的努力和成本。

（3）内容

这里说的内容不仅包括产品中的文字内容，还关联到其功能逻辑、友好度和视觉信息。丰富的内容能够很好地增强用户黏度。

图2-96所示为京东App首页界面各部分功能。

其主题模块展示区能够根据不同主题进行划分，这种块状排版使每个主题都能与其他主题清晰地区别开来。

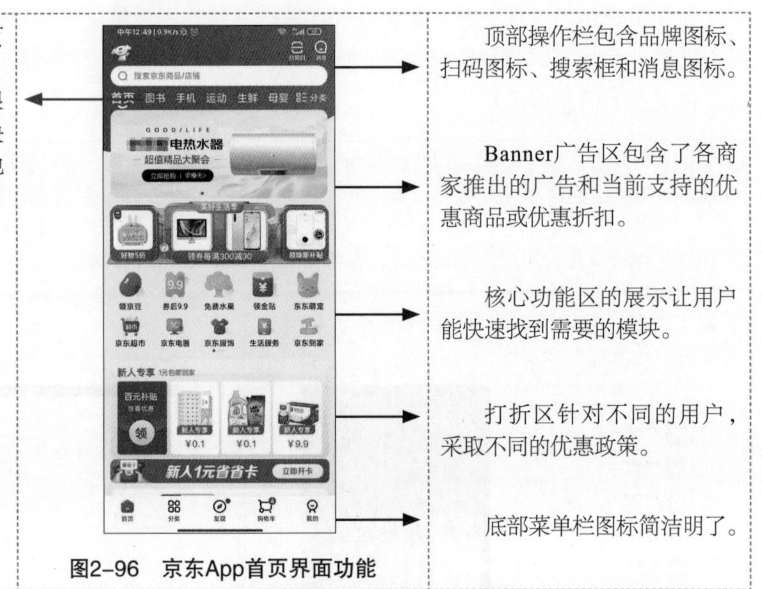

顶部操作栏包含品牌图标、扫码图标、搜索框和消息图标。

Banner广告区包含了各商家推出的广告和当前支持的优惠商品或优惠折扣。

核心功能区的展示让用户能快速找到需要的模块。

打折区针对不同的用户，采取不同的优惠政策。

底部菜单栏图标简洁明了。

图2-96　京东App首页界面功能

图2-97所示为不同时间段打开淘宝App后的首页界面内容。

淘宝App页面展示的内容是动态变化的，即App根据以往同一时间段不同的人，或者同一人在不同时间段的浏览、搜索和购买记录，为其展示或推荐不同的商品内容。

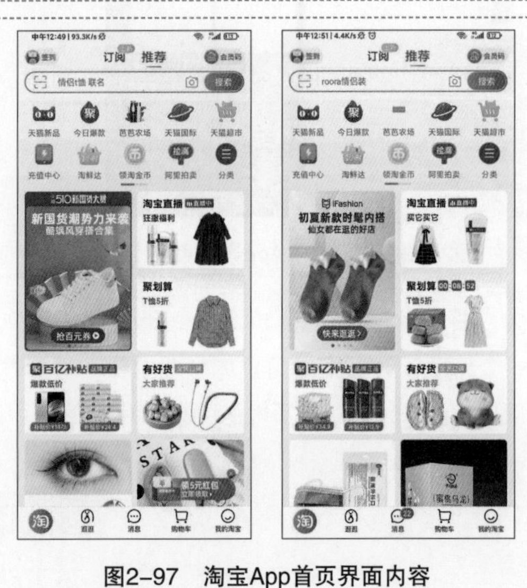

图2-97　淘宝App首页界面内容

（4）品牌

可用性、功能性和内容实现后，用户体验要素就应考虑品牌了。当产品进阶后有了自己的口碑，就会提升产品价值、用户价值和用户忠诚度，便会逐步形成品牌。

图2-98　具有品牌效益的互联网产品

图2-98所示为具有品牌效益的互联网产品。

这些耳熟能详的品牌早已深入人心，它们已经是大众生活中不可或缺的工具。

3. 用户体验的需求层次

用户体验可以分为5个需求层次：感觉需求→交互需求→情感需求→社会需求→自我需求。这5个需求层次是逐层增高的。

（1）感觉需求

感觉需求指的是用户对于产品的五感需求（包括视觉、听觉、触觉、嗅觉和味觉），它是对产品或系统的第一需求。对App来说，人们通常只有视觉、听觉和触觉3种感觉需求。

（2）交互需求

交互需求指的是人与App系统交互过程中的需求，如完成任务的时间和效率、是否流畅顺利、是否报错等。App的可用性关注的是用户的交互需求，它包括操作时的学习性、效率性、记忆性、容错率和满意度等。交互需求关注的是交互过程是否顺畅，用户是否可以简单、快捷地完成任务。

（3）情感需求

情感需求指的是用户在操作浏览的过程中产生的情感，例如在浏览App的过程中感受到的互动和乐趣。情感需求强调App界面的设计感、故事感、交互感、娱乐感和意义感，以及要对用户有足够的吸引力。

（4）社会需求

在满足基本的感觉需求、交互需求和情感需求后，人们通常要追求更高层次的需求，希望得到社会的认可。例如越来越多的人选择开通个人微博和拍摄短视频，希望以此获得社会的关注。

（5）自我需求

自我需求是指App如何满足用户自我个性的需求，如追求新奇、个性的张扬和自我实现等。对App的UI设计来说，设计师需要考虑允许用户个性化定制设计或者自适应设计，以满足不同用户的多样化、个性化的需求。例如App允许用户更改界面背景颜色、背景图片和文字大小等，都属于界面定制。

2.9.5 操作案例——绘制美妆App分类界面原型

源文件：资源包\源文件\第2章\2-9-5.rp

视　频：资源包\视频\第2章\2-9-5.mp4

（1）启动Axure RP 10软件，单击“欢迎使用Axure RP 10”界面下方的“打开现有文件”按钮，如图2-99所示。在弹出的“打开”对话框中选择“2-9-5.rp”文件，选择“页面”面板中的“首页”选项后右击，在弹出的快捷菜单中选择图2-100所示的子菜单选项。

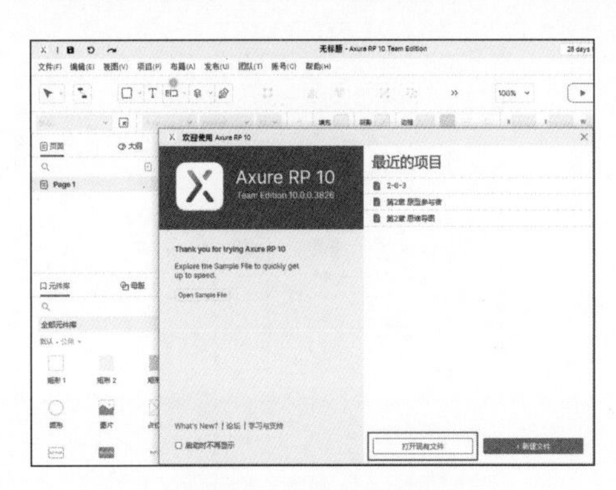

图2-99　打开现有文件

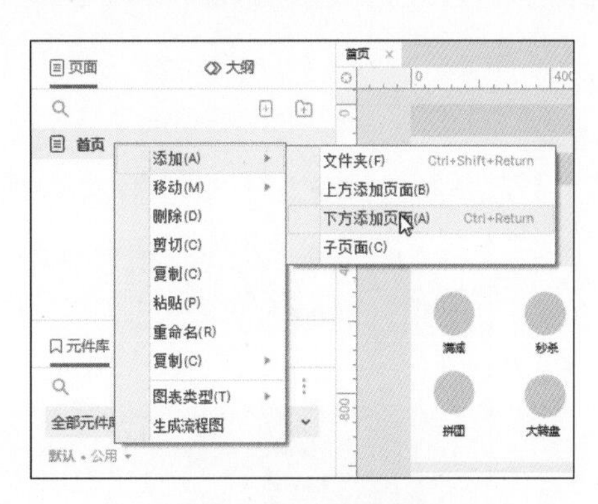

图2-100　添加页面

（2）添加页面后，修改页面名称为“分类”。将“矩形3”元件从“元件库”面板中拖曳到页面中，在“样式”面板中修改元件的大小和半径值，如图2-101所示。将“水平线”元件拖曳到页面中，修改线段的宽度，如图2-102所示。

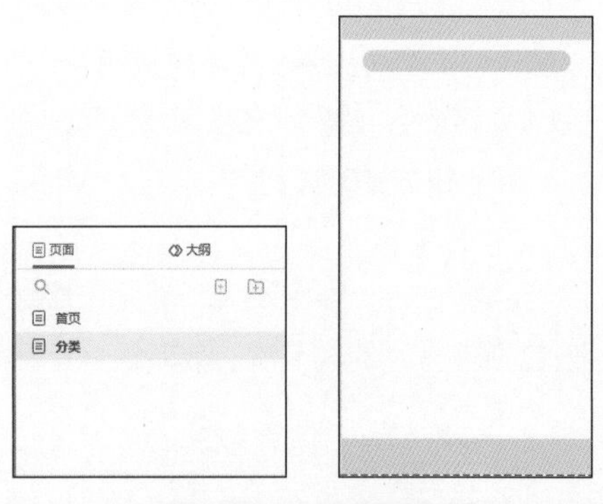

图2-101　添加元件

图2-102　添加“水平线”元件

（3）将“矩形3”元件从“元件库”面板中拖曳到页面中，修改元件大小。复制多个矩形元件并向下移动位置，修改第2个元件的填充颜色，如图2-103所示。将“一级标题”元件从“元件库”面板中拖曳到页面中，修改文本的大小和内容，如图2-104所示。

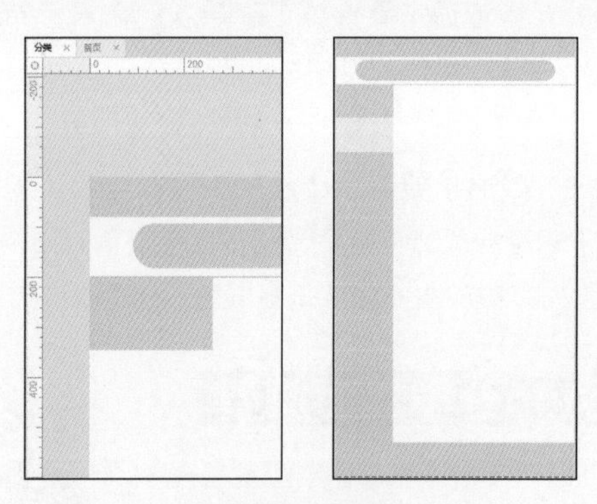

图2-103　添加多个矩形并修改第2个元件的填充颜色

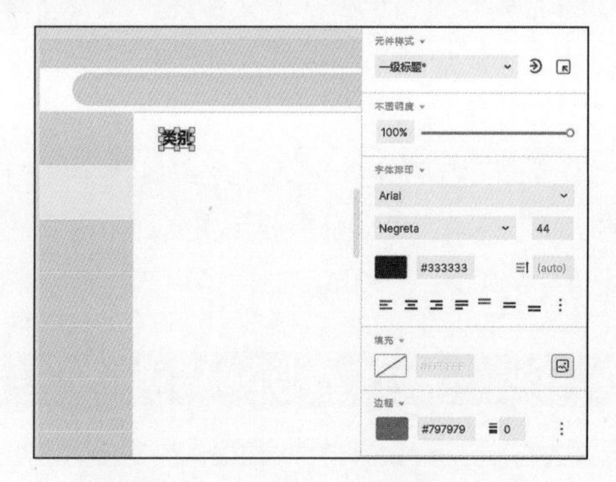

图2-104　添加“一级标题”元件

（4）将“图片”元件从“元件库”面板中拖曳到页面中并修改大小，再将“标签”元件从“元件库”面板中拖曳到页面中，修改文本内容和大小，如图2-105所示。使用相同的方法完成分类界面中的其余内容，原型效果如图2-106所示。

图2-105　添加“图片”和“标签”元件

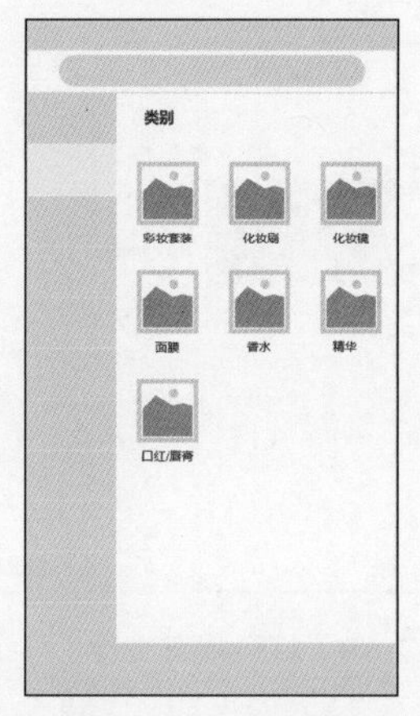

图2-106　原型效果

2.10 本章小结

本章主要讲解如何策划移动App项目与制作原型。通过学习确定移动UI的目标用户、完成移动UI策划书、制作思维导图、制作移动UI草图和制作移动UI原型等内容，读者可以快速了解项目策划和原型设计在移动App项目开发中的作用。

优秀的移动UI色彩搭配

当用户进入App后，第一时间看到的内容是界面的颜色系统，因此优秀的色彩搭配可以使用户对App产生好感，为App增加流量和人气。

本章主要讲解如何为一款移动App项目构建符合设计主题的颜色系统，让移动UI的外观变得更加出彩，从而可以吸引更多的用户。

本章德育目标：学习UI色彩搭配相关的美学知识，提升审美素养，陶冶情操。

3.1 认识色彩

颜色是通过眼、脑和人们的生活经验所产生的一种对光的视觉效应。人对颜色的感觉不仅仅由光的物理性质所决定，也会受到周围颜色的影响。颜色是App界面的基础，优秀的色彩搭配是一款App项目成功的第一步，所以正确地认识色彩和它的原理非常重要。

3.1.1 色彩基础

在为移动App项目构建颜色系统前，先来了解一下色彩的基础知识，方便读者之后在构建App颜色系统时，能够进行合理的配色。

1. 色彩的概念

色彩是由于物体都能有选择地吸收、反射或是折射光形成的。光线照射到物体之后，一部分光线被物体表面所吸收，另一部分光线被反射，还有一部分光线透射穿过物体。因此，物体所表现的颜色是由反射的光形成的。色彩，也就是在可见光的作用下产生的视觉现象，如图3-1所示。

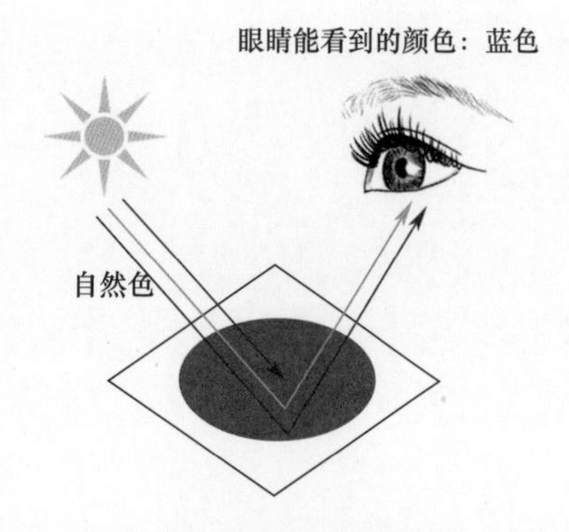

图3-1　色彩的形成

提示

人们日常所见到的白光，可理解为由红、绿和蓝3种波长的光组成的。物体经光源照射，吸收和反射不同波长的红光、绿光和蓝光，反射的光经人的眼睛传达到大脑形成了所看到的各种颜色，也就是说，物体的颜色就是它们反射的光的颜色。

2. 三原色

原色是指不能通过混合其他颜色而得出的“基本色”。将2种或3种原色以不同比例进行混合，可以得到新的颜色。肉眼所见的色彩空间通常由3种基本色所组成，这3种颜色被称为“三原色”。

三原色分为两种：一种是光学三原色（RGB），它包括红色、绿色和蓝色，还有一种是颜料三原色（CMYK），它包括青色、品红色和黄色。

将光学三原色按不同比例混合后，可以组成各种显示颜色，如图3-2所示。例如，红色和绿色相加可以得到黄色；而三原色同时相加可以得到白色，白色属于无彩色（黑、白、灰）中的一种。

而将颜料三原色按不同比例进行混合，可以得到印刷时的各种颜色。颜料三原色实际上就是读者看到的纸张反射的光线，因此颜料三原色能够吸收RGB的颜色，呈现为青色、品红色、黄色，它们是RGB的补色，如图3-3所示。

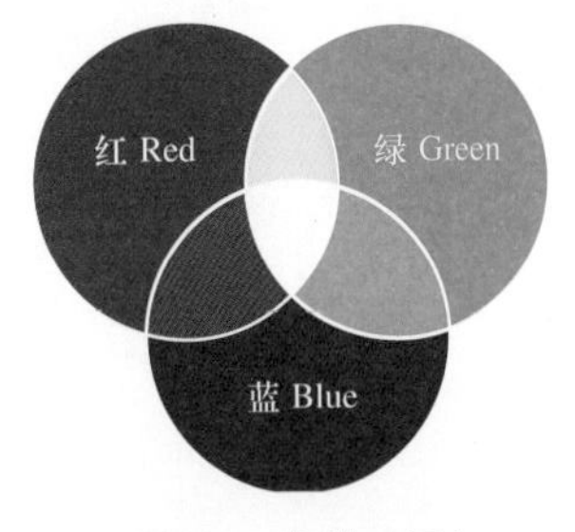

图3-2　光学三原色

提 示

颜料三原色可以混合出多种多样的印刷颜色，但是不能调配出黑色，只能混合出深灰色。因此在彩色印刷中，除了三原色以外还要增加一版黑色，才能得出深色。

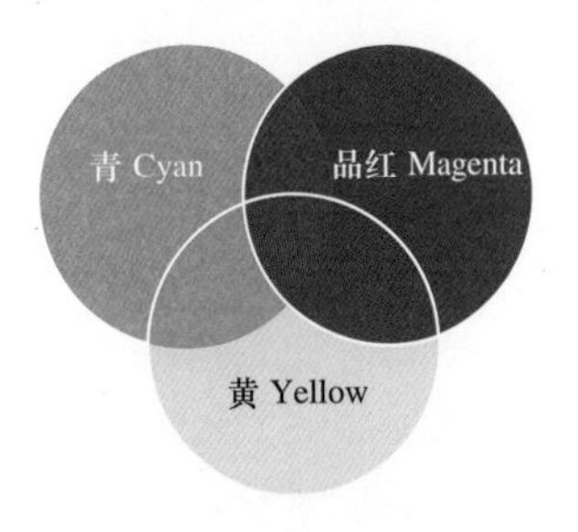

图3-3　颜料三原色

3.1.2 色彩三属性

色彩通常包括色相、饱和度和明度三大属性。

1. 色相

色相就是色彩颜色。在日常的使用中，色相是由颜色名称标识的，例如，红、橙、黄都是一种色相。色相是用户辨别不同色彩的最佳标准，它也是色彩的最大特征。各种不同的色相由射入人眼的光线中的光谱成分决定。图3-4所示为色相排列顺序。

图3-4　色相排列顺序

在可见光谱中，红、橙、黄、绿、蓝和紫每一种色相都有自己的波长与频率，它们按波长从长到短的顺序排列，就像音乐中的音阶顺序，有序而和谐。光谱中的色相发射着色彩的原始光，它们构成了色彩体系中的基本色相。

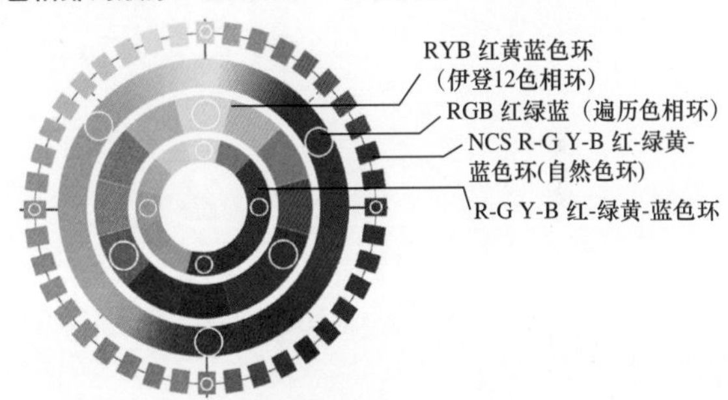

图3-5　4种不同的色相环

色相环是以一种圆形排列的色相光谱，它的色彩顺序按照光谱在自然中出现的顺序来排列。暖色位于包含红色和黄色的半圆之中，冷色则位于包含绿色和紫色的半圆之中。两种互补色出现在彼此相对的位置上。图3-5所示为4种不同的色相环。

提 示

伊登12色相环由近代知名的色彩学大师约翰斯·伊登提出，其设计特点是以三原色作为基础色相。在色相环中，每一个色相的位置都是独立的，并且区分得很清楚。色相环的排列顺序与彩虹及光谱的排列方式相同，色相环中的12个颜色其间隔相同，而且12个颜色形成了6对补色。

2. 饱和度

饱和度是指颜色的强度或纯度。将一个彩色图像的饱和度降低为0时，就会变成一个灰色的图像；增强饱和度时就会增加其彩度。图3-6所示为光学三原色饱和度逐渐降低的显示效果。

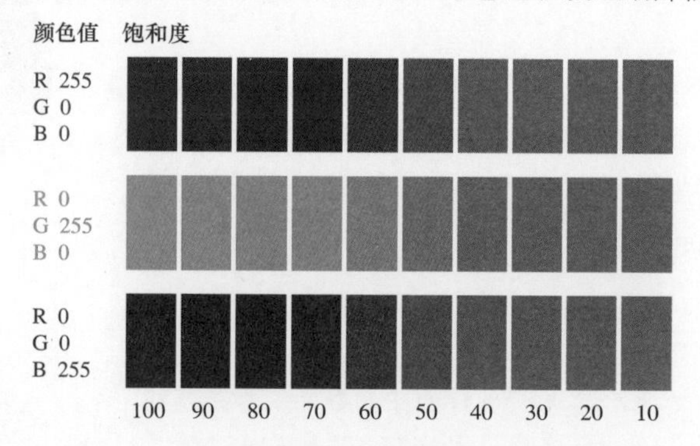

图3-6 光学三原色饱和度逐渐降低的显示效果

3. 明度

明度是指在各种图像色彩模式下，图形原色的明暗度。明度的调整就是明暗度的调整，明度的范围是0～255，共包括256种色调。例如，灰度模式就是将白色到黑色之间的色彩连续划分为256种色调，即由白到灰，再由灰到黑。图3-7所示为6种色彩逐渐递增明度的变化效果。

图3-7 6种色彩逐渐递增明度的变化效果

3.2 和谐、统一的色彩搭配方法

每一种颜色带给用户的视觉感受都是不同的。在移动App项目中，界面通常由主色、辅色、点缀色（强调色）和文本色构成。如何搭配这些元素才能使App界面变得和谐和统一呢？读者可以通过下面的配色方法进行搭配。

3.2.1 同色系配色方法

同色系配色又称为单一色相配色，它是指在UI设计中只使用一种色相进行配色，通过调整颜色的饱和度和明度生成多种协调的配色效果，表现出App界面的统一性和流畅性，且不会对眼睛造成太大的负担。

同色系的配色方法能给人留下简洁、高雅和干练的印象，适用于不主张色彩表现的设计类型，但容易给人呆板、单调的感觉，所以设计师在配色过程中要大胆地增加色调上的对比。

需要注意的是，无彩色系的黑白色搭配也可以认为是单色搭配，使用无彩色系进行搭配能够使界面中的内容成为最突出的部分。

图3-8所示为一个天气App的配色设计。该App使用蓝色作为该界面的主色调，通过调整蓝色的明度，从而在界面中体现色彩的层次感，以此来划分不同的内容区域。其界面整体色调统一，给人一种整洁、明亮的印象。

图3-8 天气App的配色设计

图3-9所示为个人简介App的配色设计。该App使用白色作为背景颜色，搭配同样无彩色的相片及黑色文字，且文字使用不同灰度的颜色进行区别表现，体现文字的层次感，使用黑色表现功能按钮。其界面整体色调统一，无彩色的搭配给人一种大气与高级感。

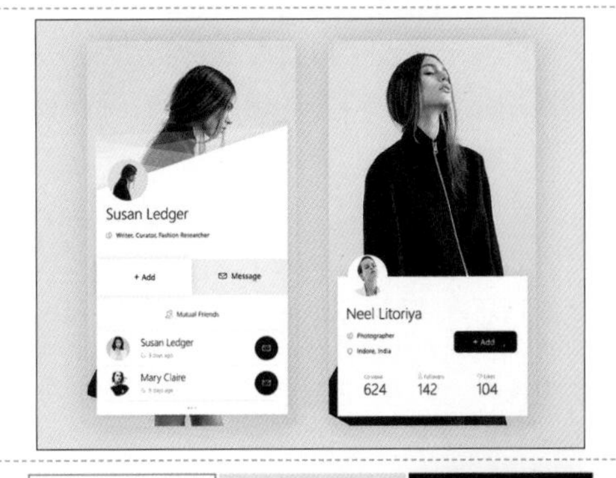

图3-9 个人简介App的配色设计

3.2.2 邻近色配色方法

邻近色是指色相环上相邻或邻近的颜色。例如图3-10所示的色相环中的1号色，其角度在当前基准色正负15°以内，此时1号色即为基准色的邻近色。

邻近色配色就是选取色相环上邻近的几种颜色进行搭配与设计。邻近色的配色方法能够在色彩上营造出协调而连续的感觉，适用于表现大方、高雅和统一的形象。使用邻近色进行配色同样容易给人呆板、单调的感觉。

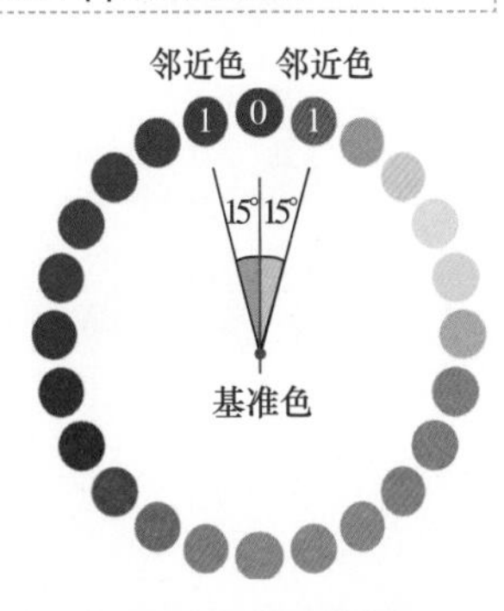

图3-10 邻近色范围

图3-11所示为一款时钟App的配色设计。该App采用了橙红色及其邻近色橙黄色进行色彩搭配，将橙红色与橙黄色的微渐变从上到下填满整个界面背景，使App界面表现出色彩层次的变化；在界面中搭配白色的文字和图形，视觉表现效果清新，界面整体给人一种温暖、简洁的感觉。

图3-11 时钟App的配色设计

图3-12所示为一个手机钱包App的配色设计。该App使用蓝色和紫色作为界面的卡片背景和条形图颜色。蓝色与紫色属于邻近色，邻近色的条形图表现出优雅、和谐的视觉效果，在界面中搭配白色和灰色的背景，形成明度对比，使界面表现出清晰、活跃的氛围。

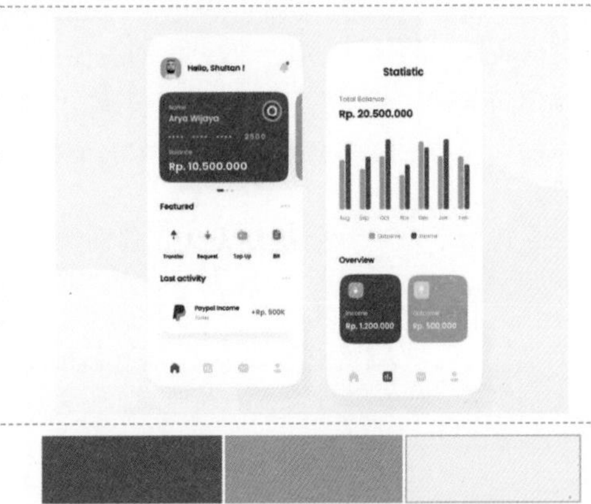

图3-12 手机钱包App的配色设计

3.2.3 类似色配色方法

类似色是指在色相环上相邻的色相（邻近色也包含在类似色当中），例如图3-13所示的色相环中的2号色、3号色就是基准色的类似色，其角度在当前基准色的正负45°以内。

采用类似色相的配色，界面表现比较丰富、活泼，同时又不失统一、和谐的感觉。同样可以通过色调营造画面色彩的张弛效果，表现稳重、和谐的形象。

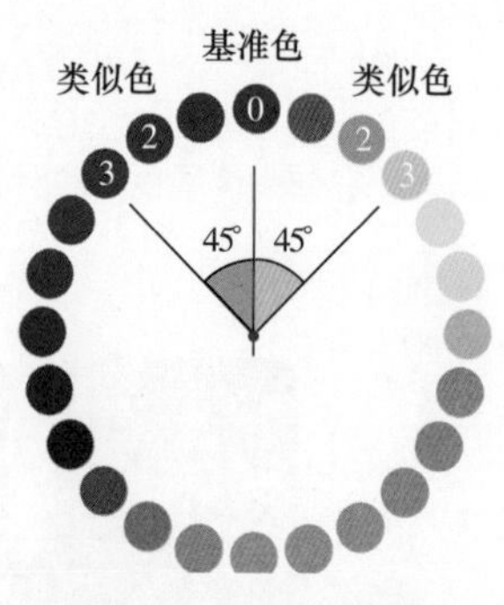

图3-13 类似色范围

图3-14所示为某社交App的配色设计。该App使用高明度的白色作为界面的背景颜色，在界面中使用蓝色和其类似色青色作为对话框的背景，两个对话框背景形成对比，使用户更加专注于每个对话框中的内容，同时界面整体不失统一、和谐的感觉。

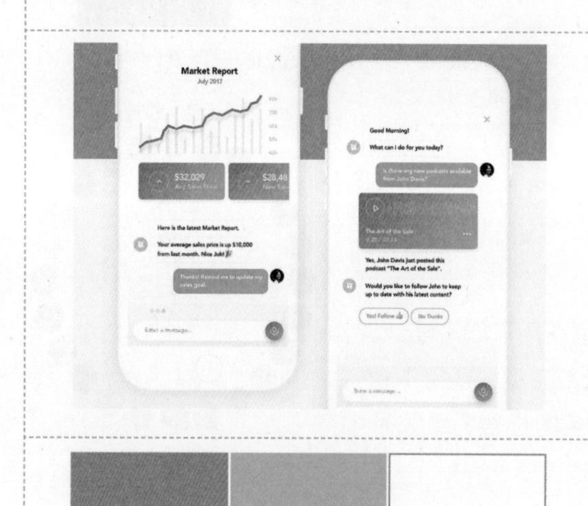

图3-14 某社交App的配色设计

图3-15所示为某订票App的配色设计。该App使用洋红色作为界面的主色，搭配白色的背景颜色，使界面内容清晰、易读。界面中的绿色和黄色功能按钮，使界面表现更加丰富、活泼。同时绿色是黄色的类似色，形成对比的按钮印象，并且使用不同颜色的按钮可以帮助用户更加快速地辨认其功能。

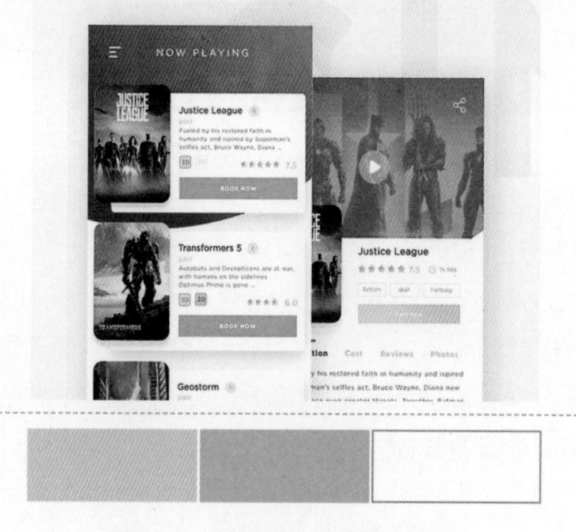

图3-15 某订票App的配色设计

3.2.4 同色调配色方法

同色调配色是指在UI设计中无论使用什么色相进行搭配，只要将所使用色彩的色调统一，就可以使界面表现出整体性和统一性。例如浅色组合、明亮色组合、暗色调组合、纯色调组合等。

使用同色调的配色方法，首先需要确定能够反映主题的色调，然后进行配色。为了避免视觉效果的单调，这里可以尽可能多地使用不同的色相。

图3-16所示为某手机钱包App的配色设计。该App使用白色作为界面背景颜色，给人清晰、明亮的印象。界面中所绑定的多张银行卡则分别使用了不同的颜色进行表现，便于用户进行区分；多种不同色相的颜色都使用了相同的鲜艳色调，从而使界面表现出和谐的视觉效果。

图3-17所示为某美食App的配色设计。该App在不同的界面中分别使用低明度的洋红色、橙黄色和湖蓝色作为界面的背景，用于区分不同内容的界面；使用白色餐盘突出盘中的美食。而不同的背景色彩都属于低明度和低饱和度的浊色调，给人一种和谐、美味和精致的印象。

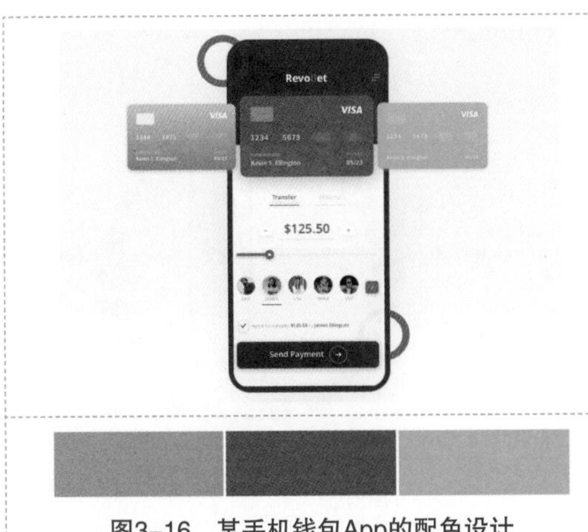

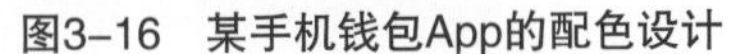

图3-16　某手机钱包App的配色设计

图3-17　某美食App的配色设计

3.2.5　类似色调配色方法

类似色调配色是指在移动UI设计中所使用的色彩具有相近的色调。类似色调配色通过明度和饱和度的微妙差异，使界面表现出丰富的色彩层次。例如，浅色+明色组合、鲜艳色+浓重色组合、暗色+深色组合等。

图3-18所示为某酒类产品App的配色设计。该App使用中等明度、低饱和度的灰蓝色作为界面背景颜色，界面中各酒类产品图片都搭配了高明度、低饱和度的灰橙色背景，与界面背景形成对比，但这两种色调都属于浊色调，只是在明度上有所差别，整体给人一种和谐、雅致的印象。

图3-18　某酒类产品App的配色设计

图3-19所示为某电商App的配色设计。该App使用了鲜明色调与浅色调的搭配，标题栏使用了明艳色调的蓝色，而商品分类列表中各分类则使用了不同的颜色，但都属于浅色调。近似的色调使界面看起来整体统一，给人一种舒适、和谐的印象。

图3-19　某电商App的配色设计

3.3 突出、对比的配色方法

大多数设计师都希望能够摆脱各种限制，表现出华丽的色彩搭配效果。但是，想要把色彩搭配得非常华丽绝对没有想象的那么简单。想要在数万种色彩中挑选合适的色彩，设计师需要具备出色的色彩感。下面介绍一些在移动UI设计中能够形成突出和对比氛围的配色方法。

3.3.1 中差色配色方法

中差色搭配不同于类似色搭配和对比色搭配，但种类上包含了从类似色到对比色的搭配，例如图3-20所示的色相环中的4号至7号，角度为当前基准颜色正负60°至105°之间。中差色搭配的整体效果能够表现明快、活泼、饱满和令人兴奋，同时又不失调的感觉。

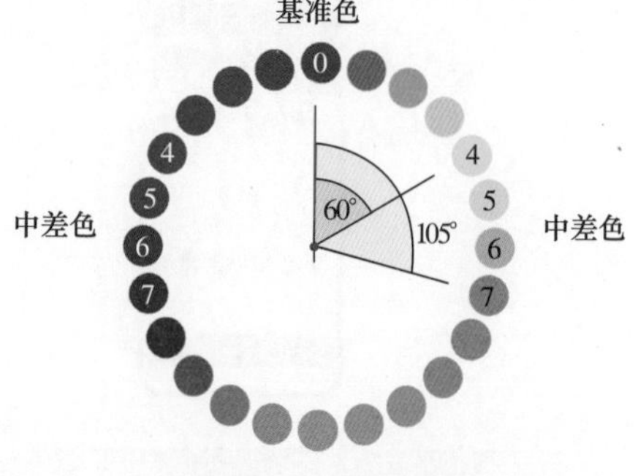

图3-20 中差色范围

图3-21所示为一个闹钟App的配色设计。该App使用低明度的深蓝紫色作为界面的背景颜色，在界面背景中加入橙红色的图形设计，与深蓝紫色形成中差色对比，使界面的表现更加富有活力与动感，更容易吸引年轻用户的关注。

图3-21 闹钟App的配色设计

图3-22所示为一个计算器App的配色设计。该App使用青色作为界面的背景颜色，并且在界面中加入红色与黄色图标，形成中差色对比，使App界面表现得更加轻快、活跃，界面的主体内容部分则搭配了浅色的背景色块，使内容表现得突出、易读。

图3-22 计算器App的配色设计

3.3.2 对比色配色方法

对比色是指在色相环上位置呈三角对立的颜色，例如红色与绿色、紫色与橙色等。对比色属于图3-23所示的色相环中的8号至10号，角度为当前基准颜色正负120°至150°之间。

在UI设计中，设计师可以使用对比色的搭配来突出界面中的重要信息，从而使重要信息达到醒目的视觉效果。采用对比色搭配的界面能给人醒目、刺激、有力的感觉，但也容易造成视觉疲劳，一般需要采用多种调和手段来改善对比效果。

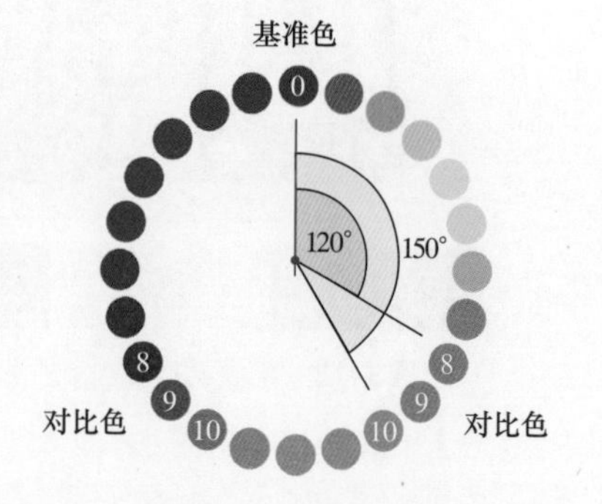

图3-23 对比色范围

图3-24所示为一个健身App的配色设计。该App使用雾霾蓝作为界面背景颜色，表现出平衡、持续的印象，在界面中搭配蓝色的对比色黄色，使界面的表现效果更加活跃；加入白色作为调和色，中和了黄色与蓝色的对比效果，使界面充满活力却并不刺激。

图3-25所示为一个存储空间App的配色设计。该App使用紫色作为界面主色，与白色背景相搭配，界面表现整洁、专业；在界面中加入与紫色形成对比的红橙色作为辅助色，使界面内容表现得非常醒目和强烈。

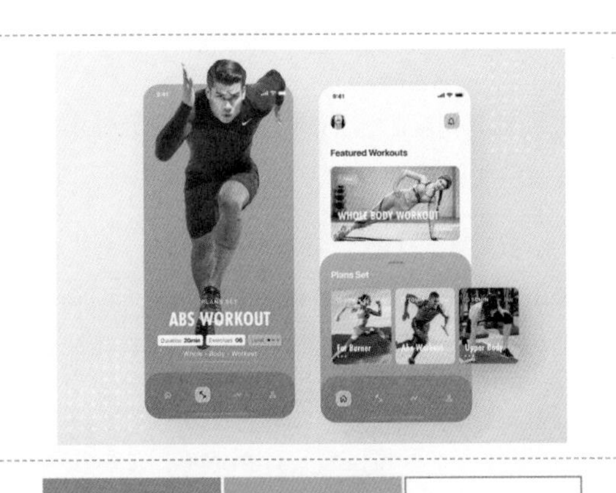

图3-24　健身App的配色设计

图3-25　存储空间App的配色设计

3.3.3　互补色配色方法

互补色是指在色相环上位置完全相对的颜色，例如橙色与蓝色、黄色与紫色等。互补色属于图3-26所示的色相环中的11号、12号，角度为当前基准颜色正负165°至180°之间。

使用互补色搭配的界面能够表现出一种力量、气势与活力，具有非常强烈的视觉冲击力。高饱和度的互补色搭配能够体现充满刺激性的艳丽形象，但是也容易留下廉价、劣质的印象，这种搭配可以通过色彩面积、色调的调整来进行中和。

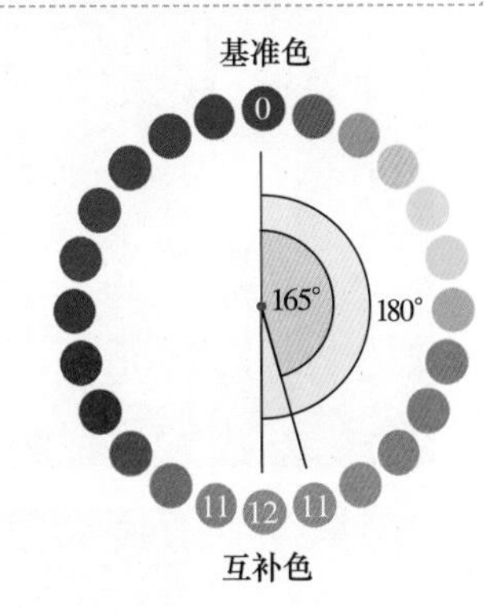

图3-26　互补色范围

图3-27所示为一个健身App的配色设计。该App使用白色作为界面背景颜色，表现得更有质感。界面中卡片内容使用高饱和度的橙色表现，界面中的关键信息文字和按钮则使用了高饱和度的蓝色，形成互补色对比配色，有效区分了界面中不同的内容，并且使界面表现更具有活力。由于橙色与蓝色并不是直接对比，且中间加入了白色及由低明度的红色和黄色调和出的颜色，所以对比效果并没有特别刺激。

图3-28所示为一个天气App的配色设计。该App使用低明度的紫色与白色作为界面背景，体现App的不同功能，给人一种优雅的印象。界面中的重点信息和按钮开关使用了与紫色背景形成互补的黄色进行搭配，虽然其面积较小，导致对比并不是十分强烈，但是黄色的明度非常高，这样的对比色搭配能够很好地突出重点信息，让浏览者在界面中一眼就能够看到重点内容。

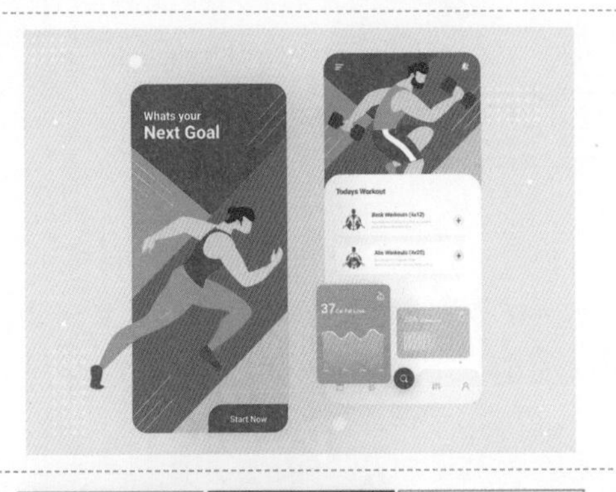

图3-27　健身App的配色设计

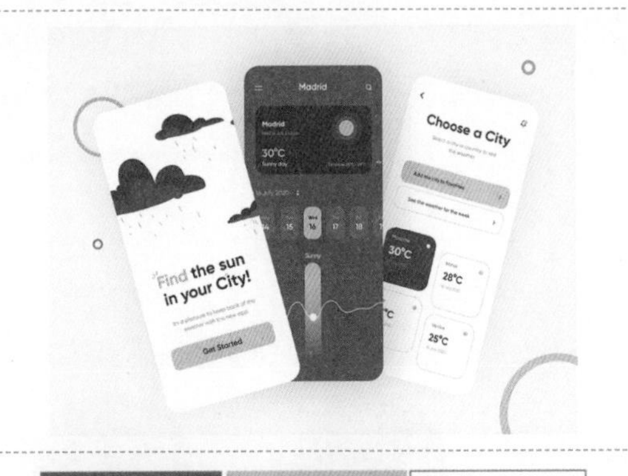

图3-28　天气App的配色设计

3.3.4 对比色调配色方法

对比色调搭配是指在移动UI设计中使用不同明度或不同饱和度的色彩进行配色，从而形成不同明度或不同饱和度的对比。特别是在使用相同色相或类似色相进行UI配色时，对比色调搭配可以使界面表现出鲜活、明快的视觉效果。

图3-29所示为一个冰激凌App的配色设计。黄色是彩色中明度最高的色彩，而深灰色则是除黑色外明度最低的色彩，使用黄色与深灰色进行搭配，可以同时表现出有彩色与无彩色的对比和色彩明度的对比，使界面的整体表现非常鲜活、明快和亮眼。

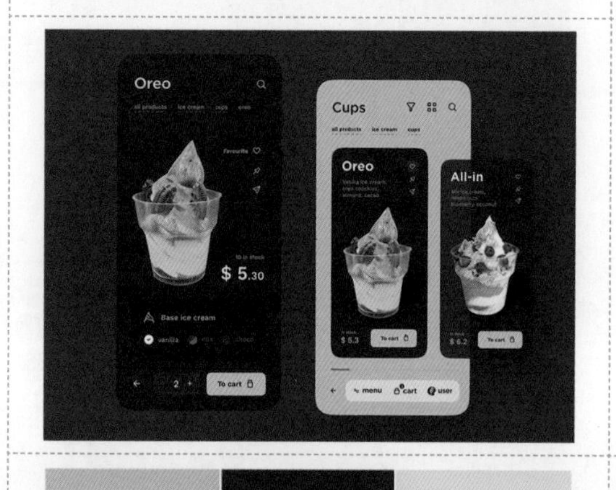

图3-29　冰激凌App的配色设计

图 3-30所示为一个智能家居App的配色设计。该App使用深蓝色作为背景颜色，在界面中搭配同色系但明度和饱和度不同的蓝色，能有效划分界面中不同的内容区域，并且使界面整体色调统一，各部分又存在明度和饱和度的对比，因此界面整体表现明快，具有层次感。

图3-30　智能家居App的配色设计

提 示

对比色调配色方法的主要作用是突出App界面中的变化和重点。

3.4 构建移动UI颜色系统

设计和绘画一样，不要刚开始设计就抠细节。设计师应先确定UI的版式，再调整UI的配色。在使用原型工具确定了UI的排版布局之后就可以开始着手构建移动UI的颜色系统了。为了便于读者理解和阅读，本书将构建移动UI颜色系统的基本流程拆分为图3-31所示的4个阶段。

图3-31　构建移动UI颜色系统的基本流程

3.4.1 确定风格

在对移动UI进行设计之前，需要对该产品进行深入分析，这是非常重要的一步。如果这一步错了，那后面做得再好也没有用。例如该产品的原始需求是希望界面能够表现出强有力的感觉，但设计时表现出的是小清新的感觉，那么再出色的设计也没有达到该产品设计的目的。

在开始对一款移动App项目的UI进行设计时，正确的思维方式应该是“该产品的UI设计适合使用什么风格”，而不是“我想要使用什么风格来设计该产品的UI”。因为设计师想要使用什么设计风格，客户并不关心，客户只关心移动UI设计所达到的效果，所以说设计不能以自我为中心。

在确定产品所需要使用的设计风格时，设计师可以多参考一些竞品，或者与本次设计相似的产品，通过多观察与多比较来获得设计灵感。例如，设计师需要设计一款餐饮产品App界面，在许多人的印象中都知道可以使用暖色系的红色、橙色或黄色进行设计表现，但事实上设计师通过观察成功的设计作品发现，不止红色、橙色和黄色，还有绿色和深蓝色等多种色彩搭配。也就是说，一种类型的产品不止一种色彩搭配。

图3-32所示为一个食谱App的配色设计。该App使用中等明度的青色背景搭配金黄的蛋糕产品图片，很好地突出产品的特点；在该界面的设计中，在青色背景底部还加入了低明度的红色背景色块作为装饰，从而使界面中卡片元素的表现效果更加独特而富有艺术性，体现出UI设计的审美情趣。

图3-32　食谱App的配色设计

图3-33所示为一个汽车管家App的配色设计。由于市面上的绝大多数汽车产品以无彩色系为主，所以此App界面的设计也使用了无彩色进行配色，使界面表现出素雅和高级的效果，只在局部点缀了低明度的深紫色，突出重点功能。这样的配色能够体现界面的和谐、统一，适合有一定经济实力的中年用户，而年轻用户会感觉缺乏活力。

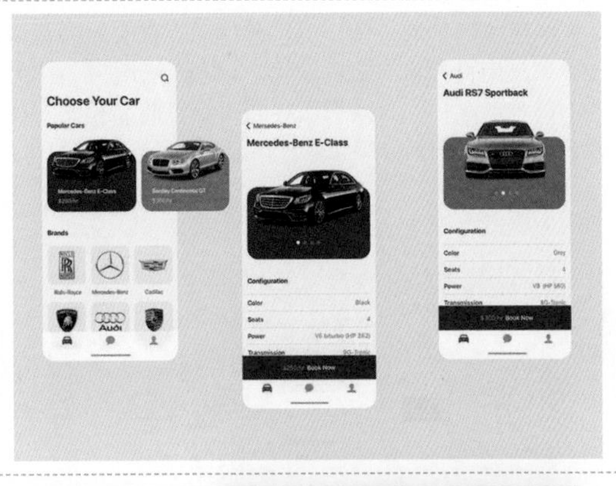

图3-33　汽车管家App的配色设计

3.4.2 确定主色

在UI配色设计过程中，很多时候都是主色与辅色一起确定的。主色的作用是确定界面的整体效果，辅色的作用是平衡主色。

在选择UI设计中的配色时，设计师可以根据App项目的设计风格确定界面需要为用户留下什么样的印象。根据所要表现的意象，首先确定是使用暖色系色彩还是使用冷色系色彩，再选择具体的色相。表3-1所示为暖色系和冷色系及常用色相给人的心理印象。

表3-1　暖色系和冷色系及常用色相给人的心理印象

根据所要表现的意象，首先确定是使用暖色还是使用冷色	
冷色	**暖色**
◇ 理智、冷静、干净　◇ 坚实、商业信息 ◇ 沉着、不浪费　◇ 医药品、医院、健康 ◇ 对工作有帮助	◇ 温暖、活力、强烈　◇ 轻便、活泼 ◇ 积极、时尚　◇ 餐饮、食欲 ◇ 家庭感的温暖

红	橙	黄	绿	蓝	紫	洋红
热情、张扬	活力、青春	温暖、积极	希望、健康	冷静、自由	梦幻、优雅	浪漫、柔美

1. 红色

红色是最适合表现张扬、热情的色彩，常用于综合性电商类移动UI设计中。同时红色也是代表健康的色彩，是有活力的食品色；添加少许与红色形成互补的绿色，可以增强红色的开放感，衬托出健康的感觉。红色也可以表现欢迎顾客、充满干劲的积极态度。

2. 橙色

橙色给人一种舒适感，它没有红色那么强的刺激性，常用于生活和美食类的移动UI设计中。橙色可以表现出阳光、开放、稳定、明快、健康的感觉，并且还可以体现出温暖、幸福的意象，让人联想到开朗的笑容，使人情绪变得轻松。

红色能够给人热情、好客的印象。图3-34所示为一个家具电商App的配色设计。该App使用白色作为界面的背景颜色，有效突出界面中红色商品和文字内容，界面内容清晰、整洁。

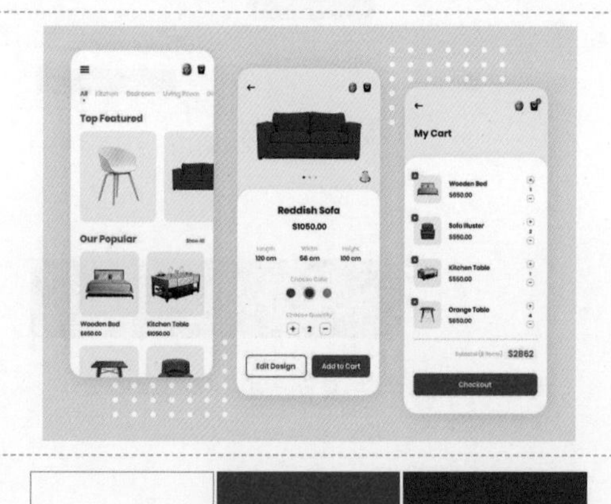

图3-34　家具电商App的配色设计

高饱和度的橙色能够给人带来活力与动感的印象。图3-35所示为一个旅行App的配色设计。该App使用高饱和度的橙色作为界面的主色，与白色的背景色相搭配，使界面表现出明朗、阳光和活泼的形象，再搭配高饱和度的粉红，突出表现旅行带给人们的愉悦与浪漫。

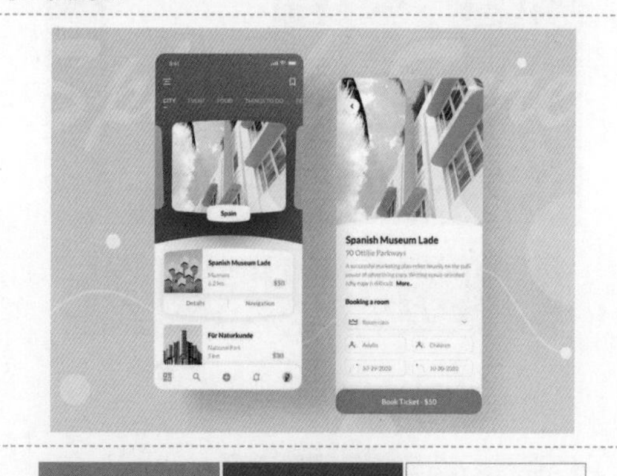

图3-35　旅行App的配色设计

3. 黄色

黄色是一种引人注目的色彩，它能够体现出积极、开放和欢乐的感觉，还能够体现出阳光感，能够表现非常自然、轻松、无拘无束的明快感。在宠物和儿童类的移动UI设计中常常使用黄色进行配色设计。

4. 绿色

绿色是能够直接体现出自然与生命的颜色。绿色能够表现稳重、平和，拥有朴素而自然的安稳感。在生鲜、旅游类的移动UI设计中常常使用绿色进行配色设计。

图3-36所示为一个儿童益智App的配色设计。该App使用鲜艳的黄色作为界面的主色，黄色是一种阳光、有活力的色彩，搭配深棕色的文字，使App的启动界面充满童趣。在App详情界面中，使用黄色和白色作为背景色，能够明确区别界面中的不同区域，再搭配高明度的橙色、绿色和蓝色，使界面表现出轻松、欢乐和阳光的形象。

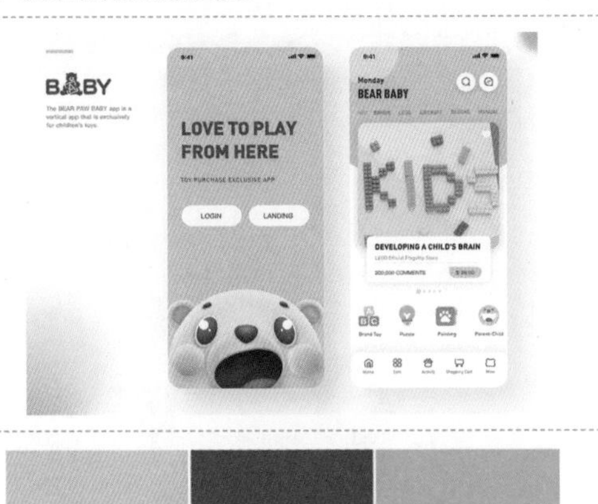

图3-36　儿童益智App的配色设计

绿色总是能够给人带来自然、健康的印象，特别适合用在生鲜类产品中。图3-37所示为一个水果电商App的配色设计。该App使用中等饱和度的绿色作为界面的主色，在界面中与白色背景相搭配，使界面表现出清新、自然的形象。界面中不同种类的功能搭配不同的背景颜色，使界面的表现更加活跃。

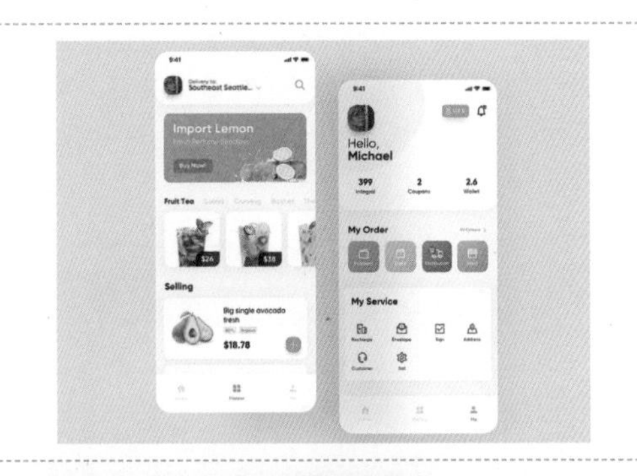

图3-37　水果电商App的配色设计

5. 蓝色

蓝色代表冷静和理性，蓝色与白色的搭配能够表现出干净、清爽的形象。蓝色常用于表现冷静而理智的行业，如医疗、航空等，它能够提升用户的信赖度，让人安心。

蓝色能使人联想到蓝天、大海等自然场景，所以与自然场景相关的行业都可以使用蓝色作为主题色。图3-38所示为一个机票预订App的配色设计。该App使用高饱和度的蓝色作为界面的主色，与纯白色的背景颜色相搭配，表现出蓝天和白云的自然、清爽感，使整个界面看起来清晰、通透。

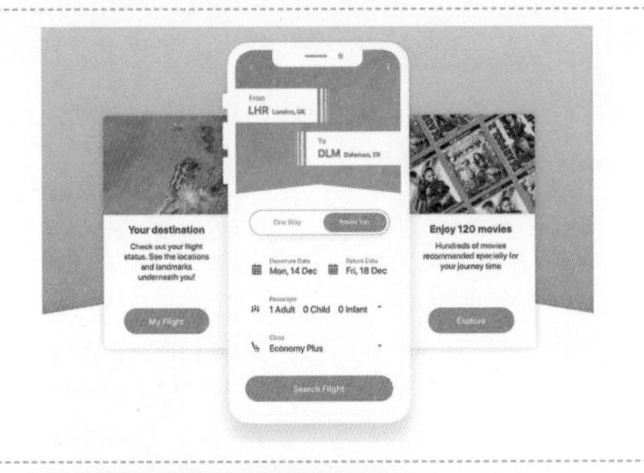

图3-38　机票预订App的配色设计

蓝色是富有科技感的色彩，能够给人带来理性的印象。图3-39所示为一个文件管理App的配色设计。该App使用高饱和度的蓝色作为主色，将白色的卡片背景与蓝色的背景颜色相搭配，很好地将界面划分成几个不同的内容区域，并且使界面表现出理性与科技感，让人信赖。

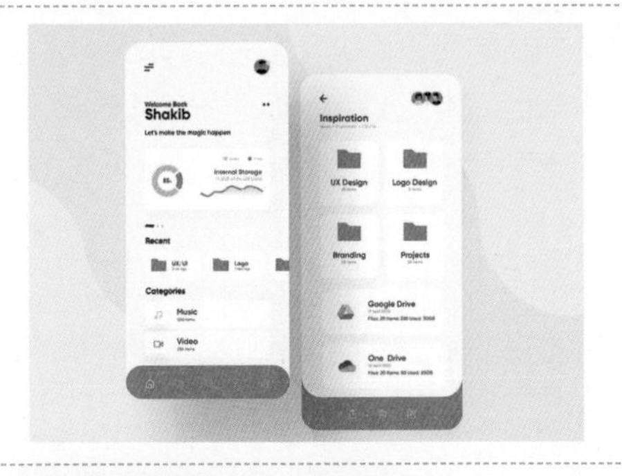

图3-39　文件管理App的配色设计

6. 紫色

紫色带有梦幻和温柔的感觉，体现出华贵、优雅。紫色在日常生活中能够表现出梦幻、浪漫、柔美的感觉。在婚恋交友或者与女性相关的移动UI设计中常常使用紫色进行配色设计。

7. 洋红色

洋红色能够表现出女性的甜美感。明快的洋红色可以产生轻快、优雅、华美的效果，暗色调的洋红色可以表现出高格调、成熟的华美感。洋红色常用于购物、母婴类的移动UI设计配色中。

图3-40所示为一个护肤品电商App的配色设计。该App使用高饱和度的紫色作为界面的主色，与不同明度的紫色搭配，表现出界面的和谐和统一；再利用高明度的青色和橙色，表现出界面的专业与高级；采用白色的背景色，使界面表现出优雅、浪漫、美好的形象，符合护肤品在人们心中的商品印象。

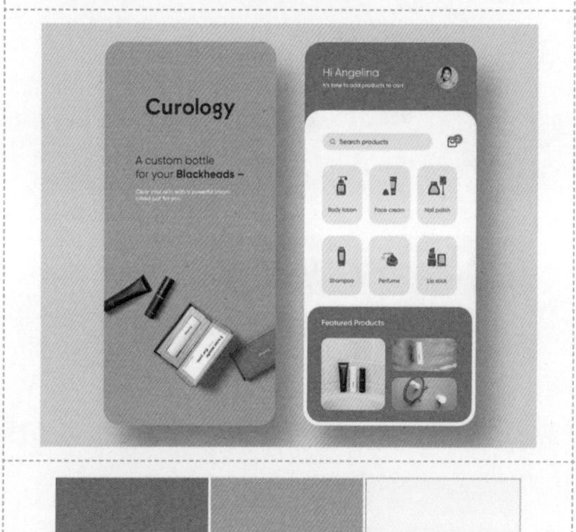

图3-40　护肤品电商App的配色设计

图3-41所示为一个美妆App的配色设计。该App使用高明度的浅洋红色作为界面的背景颜色，与白色的卡片背景颜色相搭配，表现出女性的柔美、优雅感；功能操作按钮则搭配了高饱和度的洋红色，使界面整体色调统一，功能操作按钮表现突出。

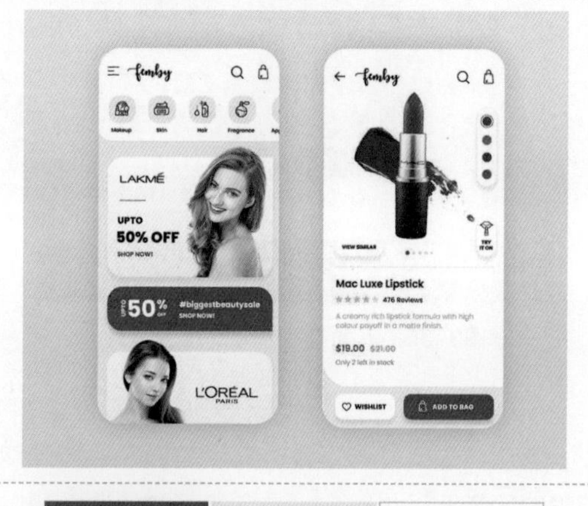

图3-41　美妆App的配色设计

3.4.3 确定辅色

确定了UI设计的主色之后，接下来可以根据主色选择需要使用的辅色。确定辅色的方法有很多：如果想使移动UI表现的色调统一、和谐，可以选择与主色同色相，但不同明度或饱和度的色彩作为辅色；如果想使移动UI表现得更加融合，可以选择与主色邻近的色彩作为辅色；如果想使移动UI的表现更加活泼、强烈，可以选择与主色形成互补的色彩作为辅色。

图3-42所示为一个音乐播放器App的配色设计。该App使用高饱和度的紫色作为界面的主色，在界面背景中搭配了同色系的蓝紫色到浅紫红色的微渐变背景，从而在界面中体现出色彩的层次感，并且使用同色系的色彩进行配色设计，使界面整体更加统一、和谐。

图3-43所示为一个金融理财App的配色设计。该App使用高饱和度的蓝色作为界面的主色，与白色的背景颜色相搭配，使界面非常清爽、自然，辅色则选择了与蓝色形成强烈对比的高饱和度橙色，有效突出相关功能选项，使界面的视觉表现效果更加强烈，更充满活力。

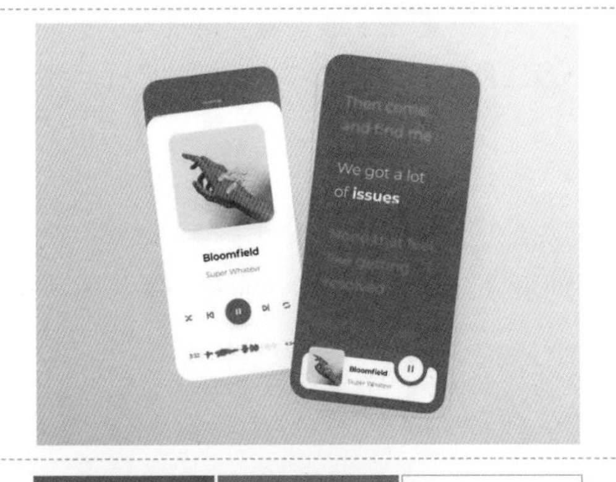

图3-42　音乐播放器App的配色设计

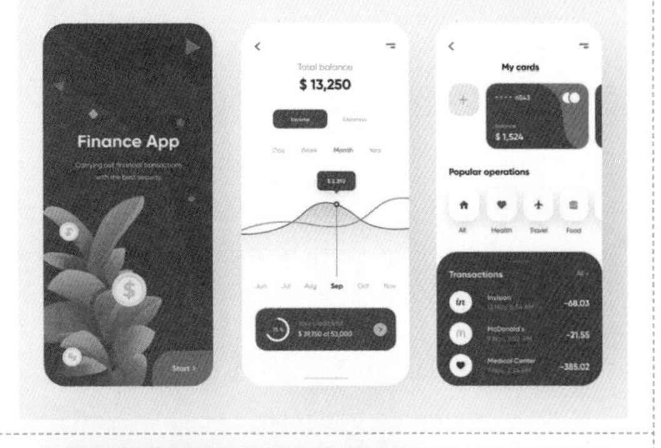

图3-43　金融理财App的配色设计

3.4.4　操作案例——构建美妆App颜色系统

源文件：资源包\源文件\第3章\3-4-4.rp

视　频：资源包\视频\第3章\3-4-4.mp4

（1）启动Axure RP10软件，在弹出的“欢迎使用Axure RP 10”界面中选择打开“3-4-4.rp”文件，可以看到图3-44所示的美妆App分类界面原型图。

（2）在“页面”面板中选择“分类”页面后右击，在弹出的快捷菜单中选择“添加”选项下的“下方添加页面”子选项，创建新的页面，并将其命名为“颜色系统”，如图3-45所示。

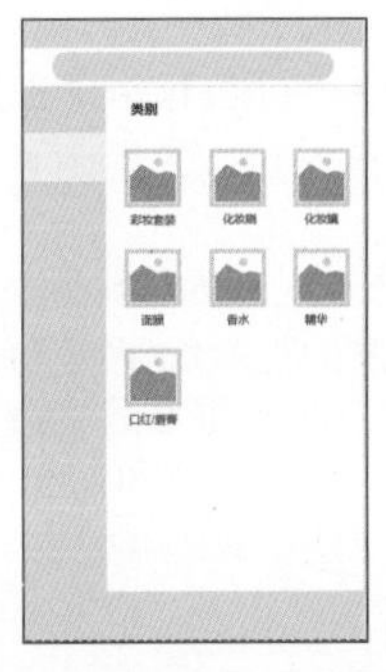

图3-44　美妆App分类界面原型

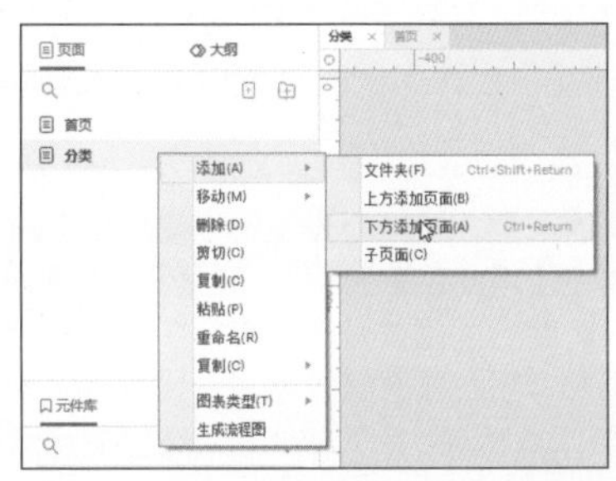

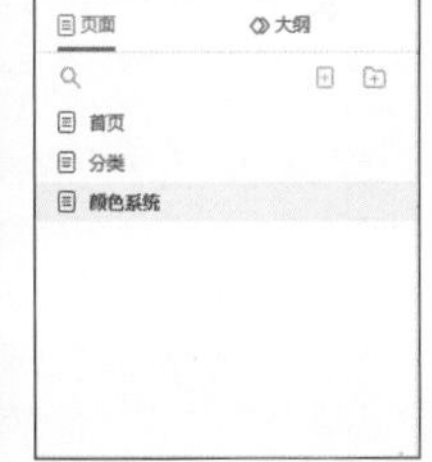

图3-45　创建新页面

提 示

使用“上方添加页面”“下方添加页面”和“子页面”选项创建页面时，创建完成的新页面与上一步创建的页面尺寸完全相同。

（3）任何人化妆的目的都是变得更加精致和美丽，美丽的妆容也能让自己与他人保持愉悦和明快的心情，暖色系的颜色基本符合用户的这些心理。多次拖曳“矩形”元件到页面中，并为每个矩形填充不同的暖色系颜色，如图3-46所示。

图3-46　符合用户心理的暖色系颜色

（4）由于美妆App项目的目标用户绝大多数为女性，女性的想法一般会偏向浪漫与梦幻，所以美妆App项目的主色常采用暖色调中拥有浪漫和梦幻心理印象的洋红色。将“矩形”元件添加到页面中并填充洋红色，如图3-47所示。

（5）确定主色后，可以根据主色确定辅色。为了使界面显得简洁、时尚，可以采用白色的背景，但单调的颜色会显得非常无趣，所以采用热烈、轻松的粉红色和橘色作为辅色，这样在增加页面趣味性的同时，还能引导用户按照设定好的流程访问页面。复制“矩形”元件，并修改填充颜色，如图3-48所示。

（6）App界面中的文本内容通常包括标题文本、正文文本和强调文本3种。标题文本和正文文本可采用黑色或白色，正文文本相对标题文本要有所降级。同时可以使用主色作为强调色，使用强调色突出强调文本和元素的重要性。复制“矩形”元件，修改元件的填充颜色为文本色，如图3-49所示。

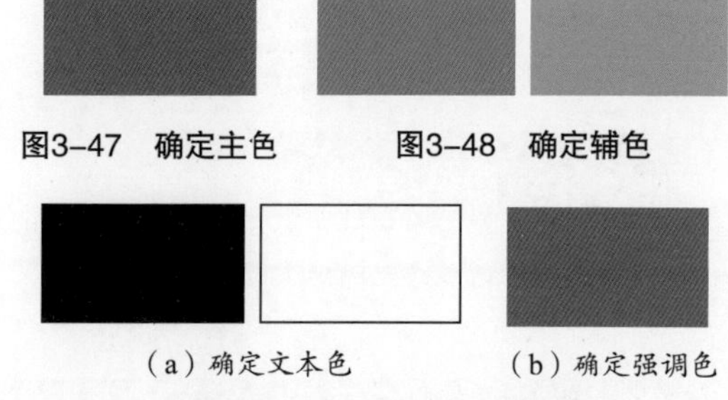

图3-47　确定主色　　图3-48　确定辅色

（a）确定文本色　　（b）确定强调色

图3-49　确定文本色和强调色

3.4.5 调整配色

对设计师来说，只有难看的搭配，而没有难看的颜色。这表明即使设计团队确定了App项目的主色和辅色，但是色彩搭配显示在画面中也不一定好看。设计的使命就是“不仅要准确地设计，还需要设计得好看”，所以接下来还需要对配色进行调整，使其达到美观、舒适的视觉效果。

那么如果画面中的主色与辅色搭配在一起不好看时，我们应该如何调整呢？下面介绍两种常用的调整方法。

1. 调整色彩的明度或饱和度

建议先调整主色或辅色中的一个明度或者饱和度，因为在一个画面中不可能有两个主角。当然也可以同时对主色和辅色进行调整，但两者同时调整时，需要注意整个面面的风格是否会因此发生改变。

图3-50所示为一个时钟App的配色设计。该App使用高饱和度的蓝紫色作为界面的主色，使界面表现出优雅、神秘和紧迫感；在界面中使用同色系、不同明度的紫色进行搭配，通过不同明度的紫色在界面中突出其重要程度，使界面内容层次分明，界面整体色调统一、和谐。

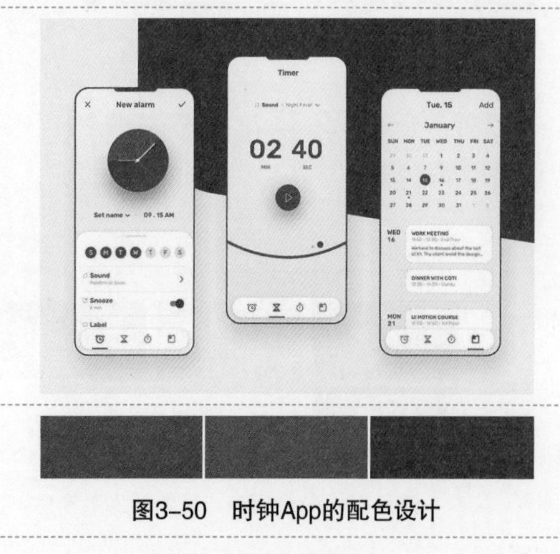

图3-50　时钟App的配色设计

图3-51所示为一个金融App的配色设计。该App使用低明度、高饱和度的青绿色作为界面的背景颜色，表现出一种沉稳、低调和强劲生命力的感觉。在界面中搭配同色系、不同明度和饱和度的青色卡片背景，两种背景形成明度和饱和度的对比，从而突出重点信息内容。

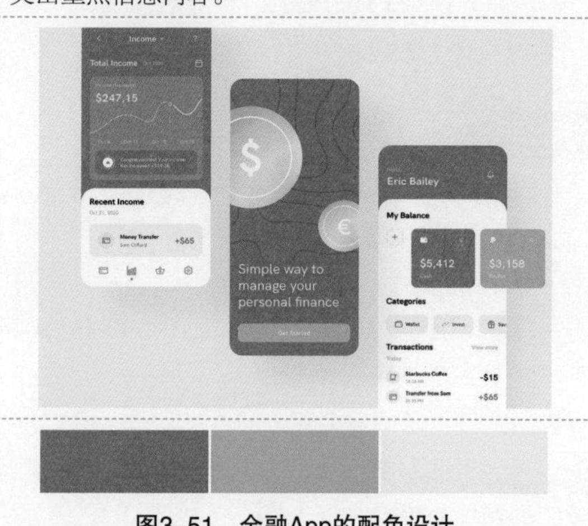

图3-51　金融App的配色设计

2. 加入黑、白、灰进行调和

当读者觉得2种或3种颜色搭配效果很好，但是画面又有些别扭时，可以尝试加入黑色、白色或者灰色进行调和，说不定可以为App界面外观带来意想不到的效果。

在画面中加入白色进行调和，可以使画面表现更具有透气感。当白色在画面中显得有些廉价时，可以在画面中加入浅灰色进行调和；当画面中的黑色显得过于沉重、闭塞时，也可以使用深灰色进行替代，为画面添加些许明快感。

图3-52所示为一个项目管理App的配色设计。该App启动界面的背景和详情界面的卡片背景都使用黄色作为主色，从而使界面表现出有活力、开放的产品形象；在界面中黄色与白色的背景色相搭配，表现效果明亮、活跃，加入黑色作为辅色，又使界面表现出稳重感。

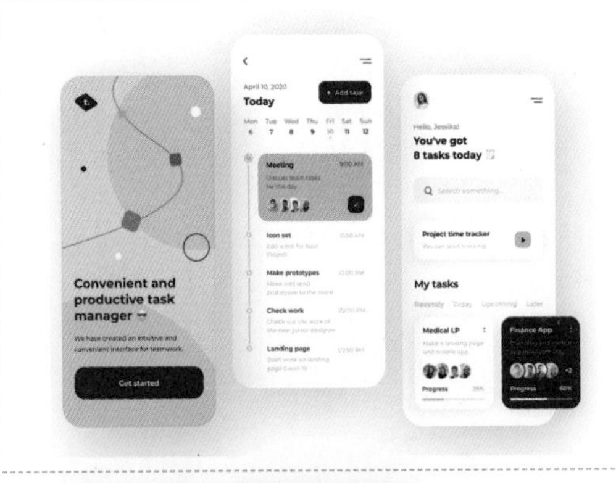

图3-52　项目管理App的配色设计

图3-53所示为一个灯具电商App的配色设计。该App使用低饱和度、低明度的墨蓝色作为界面的背景颜色，能够有效突出灯具产品灯光的温馨与光亮感。墨蓝色与白色的搭配，让色彩对比更加强烈，使界面内容表现清晰、直观，还加入了高饱和度的橙色作为点缀，为界面增添了活力。

图3-53　灯具电商App的配色设计

3.5 移动UI色彩搭配的注意事项

扁平化设计风格已经成为当下移动UI设计的主流风格，而鲜明的配色更是扁平化设计风格的一大亮点。色彩搭配并没有统一的标准和规范，配色水平也无法在短时间内快速提高。不过，读者在为移动UI进行配色设计时，还是需要注意一些常见的问题。

3.5.1 切忌将精致、美观放在第一位

首先需要明确的是，出色的配色设计对于移动UI产品的意义包括：使产品更易用、让用户愉悦、定义产品的视觉风格和传达产品的品牌形象等。

当拿到产品需求之后，设计师需要明确该产品的用户群体，然后分析其主要功能和信息架构，从而确定移动UI产品的配色基调，如图3-54所示。

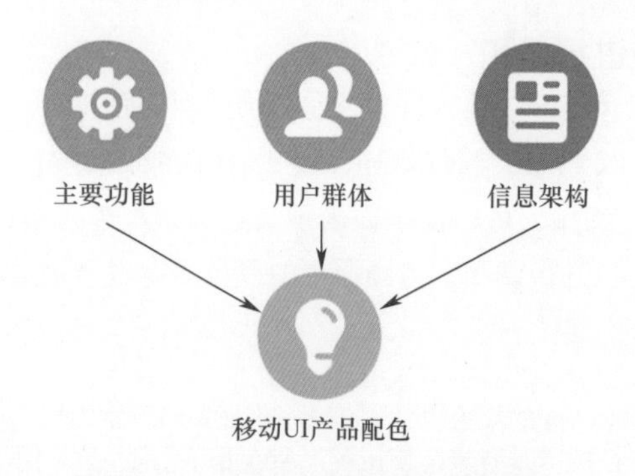

图3–54　移动UI产品配色的前期准备

综上所述，在移动UI产品的视觉设计过程中，配色需要根据产品的信息架构、用户群体及主要功能来决定，设计师切忌将界面的“精致、美观”和“形式感”放在第一位。

图3-55所示为一个外卖App的配色设计。该App使用高饱和度的红色作为主色，体现出商家的热情，同时激发浏览者的食欲。而白色背景能够更好地突出食物色彩，搭配绿色的商品，向浏览者表现商品的健康、营养状态。界面中的重要功能按钮都使用主色，表现效果突出，用户跟随红色的功能按钮，即可完成外卖的购买操作。

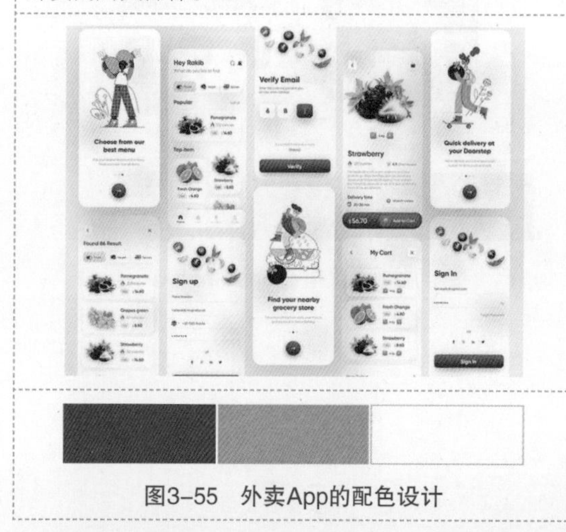

图3–55　外卖App的配色设计

图3-56所示为一个有声读物App的配色设计。该App UI设计非常简洁，使用白色作为界面背景颜色，并且没有添加任何装饰，重点突出界面中音频和功能图标的视觉表现效果，功能按钮同样也根据重要性的不同而采用了不同的配色设计，最重要的功能按钮使用高饱和度的鲜艳颜色表现，非常突出，界面整体给人简洁、时尚、重点突出的感觉。

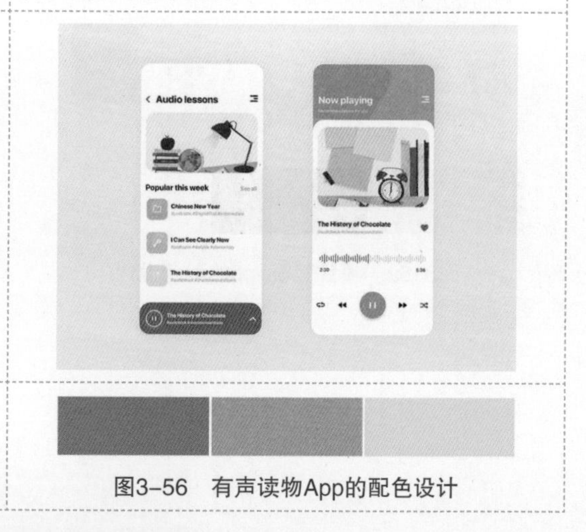

图3–56　有声读物App的配色设计

3.5.2　配色方案要符合用户的心理印象

在生活中，提到海洋，人们就会想到蓝色；提到太阳光，人们就会想到红色。这些都是大自然给人们留下的色彩印象。

色彩还具有象征性，例如红色象征热情，蓝色象征冷静，黄色象征温暖等。这些都是人们通过现实生活中的色彩印象建立起来的色彩感受。每一种色彩给人留下的印象感受是不一样的，这些色彩印象可以帮助移动UI迅速建立用户认知。设计师在对移动UI进行配色设计时，需要根据这些符合用户认知的印象去设计，尽量让配色符合人们的色彩印象。

对于一些针对性比较强的App项目，在对其界面进行配色设计时，设计师需要充分考虑用户对颜色的喜爱，例如明亮的红色、绿色和黄色适用于为儿童设计的App。

图3-57所示为一个医疗服务App的配色设计。该App使用深蓝色到蓝色的渐变作为界面背景颜色，能够使人联想到先进的技术和科学器械等；界面中白色与蓝色的搭配，使界面表现出清爽感并富有透气感。

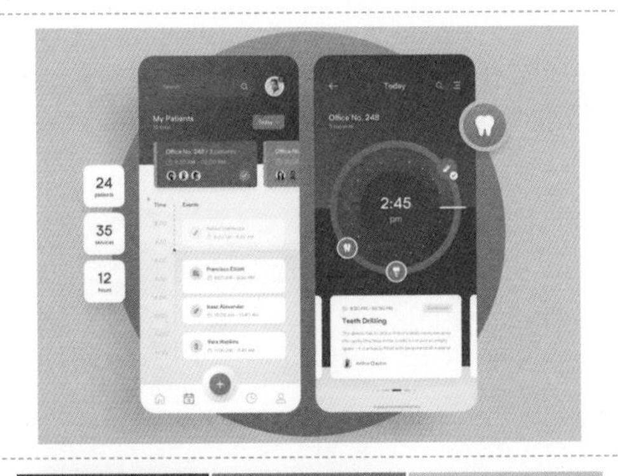

图3-57　医疗服务App的配色设计

图3-58所示为一个灯具电商App的配色设计。该App使用高饱和度的黄色作为界面背景颜色，与浅黄色的卡片颜色相搭配，使界面表现非常明亮、活跃；界面中点缀了高饱和度的鲜艳色彩，加入了朦胧的光晕设计，使界面的表现效果更加温暖，充满家的氛围感。

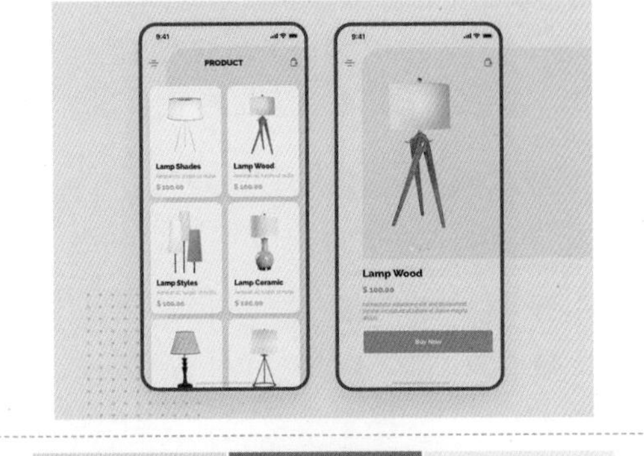

图3-58　灯具电商App的配色设计

3.5.3　操作案例——美妆App首页界面配色设计

源文件：资源包\源文件\第3章\3-5-3.rp

视　频：资源包\视频\第3章\3-5-3.mp4

（1）启动Axure RP 10软件，打开“3-5-3.rp”文件，在“页面”面板中选择“首页”页面，首页原型图如图3-59所示。删除界面顶部的矩形元件并选择放置Banner图的矩形，修改填充颜色为主色，如图3-60所示。

（2）App界面的顶部放置了大面积主色后，在界面底部的标签栏中添加4个图标色块，将第1个色块设置为主色，与界面顶部的主色形成呼应。为了平衡界面中的颜色比例，其余3个色块均设置为黑色，界面主色效果如图3-61所示。

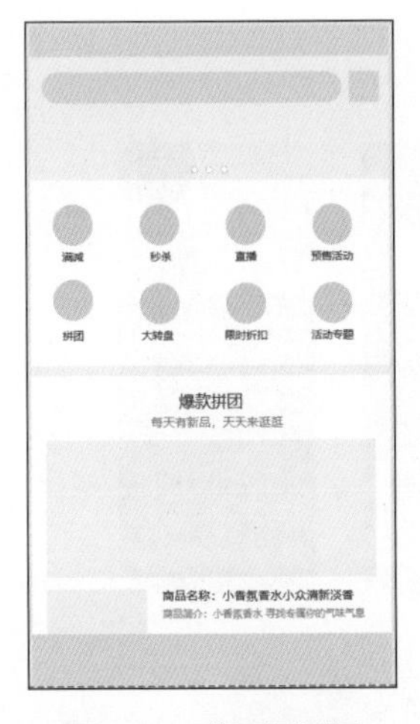

图3-59　首页原型图

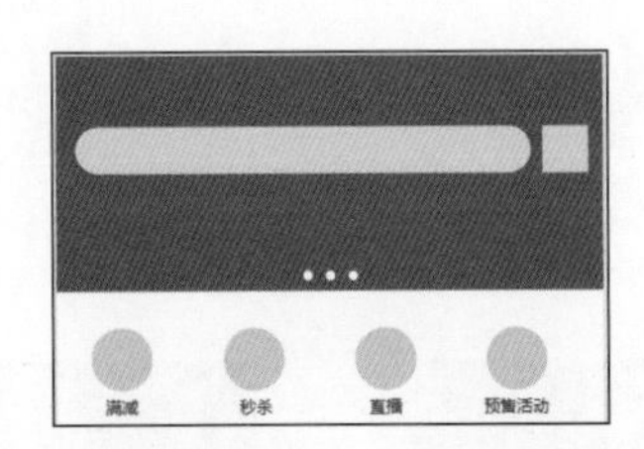

图3-60　设置Banner图填充颜色为主色

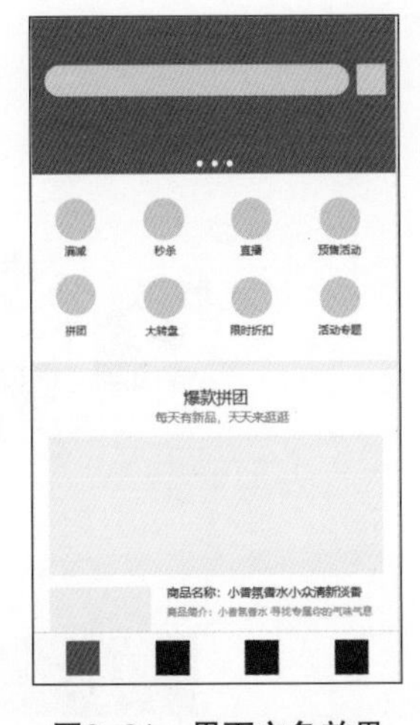

图3-61　界面主色效果

（3）逐一选择每一个功能图标元件并修改填充颜色，不同功能的图标使用不同的颜色加以区分；功能图标下方的广告图和商品主图采用辅色，既符合App界面整体的色调，又能增加界面的活力和趣味性，界面辅色效果如图3-62所示。

（4）使用“矩形2”元件在广告图上添加按钮，按钮采用主色起强调作用，同时能降低广告图的饱和度，突出按钮，配色效果如图3-63所示。

（5）App页面的主色、辅色和强调色确定后，将界面顶部的搜索框矩形和图标的填充颜色修改为白色，使App首页的配色看起来更加和谐、统一，美妆App首页界面的配色设计如图3-64所示。

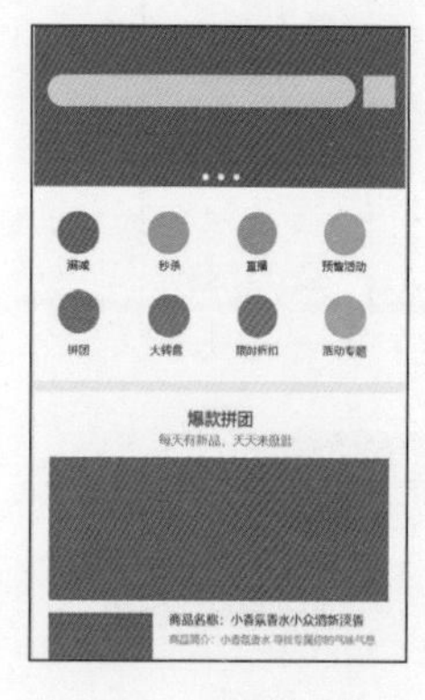

图3-62　界面辅色效果

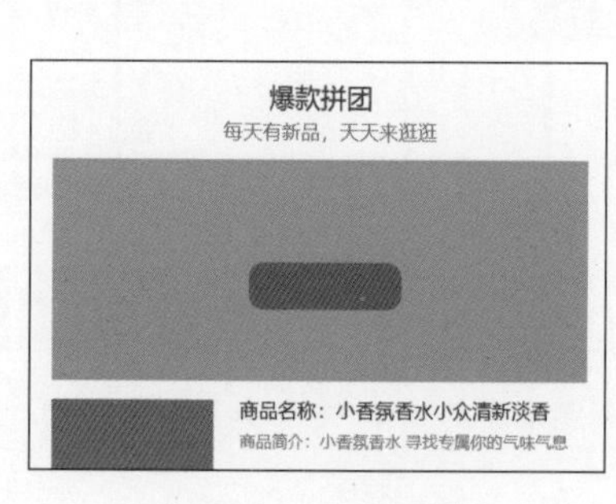

图3-63　配色效果

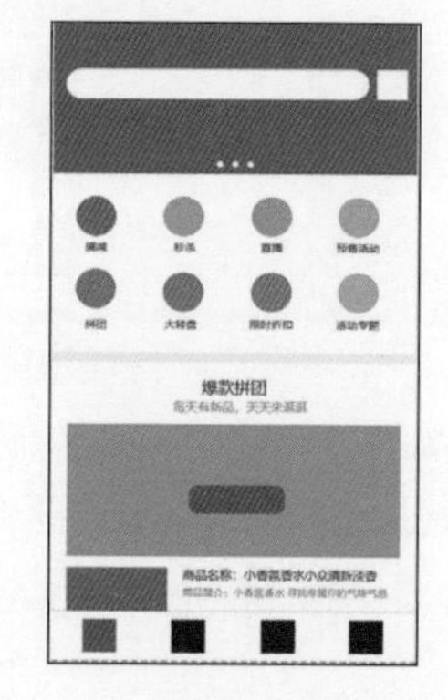

图3-64　美妆App首页界面的配色设计

3.5.4　App界面内容必须便于阅读

要确保移动UI设计具有良好的可读性和易读性，就需要注意界面中的色彩搭配。最有效的方法就是遵循色彩对比的法则，如在浅色背景上使用深色文字、在深色背景上使用浅色文字等。

通常情况下，UI设计中动态对象应该使用比较鲜明的色彩，而静态对象则应该使用比较暗淡的色彩，这样能够做到重点突出、层次突出。

图3-65所示为一个书籍电商App的配色设计。该App界面中的内容以文字为主，所以为了使界面内容具有良好的可读性和易读性，使用纯白色作为界面的背景颜色，并在界面中搭配深紫色的文字，这种文字配色方式最适合用户阅读；界面局部还点缀少量彩色，起到活跃界面氛围的作用。

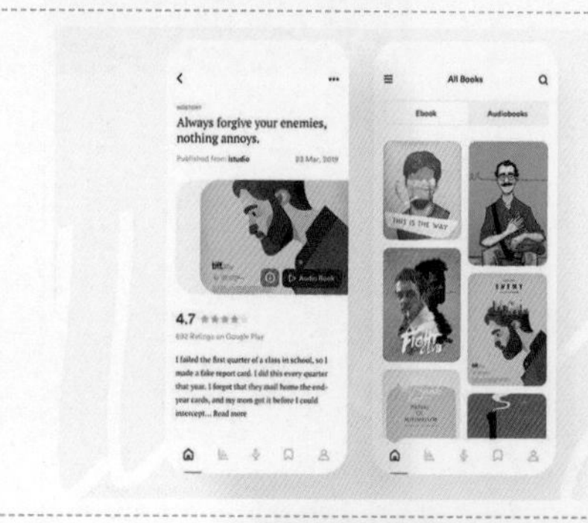

图3-65　书籍电商App的配色设计

图3-66所示为一个阅读App的配色设计。该App使用低明度的深蓝色作为背景颜色，深蓝色给人一种稳定、冷静和踏实的感觉，界面中的文字则使用明度很高的白色，让文字与背景形成对比，具有良好的可读性；在界面中加入橙色、粉色进行点缀，使界面的表现效果更加活跃。

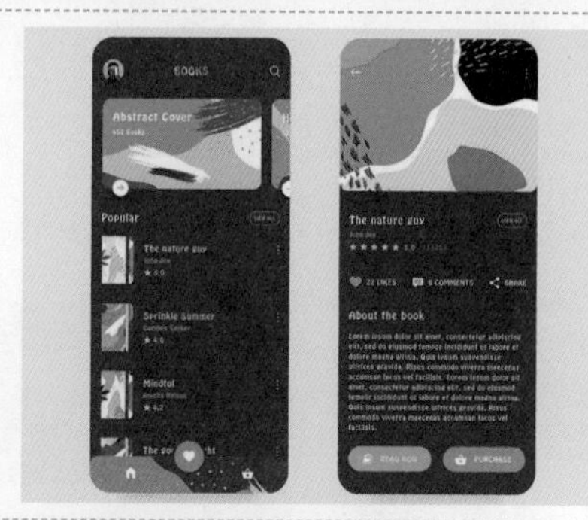

图3-66　阅读App的配色设计

3.5.5 保守地使用色彩

保守地使用色彩主要是指从大多数用户需求考虑的色彩搭配，即根据开发的移动应用产品所面对的用户群体不同，在移动UI设计过程中使用不同的色彩搭配。在移动UI设计过程中提倡使用一些柔和的、中性的色彩进行搭配，便于绝大多数用户接受。

在移动UI设计中使用鲜艳的色彩突出界面的视觉表现效果时，很容易处理不当而导致适得其反。

图3-67所示为一个机票订购App的配色设计。该App用蓝色与白色相搭配，使界面的表现非常清晰，给人一种理性的印象；界面中重要的功能操作图标使用了中等明度的粉红色，与蓝色和白色都能够形成对比，很好地突出了其表现效果。

图3-68所示为一个餐饮美食App的配色设计。该App使用白色作为界面背景颜色，有效突出界面中的美食图片，使美食的色彩表现更加富有吸引力；界面中加入了中等明度的黄色，为界面增添了活力和生气，并且鲜艳的黄色也能够促进人们的食欲。

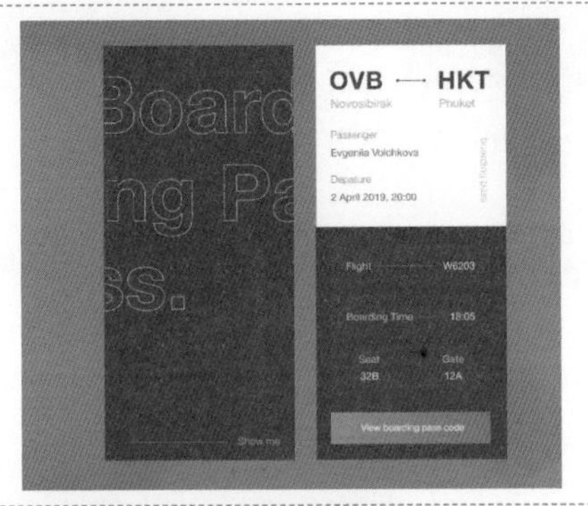

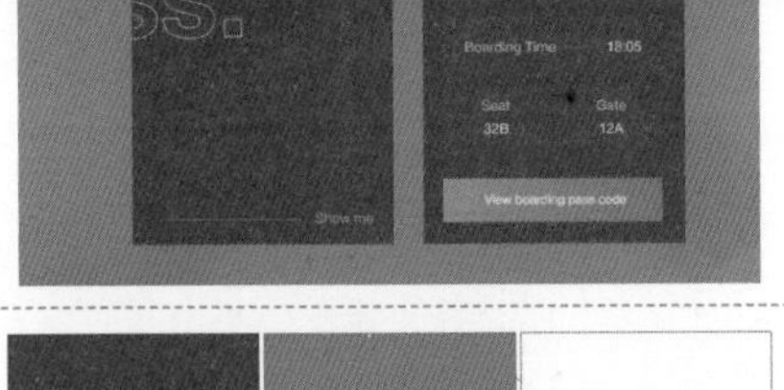

图3-67 机票订购App的配色设计

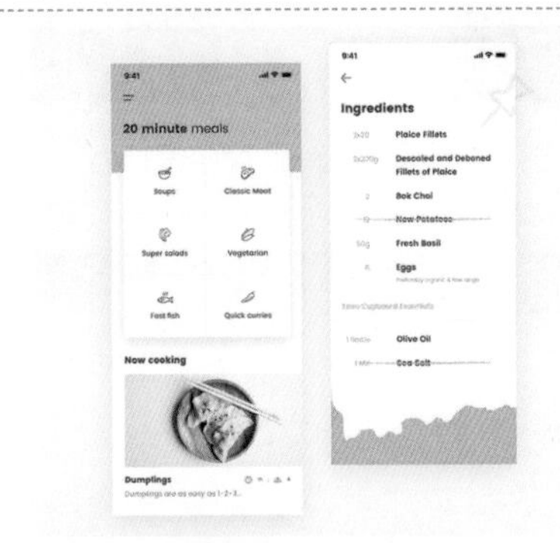

图3-68 餐饮美食App的配色设计

3.5.6 规避杂乱的配色方案

色彩就像音符一样，巧妙的组合才能谱出美妙的音乐。想要让所设计的移动UI看起来简洁、美观和高级，使用起来简便和流畅，就要避免在UI设计中使用杂乱的颜色。

在移动UI设计中，首先需要确定主色，然后确定按钮、图标、链接和点击状态等可以点击交互的元素色彩，通常可交互的元素色彩与主色保持一致。除此之外，文字的配色规范也很重要，可点击的文字一般使用主色，其他的文字则按照重要程度使用灰色系加以区分。最后确定背景色，背景色可以对界面中内容模块的主次进行很好的划分。

提示

在移动UI设计中，除了需要对交互控件、字体等进行规范设置外，还应对界面配色进行规范、统一。建立统一的配色规范，才能够在UI设计中让信息结构的层次更加分明，功能更加明确，使App界面给人一种一目了然的印象。

图3-69所示为一个运动App的配色设计。该App使用白色和深紫色作为界面的背景颜色，界面中不同的运动类型搭配了不同的彩色微渐变背景，使界面中的运动分类非常清晰，便于用户操作。虽然在界面中使用了多种色彩进行搭配，但所使用色彩的明度和饱和度相类似，因此整体效果依然很协调。

图3-70所示为一个婴儿保健App的配色设计。该App使用蓝色作为界面的主色，与白色的背景相搭配，使界面表现非常清爽、自然。在文字配色部分，各新闻资讯的标题文字都使用了主色，而正文内容文字则使用了深灰色，表现出层次感，同时也提醒了用户标题文字为可点击文字。

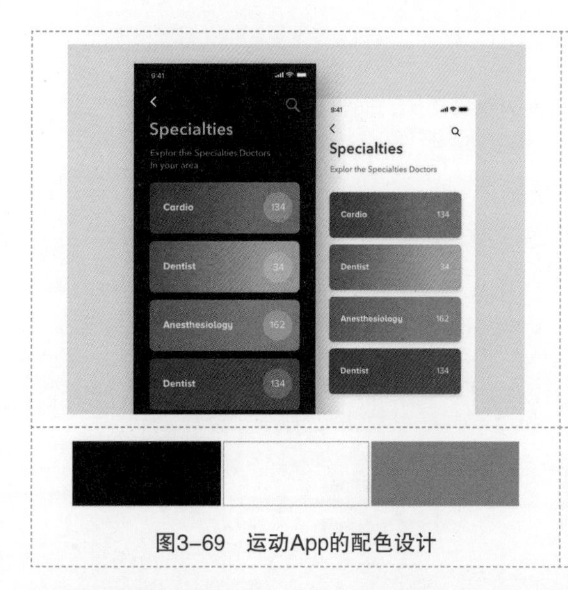

图3-69　运动App的配色设计

图3-70　婴儿保健App的配色设计

3.5.7　操作案例——美妆App分类界面配色设计

源文件：资源包\源文件\第3章\3-5-7.rp

视　频：资源包\视频\第3章\3-5-7.mp4

（1）启动Axure RP 10软件，打开“3-5-7.rp”文件，在“页面”面板中选择“分类”页面，分类界面原型图如图3-71所示。

（2）使用“矩形2”元件在界面标签栏中添加4个矩形，选择第2个矩形修改填充颜色为主色，修改其余3个矩形的填充颜色为黑色；选择界面左侧的浅色矩形，修改填充颜色为主色，与底部的色块形成呼应，配色效果如图3-72所示。

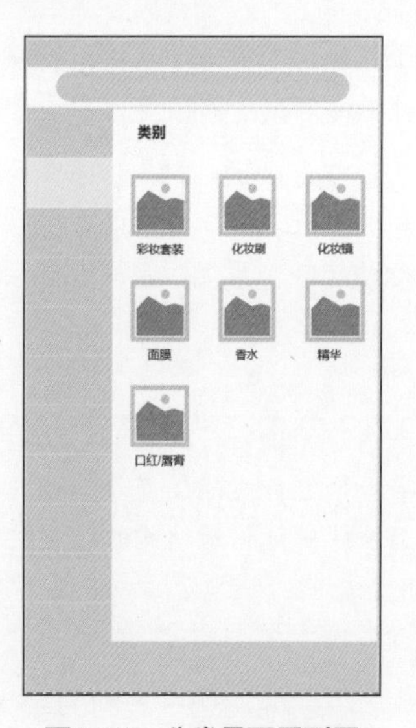

图3-71　分类界面原型图

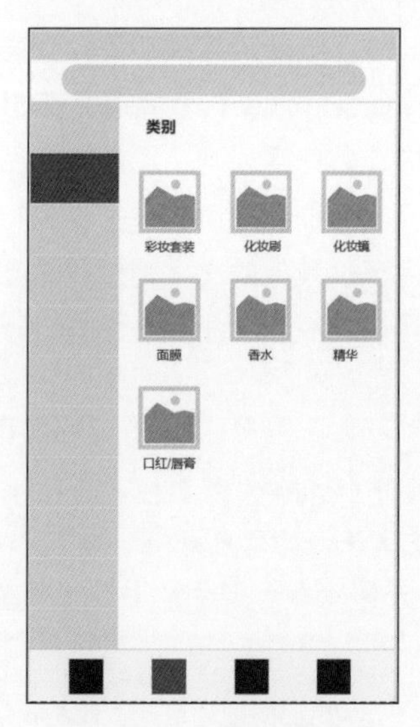

图3-72　配色效果1

（3）使用“矩形2”元件在分类商品图上添加多个矩形，逐一将矩形填充颜色修改为不同的辅色，为分类界面增添一些活力与生气，配色效果如图3-73所示。

（4）选择分类界面中的类别选项卡、状态栏和搜索框等内容，根据前面所学的调整配色的知识点，逐一修改相应内容的填充颜色，使分类界面的配色设计更加符合用户的心理印象，美妆App分类界面的配色效果如图3-74所示。

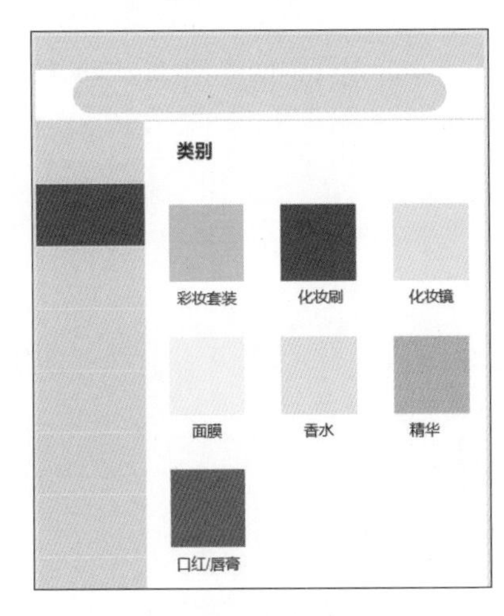

图3-73　配色效果2

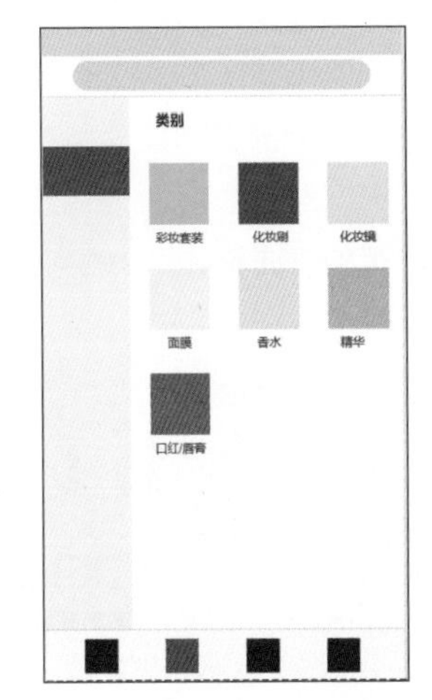

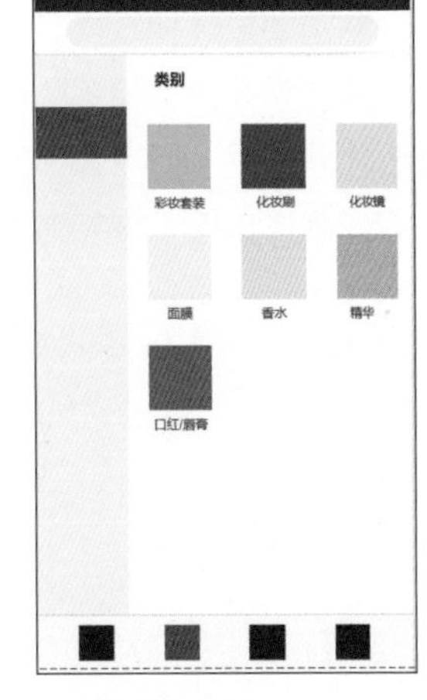

图3-74　美妆App分类界面的配色效果

将色彩应用于移动UI设计中，可以给界面带来鲜活的生命力。它既是UI设计的语言，又是视觉信息传达的手段和方法。完成本章的学习后，读者不仅需要理解并掌握本章所讲解的内容，还需要在移动UI配色设计过程中灵活运用这些知识点。

出色的移动图标设计

在移动UI设计体系中，图标是App界面最重要的组成部分之一，是任何UI中不可或缺的视觉元素。了解和学习图标相关的概念、设计形式和设计尺寸及设计制作方法，是读者进入UI设计行业的必备条件。

本章德育目标：培养精益求精的工匠精神。

4.1 初识App图标

随着互联网技术的飞速发展及智能手机、平板电脑等移动设备的大量普及，App作为移动设备系统中最重要的组成部分已经与用户的生活紧密地结合在一起了。与此同时，越来越多的设计师开始重视App的UI设计与图标设计。

4.1.1 App图标的概念

图标是一种图形化的标识，它有广义和狭义两种概念。广义的图标指的是在现实中有明确指向含义的图形符号，狭义的图标主要是指在计算机设备界面中的图形符号。

对移动UI设计师而言，图标主要指的是狭义的概念，它是移动UI组成的关键元素之一。

4.1.2 App图标的重要性

图标设计是视觉设计的重要组成部分，其基本功能在于提示信息与强调产品的重要特征。它以醒目的方式传达信息，从而让用户知道操作的步骤与效果。

图标设计可以使产品的功能具象化，更容易被人理解。很多图标元素本身在生活中就经常见到，这些图标元素能够帮助用户理解抽象的产品功能，如图4-1所示。

图4-1　容易理解的图标

图标可以使移动App的人机界面更具吸引力和富含娱乐性。在为一些特殊领域设计图标时，可以将图标的设计风格设计得更具娱乐性，在描述功能的同时吸引用户的注意力，并给用户留下深刻印象。某些特征明显、娱乐性强的图标设计往往能给用户留下深刻的印象，也能对产品的推广起到良好的作用。图4-2所示为一组特征明显、娱乐性较强的图标。

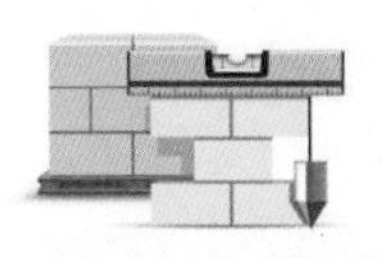

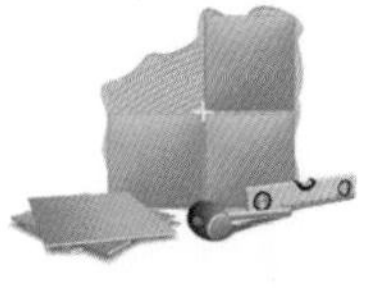

图4-2　一组特征明显、娱乐性较强的图标

精致、美观的图标是任意一款出色UI设计的基础。用户喜欢美观的产品，美观的产品会给用户留下良好的第一印象。在时下流行的智能终端上，App产品的操作界面能体现该产品的个性，还能强化产品的装饰性作用。图4-3所示为一组极具观赏性的图标。

图4-3　一组极具观赏性的图标

图标设计也是一种艺术创作，极具艺术美感的图标能够提升产品的档次。目前，图标设计已经成为企业视觉识别系统（Visual Identity System，VIS）中的一部分，在进行图标设计时，不但要强调图标的识别性，还要强调产品的主题文化和品牌意识。

提 示

图标是产品风格的组成部分，采用不同的表现方法，可以使图标传达出不同的产品理念。设计师既可以选择使用简洁线条来表现简洁的产品概念，也可以使用写实的手法来表现产品的质感，突出科技感和未来感。

4.2 图标设计常用软件

随着移动UI的快速发展，图标设计越来越多地被应用于实际的生活中。优秀的图标设计能够准确传达信息和强调品牌文化及美化App界面，因此图标设计成为当下App产品UI设计中必不可少的元素。在制作移动端图标时，设计师可以通过Adobe Illustrator、Adobe Photoshop和CorelDRAW软件来完成图标设计。

4.2.1　Adobe Illustrator

Adobe Illustrator是一款绘制矢量图像的设计软件，它可以应用于印刷排版、平面设计、图形绘制（图标设计）、Web图像制作等领域，并且能够与几乎所有的平面、网页和动画软件结合。使用Adobe Illustrator完成的移动UI设计具有色彩丰富、结构清晰的特点。图4-4所示为使用该软件设计的Adobe Illustrator 2021的启动图标和欢迎界面。

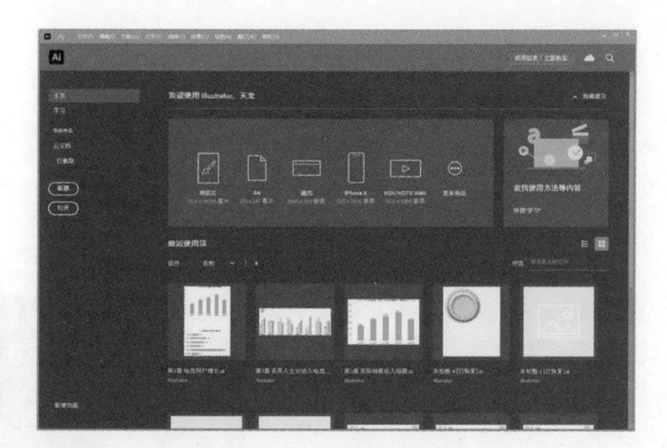

图4-4　Adobe Illustrator 2021的启动图标和欢迎界面

提示

读者可以在浏览器的地址栏中输入网址，打开Adobe官网，下载Adobe Creative Cloud软件，然后通过Adobe Creative Cloud软件下载Adobe Illustrator。

使用Adobe Illustrator绘制移动App图标时，其具有高度的位图临摹和色彩管理优势。也就是说，Adobe Illustrator在将位图转换为矢量图方面，比同类软件更加准确与快速。例如将一幅线描图扫描到计算机中，需要使用软件将其转换为矢量漫画图稿，那么使用Adobe Illustrator可以快速地完成任务，并且转换后的矢量漫画图稿准确性也较高。

Adobe Illustrator在色彩管理方面，因为常常与Adobe Photoshop搭配使用，所以也要比同类型的CorelDRAW更具优势。

4.2.2　Adobe Photoshop

Adobe Photoshop是一款图像编辑软件，它主要用于处理位图图像，能够完成图像的格式和模式的转换，还能够实现对图像的色彩调整。Adobe Photoshop有很多功能，功能涉及图像、图形、文字、视频和出版等多方面。图4-5所示为Adobe Photoshop CC 2021的启动界面。

图4-5　Adobe Photoshop CC 2021的启动界面

当设计师绘制的图标是拟物风格或实物风格时，应使用Adobe Photoshop进行绘制，完成后图标的视觉效果将更加贴合现实生活中的事物；而当设计师绘制的图标是扁平化风格、线性或面性风格时，则可以使用Adobe Illustrator进行绘制，其制作过程将更加轻松、便捷。

4.2.3 CorelDRAW

CorelDRAW是加拿大Corel公司开发的一款专业的矢量图形制作软件，该软件为设计师提供了绘制矢量图片、绘制矢量动画、设计页面、制作网站、编辑位图和制作网页动画等多种功能。图4-6所示为CorelDRAW 2021的官方下载网页。

图4-6　CorelDRAW 2021的官方下载网页

相对Adobe Illustrator软件来说，使用CorelDRAW软件绘制移动App图标简单、易上手；而相对Adobe Photoshop软件来说，使用CorelDRAW软件制作的矢量图标，后期对其进行放大或缩小操作时，不会影响图标的视觉效果。

4.3 熟悉图标栅格系统

图标的造型丰富多彩，我们可以把图标概括为5种：圆形图标、正方形图标、横长形图标、竖长形图标和异形图标。为了确保所有图标在手机屏幕上显示的视觉大小一致，人们制定了图标栅格系统。

什么情况会导致实际尺寸下相同大小图形的视觉大小不一致呢？图形的形状不同，视觉张力就不同，最终表现的视觉大小就会不同。

例如，实际尺寸都为144px × 144px的正方形和圆形，正方形看起来要比圆形大一些，如图4-7所示。将正方形缩小，使正方形与圆形在视觉上看起来大小一致，如图4-8所示。

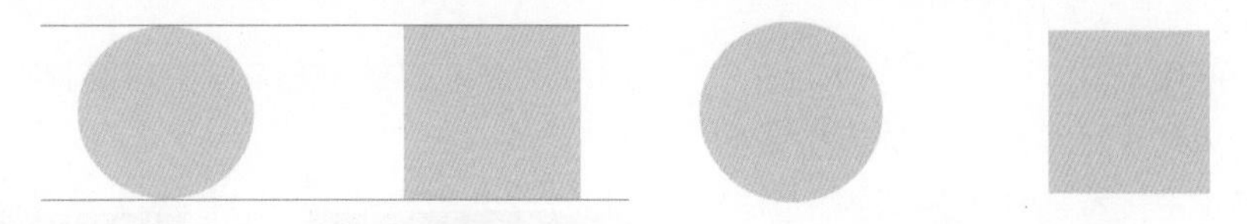

图4-7　实际尺寸相等　　图4-8　视觉上尺寸相等

两个图形的视觉大小是否一致是由两个图形的面积是否相同决定的。也就是说，只要能够保证两个图形的面积基本相同，就能保证两个图形的视觉大小基本一致。

4.3.1 图标栅格

系统中图标的最大尺寸为44px × 44px，图标栅格而圆形又具有天然的收缩性，所以将圆形撑满整个网格，图4-9所示为系统中图标的基本栅格。在撑满整个网格的情况下，圆形是在固定尺寸内的最小视觉大小。这样其他3种形状的图标（正方形、横长形和竖长形）只需要适当缩小尺寸就可以与圆形图标保持视觉一致了。

整个图标栅格系统中的尺寸都是通过黄金比例互相联系的。图4-10所示为符合图标栅格系统的图标。

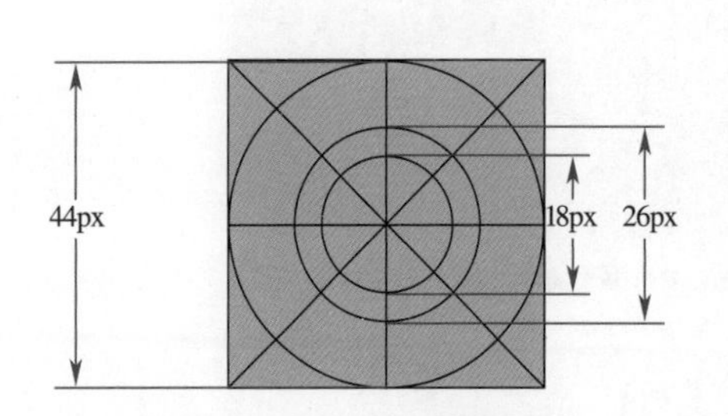

图4-9　系统中图标的基本栅格

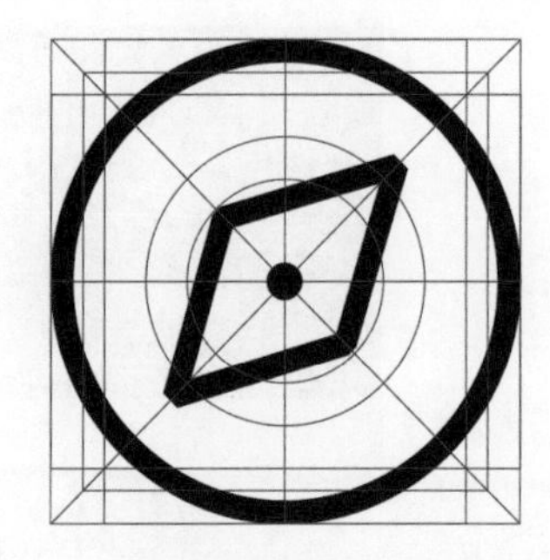

图4-10　符合图标栅格系统的系统图标

提示

iOS中图标栅格系统中的尺寸不是随意制定的，它们都有着严格的比例关系，要遵循斐波那契螺旋线的规律。在iOS界面中底部标签栏的系统图标标准大小为44px×44px，所以选择44px×44px作为标准尺寸来定制图标栅格系统。

4.3.2 图标栅格规范

不同造型的图标有着不同的栅格规范，常见的图标造型有圆形、正方形、横长形、竖长形和异形。接下来对不同造型图标的栅格规范进行讲解。

1. 正方形图标

正方形图标经常出现在各种应用中。正方形图标在实际尺寸下比圆形图标多了4 个尖角，为了与圆形图标在视觉上相统一，我们需要将正方形图标缩小。缩小后正方形图标的面积和圆形图标的面积基本一致，图4-11（a）为正方形图标栅格，图4-11（b）为正方形图标栅格与圆形图标栅格的重叠对比。

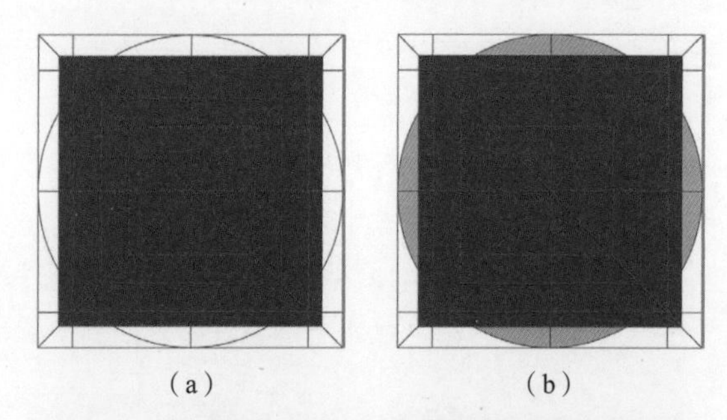

（a）　（b）

图4-11　正方形图标栅格及与圆形图标栅格的重叠对比

2. 横长形图标

横长形图标也是经常会遇到的典型图标形状。制定横长形图标栅格的原理跟正方形图标栅格一样，将圆形图标与横长形图标重叠在一起，然后适当降低高度，直到圆形图标与横长形图标的面积基本相同。图4-12（a）为横长形图标栅格，图4-12（b）为横长形图标栅格与圆形图标栅格的重叠对比。

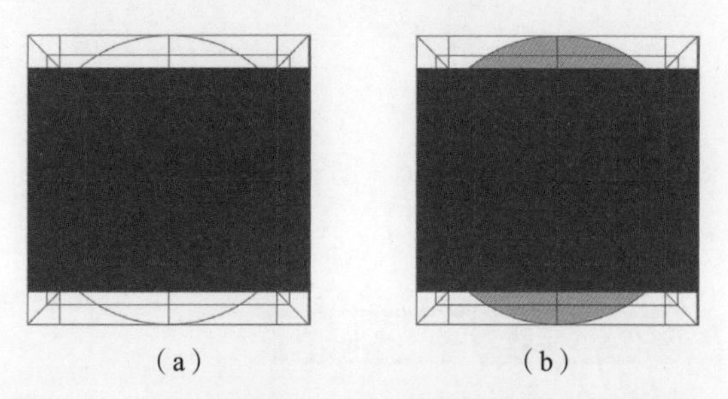

（a）　（b）

图4-12　横长形图标栅格及与圆形图标栅格的重叠对比

3. 竖长形图标

竖长形图标栅格跟横长形图标栅格一样，即将横长形图标栅格旋转90°。图4-13（a）为竖长形图标栅格，图4-13（b）为竖长形图标栅格与圆形图标栅格的重叠对比。

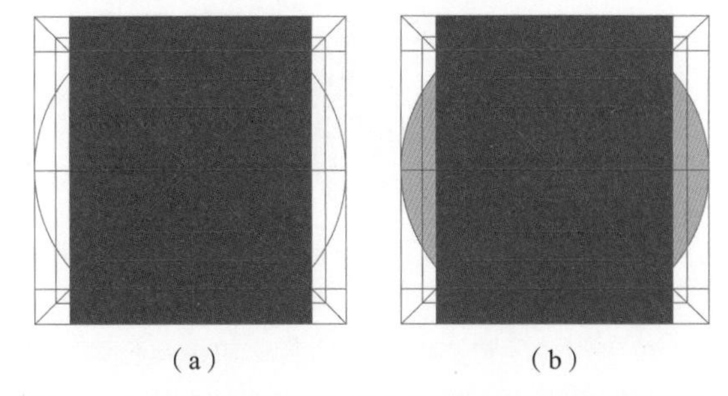

图4-13　竖长形图标栅格及与圆形图标栅格的重叠对比

4. 异形图标

异形图标就是不能被简单归纳为几何图形的图标。异形图标的基本栅格，根据图标的实际情况适当调整图标大小即可。图4-14（a）为异形图标栅格，图4-14（b）为异形图标栅格与圆形图标栅格的重叠对比。

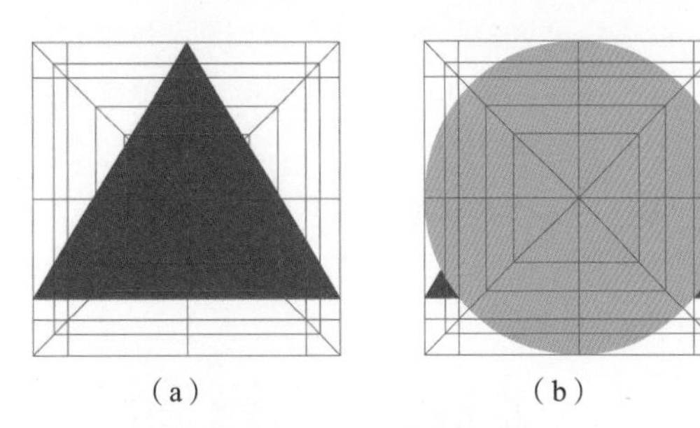

图4-14　异形图标栅格及与圆形图标栅格的重叠对比

通过分析不同形状的图标，得出iOS 的图标栅格系统，图4-15所示为iOS图标尺寸规格分析。

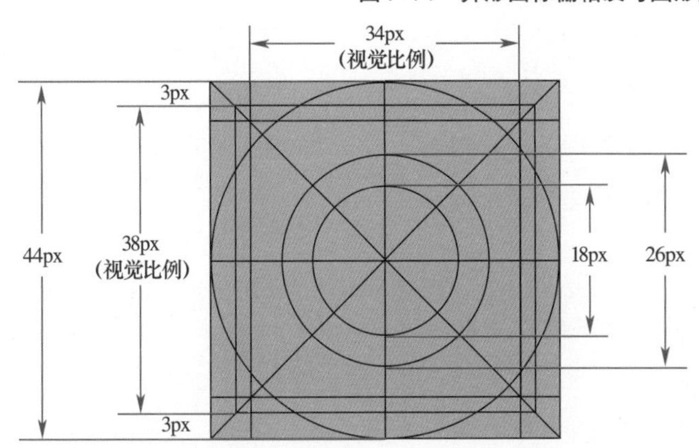

图4-15　iOS图标尺寸规格分析

4.4 图标设计形式

移动UI图标的设计形式有很多，比较常见的有中文风格、英文风格、图形风格、数字风格和特殊符号风格等。不同的设计风格会使图标呈现出不同的美感，具有不同的吸引力。

4.4.1　中文风格

中文风格图标将文字作为图标的主体物，通常这类应用本身的品牌标志就使用了文字，所以在制作图标时把文字应用在图标中即可，图4-16所示为应用中文风格的图标。中文风格还分为单字形式、多字形式、字体加图形组合形式和字体加几何图形组合形式。

图4-16 应用中文风格的图标

1. 单字形式

单字形式通常是提取产品名称中最具代表性的一个文字进行字体设计。通过对笔画及整体骨架进行设计调整，达到符合产品特性和视觉差异化的目的。

拥有特征性的字体设计可以一目了然地传递产品信息，让用户在自己的手机桌面上能够快速找到应用，例如豆瓣和支付宝等应用就是单字形式的图标设计，如图4-17所示。

2. 多字形式

多字形式通常是将产品名称直接放置在设计中，闲鱼和美团的图标即为典型的多字形式设计，如图4-18所示。多字形式设计需要注意整体的协调性与可读性，一排出现两个汉字比较易读，极限值为3个汉字并排。

图4-17 应用单字形式的图标

图4-18 应用多字形式的图标

3. 字体加图形组合形式

为了突出产品特有的属性，字体加图形组合形式成为常用的图标设计方式之一。

今日头条启动图标采用字体和文章剪影图形组合营造出内容丰富的氛围，同时利用纸张折痕的效果突出文艺气质，如图4-19所示。

12306启动图标采用字体和车头简笔画图形组合营造出火车在行驶的氛围感，同时利用蓝色的渐变背景带给用户安全、可靠的感觉，如图4-20所示。

图4-19 今日头条的启动图标

图4-20 12306的启动图标

提 示

相比单纯的文字设计，在应用图标中适当添加一些体现产品特性的图形，可以更加灵活地突出产品的属性。

4. 字体加几何图形组合形式

几何图形的运用可以增加图标的形式感。例如，矩形与字体设计组合可以强调局部信息，圆润的形状可以使图标风格更加活泼有趣，三角形的运用也具有一定的引导性。图4-21所

图4-21 应用字体加几何图形组合形式的图标

示为应用字体加几何图形组合形式的图标。

> **提示**
>
> 几何图形的运用可以增加应用图标的形式感和趣味性。但是，常用的几何图形形式单一，难以形成独特的视觉差异。

4.4.2 英文风格

英文风格和中文风格类似，分为单英文字母形式、多英文字母形式、字母加图形组合形式和字母加背景图案组合形式4种。

1. 单英文字母形式

单英文字母形式通常是提取产品名称的首字母进行设计。英文字母本身造型简单，因此将其结合产品特点进行创意加工，很容易达到美感和识别性兼备的效果。图4-22所示为抖音、Keep和音悦Tai的单英文字母形式图标。

图4-22　应用单英文字母形式的图标

> **提示**
>
> 设计师使用英文字母很容易设计出具备美感的应用图标。但是由于英文字母数量有限，故很容易出现雷同创意，以及视觉差异化很难得到保障。

2. 多英文字母形式

多英文字母形式通常是产品名称全称或者由产品名称首字母组合而成，在国内也会以提取汉语拼音和拼音首字母等方式进行组合。

在使用字母组合设计图标时，设计师需要考虑组合字母的可识别性，单排字母以1～3个为宜，字母越多则识别性越低。图4-23所示为ofo共享单车、YY直播和Biu神器的多英文字母形式图标。

图4-23　应用多英文字母形式的图标

> **提示**
>
> 组合字母很容易形成独有的产品简称，且方便用户记忆，但热门的组合字母容易雷同，对产品差异化形成挑战。

3. 字母加图形组合形式

字母加图形组合形式应用比较广泛，图形分为几何图形和从生活中提炼的图形。美图秀秀图标就是由变形的字母和圆环组合而成的；芒果TV通过字母与图形进行创意加工，使应用图标视觉效果更加贴合主题；爱奇艺则是通过字母和图形完美组合，形成一个视觉表现饱满的图标。图4-24所示为美图秀秀、芒果TV和爱奇艺的图标。

图4-24　应用字母加图形组合形式的图标

4. 字母加背景图案组合形式

在进行图标设计时，为图标添加背景图案并结合字母设计形成组合，既可以增加应用图标的视觉层次感，又可以丰富视觉表现力。

但是应用此种方式设计图标时，需要注意对背景图案的色相和繁简度进行处理，还需要注意将背景和字母的设计形成强对比，避免信息传达受影响。图4-25所示为哔哩哔哩和海报工厂的图标。

图4-25　应用字母加背景图案组合形式的图标

4.4.3　图形风格

对于一些偏工具性的图标，设计师可以使用简单图形来传达应用的功能。图标的主体图形是一种经过高度抽象化的标识，其传达的是品牌的属性和特点，而不是图形的含义。因此，图形风格的图标通常是用来制作功能图标，而不是用来制作启动图标。图4-26所示为应用图形风格的图标。

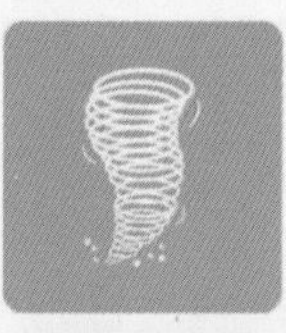

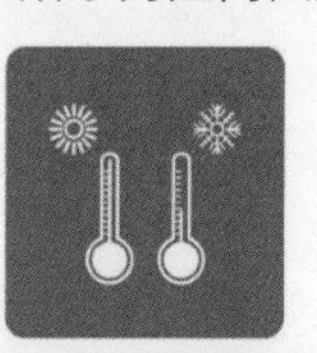

图4-26　应用图形风格的图标

4.4.4　数字风格

通常大众对数字比较敏感，利用数字进行图标设计能使人感受到亲和力。数字的识别性很强，其易于品牌传播和用户记忆。图4-27所示为58同城、56视频和189邮箱的数字风格图标。

图4-27　应用数字风格的图标

4.4.5 特殊符号风格

特殊符号在应用图标的设计案例中相对较少。这种图标的针对性比较强，符号本身的含义会对产品属性有一定的限制。

图4-28所示的随手记App启动图标由木质底纹加白纸的背景搭配“¥”符号组合而成，木质底纹和白纸可以向用户传达使用工具记录内容的品牌信息，搭配特殊符号“¥”，又可以向用户传达记录的是钱币交易的信息。背景和特殊符号的完美组合，使App的品牌属性得到最大发挥。

某K歌App的启动图标上应用了字母K的变形设计，代表了此款App与比赛唱歌有直接关联。因为“K歌”一词被大众广泛熟知，所以适合将其直接应用到该App上，如图4-29所示。

图4-28 随手记App启动图标

图4-29 某K歌App启动图标

4.5 App图标的分类

在移动UI设计项目中，按照属性和摆放位置的不同将App图标进行划分，可以分为工具图标、装饰图标和启动图标3类。

4.5.1 工具图标

工具图标是移动UI设计中使用最频繁的图标类型，也是最常见的图标类型。每个工具图标都有明确的功能。

工具图标常见的设计风格有3类，分别是线性风格、面性风格和线面结合风格，如图4-30所示。接下来逐一进行讲解。

（a）线性

（b）面性

（c）线面结合

图4-30 3类设计风格的工具图标

1. 线性风格

线性风格的图标是用线条来描边勾勒出轮廓的，这种样式的图标多表现为纯色的闭合轮廓。图4-31所示为一组线性风格的图标。

图4-31 线性风格图标

线性风格的图标看似简单，但可以通过控制图标线条的粗细、圆角半径大小、复杂度、有无断点等，实现丰富的效果。

（1）不同粗细线条的线性图标

线条粗细不同，图标的力度和重量感将会有差异。粗线的图标可以表现出粗壮、厚重的效果，能够突出视觉效果；细线的图标则可以表现出精致、透气和小巧玲珑的效果，如图4-32所示。

（2）不同圆角半径的线性图标

不同的圆角半径会使图标的包容性和协调性存在差异。图标的圆角半径越小，该图标在视觉上越显得硬朗和稳重；而图标的圆角半径越大，该图标在视觉上就越显得柔美和活泼，如图4-33所示。

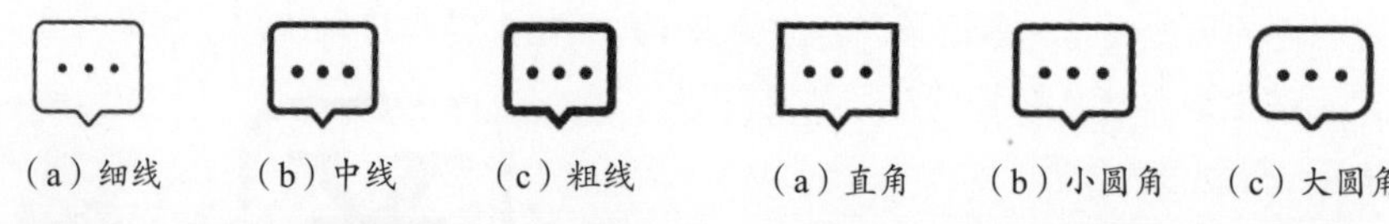

图4-32　应用不同粗细线条的线性图标　　图4-33　应用不同圆角半径的线性图标

（3）不同复杂度的线性图标

图标设计得过于简洁，会降低图标的可识别性；而将图标设计得过于复杂，则会让图标的视觉效果显得太过繁重。

这里建议读者在设计线性图标时，在不影响图标识别度的情况下，简化图标，同时也要表意准确。图4-34所示为不同复杂度的线性图标。

（4）断点线性图标

在线性图标的基础形状上，剪开一个缺口，使图标具有透气性和线条的变化，使用此种方式绘制的图标被称为断点线性图标，如图4-35所示。

图4-34　不同复杂度的线性图标　　图4-35　断点线性图标

需要注意的是，断点线性图标的缺口位置应尽量保持统一的方向及大小，同时需要控制开口个数，通常开口个数不会超过2个。

（5）两种粗细线条的线性图标

设计师也可以在绘制线性图标时，通过两种不同粗细的线条来连接图标的外轮廓和内部，达到丰富图标细节的目的。图4-36所示为一组采用两种粗细线条的线性图标。

（6）单色的线性图标

为线性图标设置单一的颜色，可以使图标拥有简洁明了的视觉效果，同时图标上不会存在太多的干扰元素，如图4-37所示。

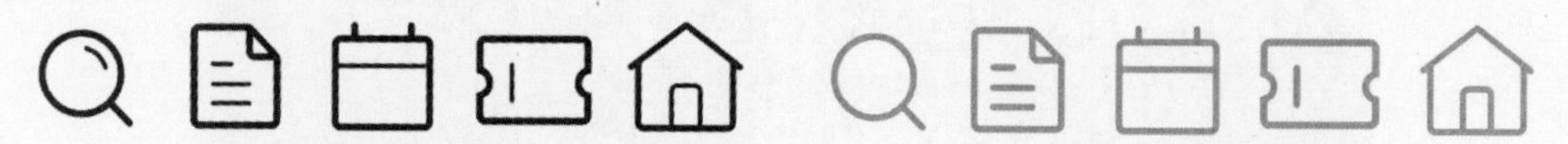

图4-36　采用两种粗细线条的线性图标　　图4-37　单色的线性图标

（7）双色的线性图标

双色的线性图标比单色的线性图标更具表现力，同时图标的细节也会更加丰富。常见的双色线性图标绘制方式包括使用近似色、对比互补色、渐变色和透明度变化等，如表4-1所示。使用不同的绘制方式，线性图标的视觉偏向和视觉效果将有所不同。

表4-1　不同绘制方式的视觉偏向和视觉效果

绘制方式	视觉偏向	视觉效果
近似色	使用两种相近的颜色绘制线性图标，图标的视觉效果可以更加和谐、统一，包容性也更强	
对比互补色	使用互为对比色或互补色的两种颜色绘制线性图标，可以使图标的层次更加分明，让视觉效果更加出彩和具有记忆点	
渐变色	使用渐变色的绘制方式可以让线性图标的视觉效果更有质感	
透明度变化	通过叠加和变化图标上线条的透明度，可以提升图标的层次感和空间感	
颜色叠加	线条交接处使用颜色叠加可以丰富整个图标的视觉表达，提升图标的设计感，让色彩更有活力	
黑色+品牌色	这种绘制方式可以强调品牌属性，加深用户对品牌色的记忆，同时图标的视觉效果表现出低调、高级感	
白色+品牌色	同上	

2. 面性风格

面性风格的图标是由对内容区域进行色彩填充的方式完成制作的。面性风格按照填充颜色的不同可以分为单色和多色两个种类，这两个种类还可以根据透明度的变化、透明度层叠和渐变进行更加细致的划分。

（1）单色面性图标

使用单一的颜色绘制，完成后面性图标的视觉效果相对来说比较简洁，设计师可以通过变化颜色的透明度、叠加透明度或渐变等方式，为单色面性图标增添趣味性和可识别性，如表4-2所示。

表4-2　不同绘制方式的视觉偏向和视觉效果

绘制方式（面性单色）	视觉偏向	视觉效果
无彩色	使用无彩色中的黑色和白色绘制面性图标，可以使图标看起来更加规范化	
彩色	单一颜色的面性图标，可以突出App界面的统一性	

续表

绘制方式（面性单色）	视觉偏向	视觉效果
透明度变化	透明度的变化，可以让单色面性图标的设计细节更加丰富	
透明度层叠	将不同透明度的同一颜色叠加在一起，可以为单色面性图标增添层次感和空间感	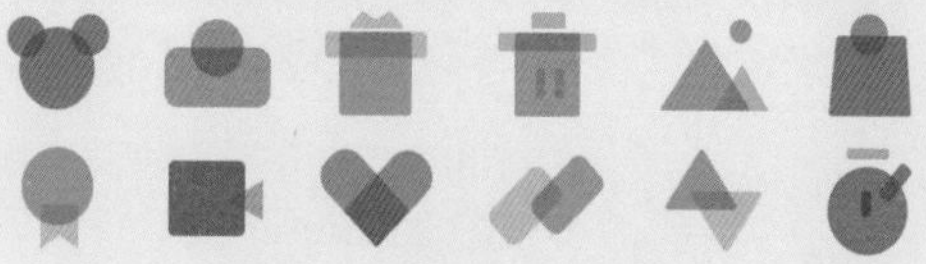
单色渐变	为单色面性图标应用微渐变的绘制方式，可以使其视觉效果更加灵动和活泼	

（2）多色面性图标

使用多个颜色绘制多面性图标，视觉效果可能会显得比较杂乱，设计师可以通过控制颜色数量、变化颜色的透明度、叠加透明度或渐变底板等方式，为多色面性图标增添设计感并降低它的杂乱感，如表4-3所示。

表4-3　不同绘制方式的视觉偏向和视觉效果

绘制方式（面性多色）	视觉偏向	视觉效果
双色层叠	使用不同的颜色并使用层叠的方式绘制图标，可以使图标的视觉效果更加丰富，同时具有层次感	
双色渐变	使用两种渐变颜色绘制工具图标，会使工具图标的视觉效果更加活泼和丰富	
底板渐变	使用底板渐变的方式绘制工具图标，会使工具图标的视觉效果具有统一性和设计感	
面性模糊	添加高斯模糊的效果，可以使图标富有层次感和空间感，也有较强的设计感	
面性写实	使用面性写实的方式绘制图标，可以使图标的视觉效果更加契合现实生活中的目标产品	

3. 线面结合风格

线面结合风格图标即将线性风格和面性风格组合起来，形成一种既有线性描边轮廓、又有色彩填充区域的图标。

总体来说，线面结合风格的图标相较于面性图标和线性图标，样式更加丰富，也更具趣味性。线面结合风格图标的常见表现手法分为两大类，分别是黑色线性边框加上面性填充和彩色线性边框加上面性填充。使用黑色线性边框加上面性填充的表现手法绘制完成的工具图标，视觉效果将重点突出图标中的线性边框，使其拥有线性图标的部分特性，如表4-4所示。

表4-4　黑色线性边框线面结合图标的表现手法和视觉效果

表现手法（黑色线性边框）	视觉效果
黑色线性边框+纯色/渐变色内部填充	
黑色线性边框+彩色错层填充	
黑色线性边框+彩色内部线条	车辆快修 更换轮胎 电瓶搭电 送水服务 车辆拖车 送油服务
黑色线性边框+彩色内部线条+错层投影点缀	脱口秀 情感生活 相声评书 健康养生 影视 历史 科技 社会 商业财经 体育
黑色线性边框+彩色面性局部替代	厨房卫浴 灯饰照明 五金工具 电工电料 墙地面材料 装饰材料 建材市场 分类

使用彩色线性边框加上面性填充的表现手法绘制完成的工具图标，视觉效果则重点突出图标中的填充内容，使其与面性图标具有高度相似的特性，如表4-5所示。

表4-5　彩色线性边框线面结合图标的表现手法和视觉效果

表现手法（彩色线性边框）	视觉效果
彩色线性边框+纯色错层内部填充	Skin Heart Heat clearing Healthcare Sex Eye Stomach Lung Fever Bone

续表

表现手法（彩色线性边框）	视觉效果
彩色线性边框+同色系错层投影点缀	婴儿车 奶嘴 奶瓶 游戏机 木马 拼图 袜子 车子
渐变色线性边框+渐变圆形点缀	我的保单 自主保全 续期交费 自主理赔 自助回访
渐变色线性边框+彩色面性局部替代	企业推荐人 存款利率 贷款利率 外汇实时汇率 离岸存款利率 外汇兑换计算 国债收益计算 贵金属行情
渐变色底板+白色线条图标	我的频道 抽奖调查 我的订单 3小时公益 我的客服 免流量专区 更多

4.5.2 操作案例——设计与制作磨砂质感工具图标

源文件：资源包\源文件\第4章\4-5-2.psd

视　频：资源包\视频\第4章\4-5-2.mp4

（1）启动Adobe Photoshop CC软件并新建一个空白文档，单击工具箱中的“矩形工具”，在画板中按住鼠标左键并拖曳创建1个圆角矩形，设置圆角矩形的宽高为96px×64px、圆角半径为12px、填充颜色为黄色，如图4-38所示。

（2）单击工具箱中的“椭圆工具”，按住【Alt】键的同时在画板中按住鼠标左键并拖曳创建2个圆，设置圆的宽高为24px×24px。使用“路径选择工具”移动圆到圆角矩形左右两侧的中间位置，效果如图4-39所示。

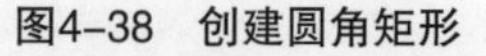

图4-38　创建圆角矩形

图4-39　创建圆

（3）打开“图层”面板，将形状图层拖曳到“创建新图层”按钮上方，复制形状并将其调整到“背景”图层上方。打开“属性”面板，在面板中设置复制形状的旋转角度为-15°，使用“移动工具”调整复制形状的摆放位置，效果如图4-40所示。

（4）使用“矩形工具”在画板中创建2个宽高为36px×6px的圆角矩形，填充颜色为白色，调整圆角矩形的摆放位置，效果如图4-41所示。选择2个圆角矩形，按【Ctrl+E】组合键合并形状。

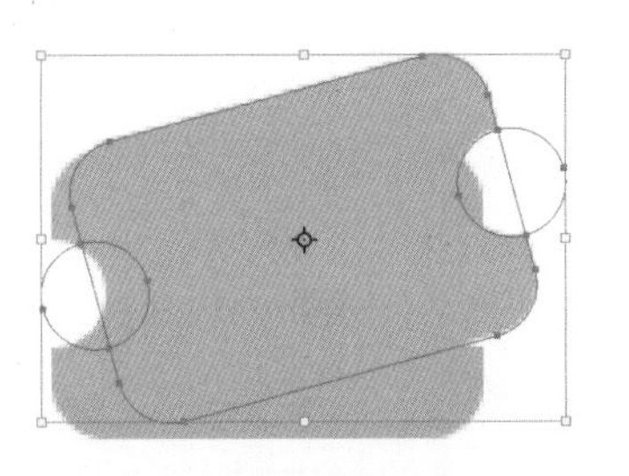

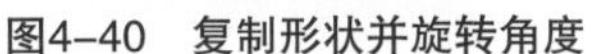
图4-40　复制形状并旋转角度

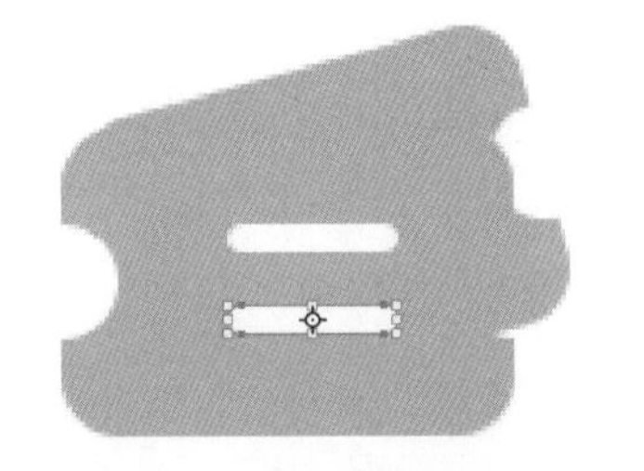

图4-41　创建2个圆角矩形

（5）选择“图层”面板中的“矩形 1”图层，单击面板底部的“添加图层样式”按钮，在弹出的菜单中选择“内阴影”选项，打开“图层样式”对话框，参数设置如图4-42所示。

（6）设置完成后，单击对话框左侧“内阴影”选项后面的加号按钮，添加1个内阴影，参数设置如图4-43所示。

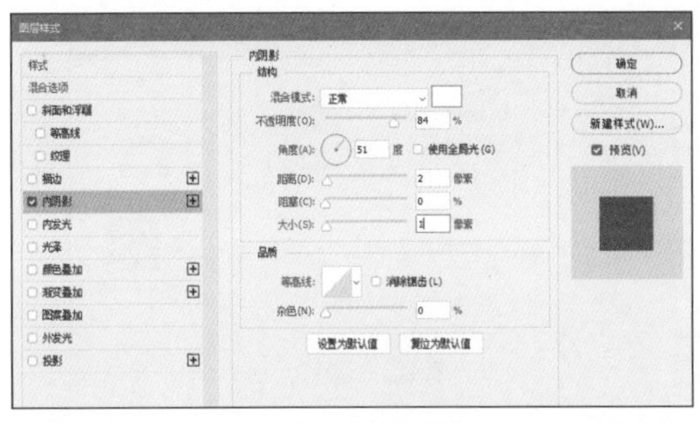

图4-42　设置参数1

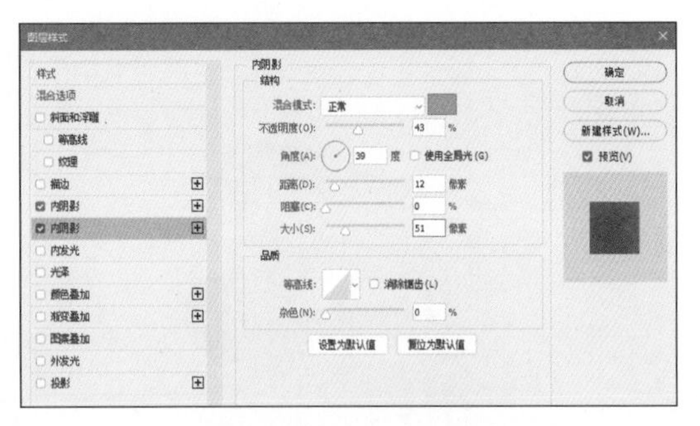

图4-43　添加1个内阴影

（7）再添加1个内阴影，参数设置如图4-44所示，完成后单击“确定”按钮，并修改形状的填充颜色为(R: 255, G: 246, B: 227)。

（8）选择“图层”面板中的“矩形 1 拷贝”图层，单击面板底部的“添加图层样式”按钮，在弹出的菜单中选择“渐变叠加”选项，打开“图层样式”对话框，参数设置如图4-45所示。

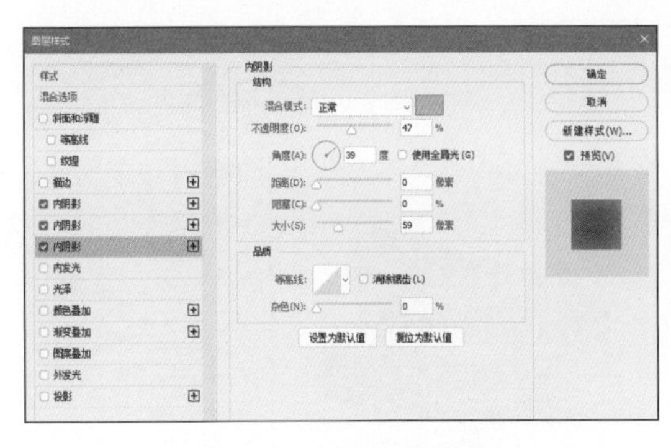

图4-44　设置内阴影参数

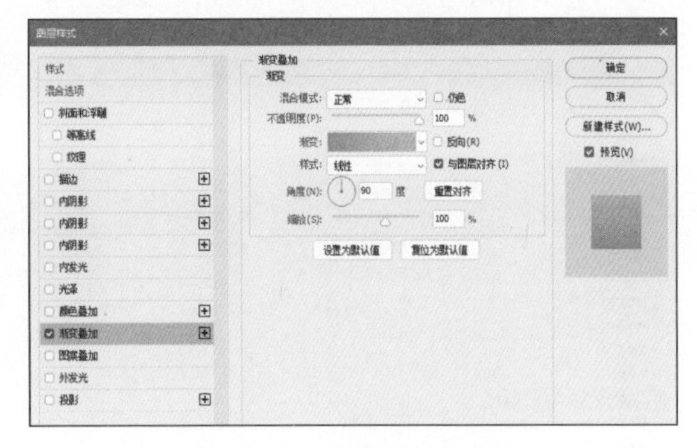

图4-45　设置渐变叠加参数

（9）设置完成后，单击“确定”按钮，图像效果如图4-46所示。

（10）将“矩形1拷贝”图层拖曳到“创建新图层”按钮上方，复制图层并将其摆放在“矩形1”图层上方。打开“属性”面板，单击面板左上角的“蒙版”按钮，设置羽化值，如图4-47所示。在复制图层上右击，在弹出的快捷菜单中选择“创建剪贴蒙版”选项。

（11）设置完成后，图像效果如图4-48所示。选择“图层”面板中的“矩形 3”图层，单击面板底部的“添加图层样式”按钮，在弹出的菜单中选择“投影”选项，打开“图层样式”对话框，参数设置如图4-49所示。

图4-46　图像效果1

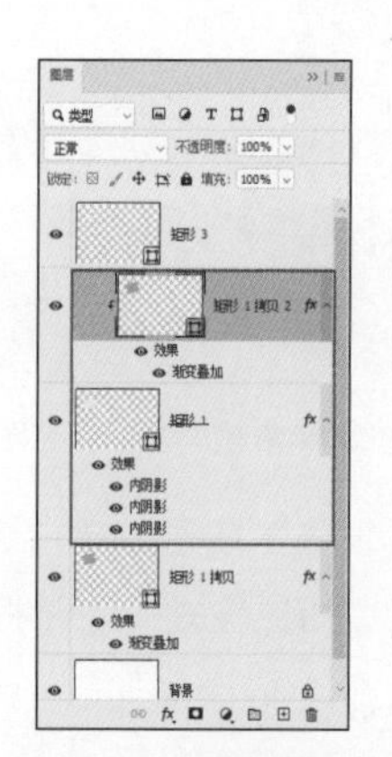

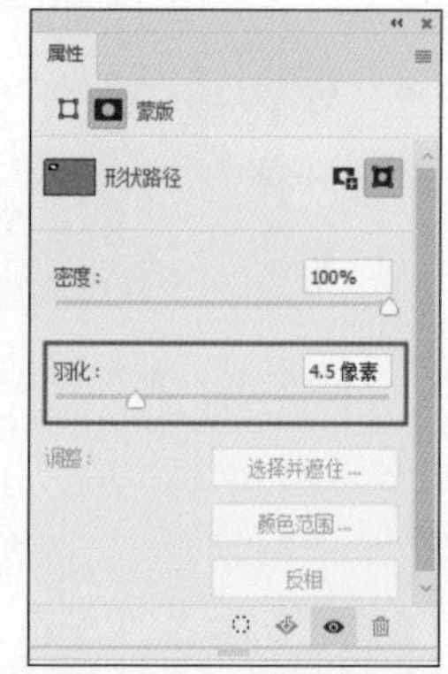

图4-47　复制图层、设置羽化值并创建剪贴蒙版

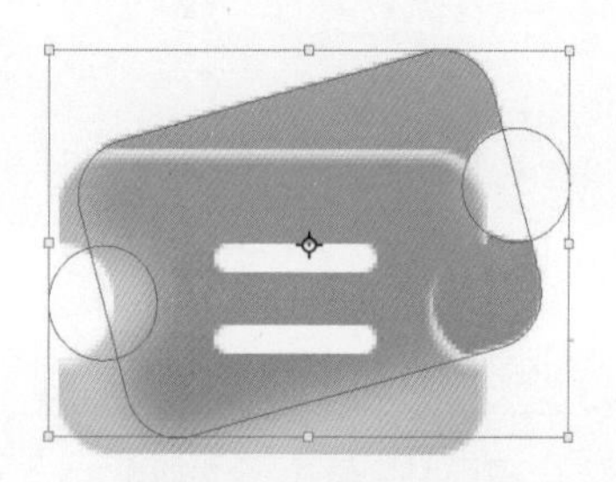

图4-48　图像效果2

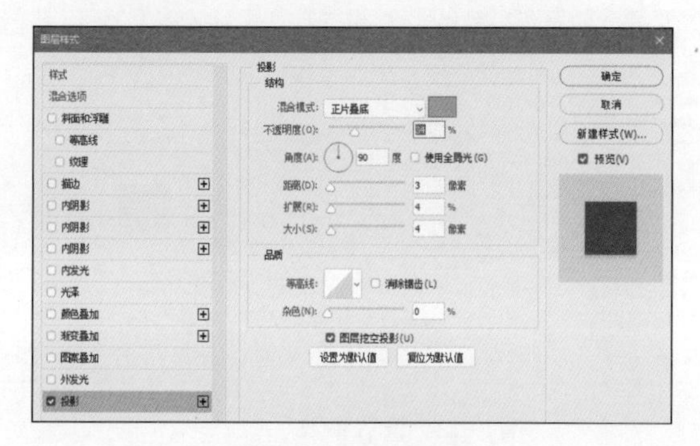

图4-49　设置参数2

（12）设置完成后，单击对话框左侧的“渐变叠加”选项，在对话框右侧设置各项参数，如图4-50所示。设置完成后，单击对话框中的“确定”按钮，得到图4-51所示的图像效果。

（13）打开“图层”面板，选择除“背景”图层以外的所有图层，按【Ctrl+G】组合键将选择的图层编组并重命名为“票证”，如图4-52所示。

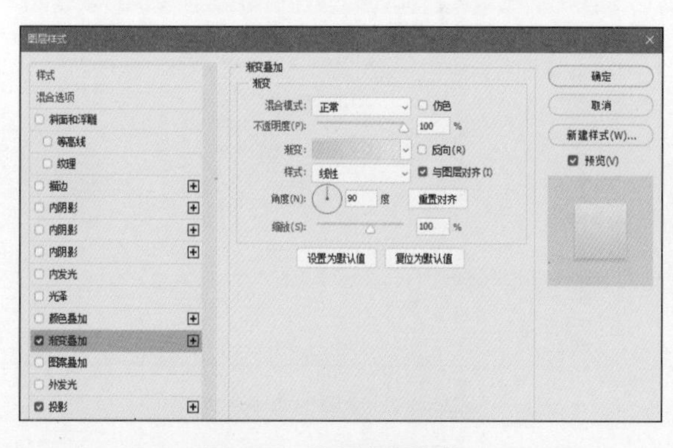

图4-50　设置各项参数1

图4-51　图像效果3

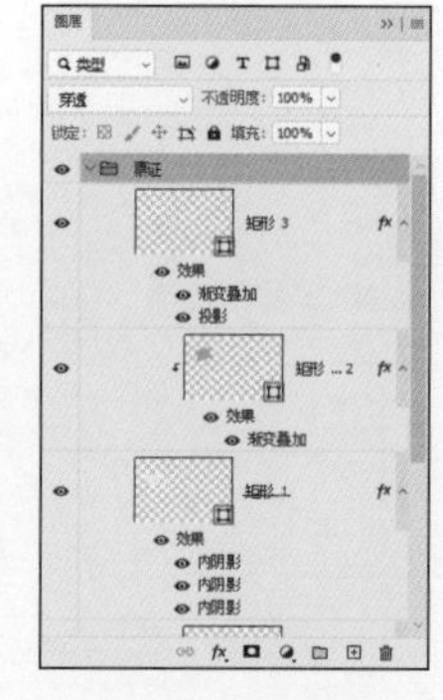

图4-52　编组图层

（14）将鼠标指针置于“票证”图层组上右击，在弹出的快捷菜单中选择“导出为”选项，弹出“导出为”对话框，参数设置如图4-53所示。

（15）设置完成后，单击“导出”按钮，弹出“导出到文件夹”对话框，选择目标文件夹，如图4-54所示。

（16）选择完成后，单击“选择文件夹”按钮，可以在目标文件夹中查看导出的图标资源，如

图4-55所示。使用步骤（1）～步骤（14）的绘制方法，完成其余5个相同风格工具图标的绘制，绘制完成的图标效果如图4-56所示。

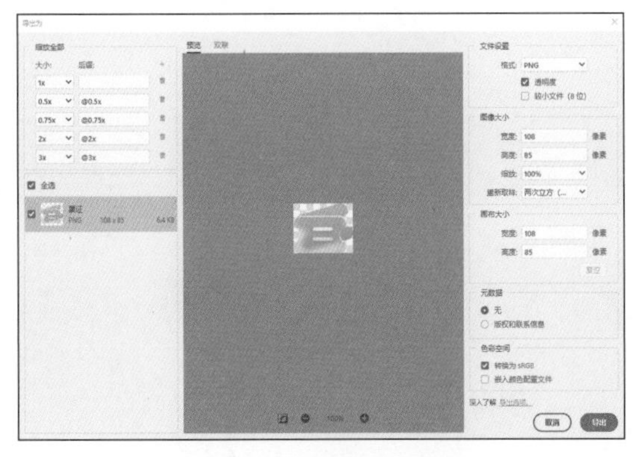

图4-53　设置各项参数2

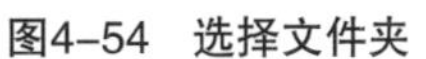

图4-54　选择文件夹

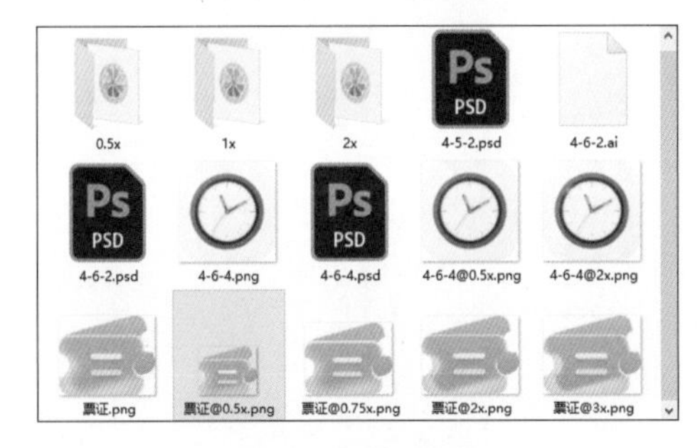

图4-55　图标资源

图4-56　图标效果

4.5.3　装饰图标

装饰图标以美观、漂亮为基础，比较常见的有扁平风格图标、拟物风格图标、2.5D风格图标、多彩风格图标和实物风格图标。

1. 扁平风格图标

扁平风格图标可以理解成使用扁平插画的方式绘制出来的图标。除了继承扁平的纯色填充特性以外，扁平风格图标相对于普通图标有更丰富的细节与趣味性。图4-57所示为一组扁平风格的图标。

图4-57　扁平风格图标

2. 拟物风格图标

拟物风格图标出现的频率越来越高，其一般集中在大型的运营活动中。通常这些活动会通过拟物的方式将标题设计成有故事性的场景，所以相关图标使用拟物的设计风格会更贴合。图4-58所示为一组采用了拟物风格的图标。

图4-58　拟物风格图标

3. 2.5D风格图标

2.5D风格图标是一种偏卡通、像素画风格的扁平设计类型图标。在一些非必要的设计环境中，使用2.5D风格图标会比较容易搭配主流的UI设计风格，有更强的趣味性和空间感。图4-59所示为一组采用了2.5D风格的图标。

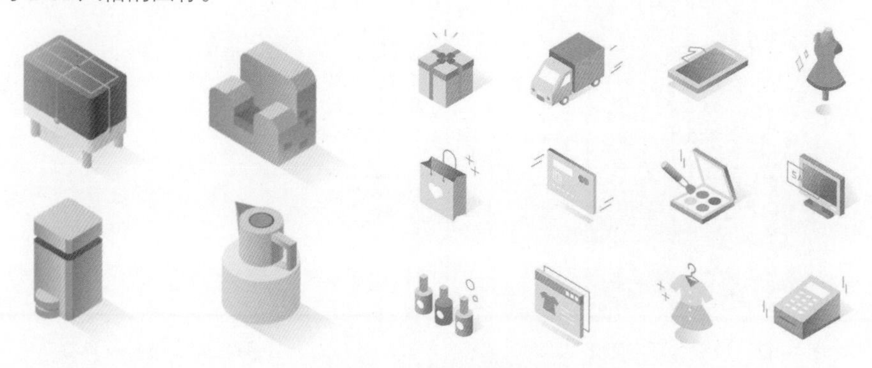

图4-59　2.5D风格图标

4. 多彩风格图标

多彩风格图标是通过一系列激进的渐变和撞色实现的，有时其还会使用彩色的阴影。使用这种图标的页面会呈现出五彩斑斓的效果。只有在页面内容非常丰富且用户偏向年轻化的产品中才会使用该种图标，这种风格是一种非常难驾驭的设计风格。图4-60所示为一组采用了多彩风格的图标。

5. 实物风格图标

实物风格图标通常采用真实物体作为图标的主体。虽然它不属于完全依靠设计师创作和绘制出来的，但也需要设计师根据图标的功能进行选择的。此类风格的图标通常比较美观，立体感强，便于用户理解图标的功能。图4-61所示为一组采用了实物风格的图标。

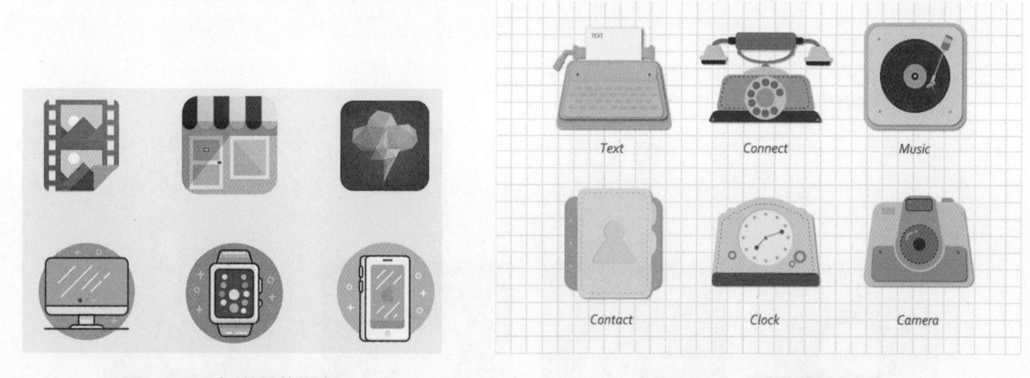

图4-60　多彩风格图标　　图4-61　实物风格图标

4.5.4　启动图标

目前比较常见的启动图标形式有图标形式、文字形式和拟物形式3种，下面逐一进行介绍。

1. 图标形式

图标形式一般应用在比较基础的工具App中，此类App大多数有极其清晰的工具图标与之对应，所以通常会直接使用工具图标和图形设计启动图标，例如邮箱、计算器、音乐和地图等类型。

此类图标的设计很简单，通常都是采用下方背景和上方图标的方式。背景可以选择纯色和渐变，图标可以选择常见的工具图标，将它们组合可以轻松地设计出符合主流特征的启动图标，如图4-62所示。

图4-62　图标形式图标

2. 文字形式

文字形式的图标与图标形式的图标类似，背景也只适合纯色或渐变，其设计难点在于字体的设计。

由于字体具有版权问题，因此不能直接使用输入的文字。在选用字体前，一定要关注该字体是否能免费使用，也可以直接使用思源黑、思源宋和王汉宗等系列的免费字体，如图4-63所示。

思源宋体	思源黑体	仿宋字体系列
思源宋体	思源黑体	仿宋字体系列
思源宋体	思源黑体	仿宋字体系列
思源宋体	思源黑体	仿宋字体系列
思源宋体	思源黑体	仿宋字体系列
思源宋体	思源黑体	仿宋字体系列
思源宋体	思源黑体	

图4-63　免费字体

直接输入的字库文字通常缺少设计感，设计师可以进行二次创作，以获得更好的视觉效果，如图4-64所示。由于宋体和楷体比较正式且严肃，一般不建议使用这两种字体。

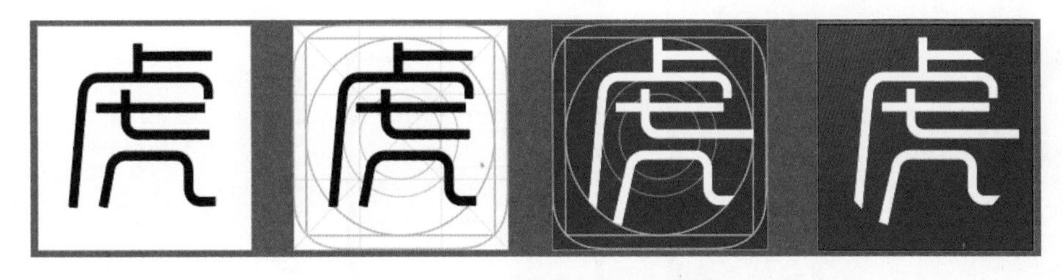

图4-64　二次创作的文字形式图标

3. 拟物形式

虽然现在整体设计环境中，拟物风格已经被扁平风格取代，但不代表它已经消失。适当的拟物设计会让用户对应用功能的认识更清晰，且更有趣味性。

目前拟物风格的设计领域中，使用最普遍的风格也是最容易学习的风格，即“轻拟物”风格。这种风格需要刻画的细节相对较少，更易于掌握。拟物形式的图标制作是简单分析图标确定轮廓后，通过渐变填充来表示物体本身的高光和阴影，并添加投影来制造出立体感，如图4-65所示。

图4-65　轻拟物风格图标

4.6 图标尺寸

在不同操作系统的App界面中，图标的设计尺寸会发生相应的调整和变化，接下来为读者讲解主流Android系统和iOS下App的图标尺寸。

4.6.1 Android系统的图标设计尺寸

Android系统中按照功能可以分为启动图标、标签栏与系统通知图标和上下文图标3种。

启动图标在主屏幕中代表某个应用，因为用户可以随意设置主屏幕的壁纸，所以设计师要确保启动图标在任何背景上都能清晰可见，如图4-66所示。

标签栏与系统通知图标是Android系统App中常用的图标，该类图标在标签栏、目录和通知消息中都会用到，覆盖的范围极其广泛。图4-67所示为系统通知图标和标签栏图标。

图4-66 启动图标

图4-67 系统通知图标和标签栏图标1

> **提 示**
>
> 标签栏图标和系统通知图标的官方推荐设计风格是象形、平面、不要有太多细节和圆滑的弧线或者尖锐的形状。

如果图标比较细长，那么要向左或者向右旋转45°来填满圆形区域。同时图标颜色尽量使用中性色或者低明度、低饱和度的颜色来降低图标的视觉感受，避免图标颜色过于鲜艳。图4-68所示为系统通知图标和标签栏图标。

图4-68 系统通知图标和标签栏图标2

上下文图标一般出现在特定状态的地方，如图4-69所示。官方推荐上下文图标使用的风格是中性、平面和简单。

图4-69 上下文图标

Android系统设备屏幕尺寸很多，此处以1080px×1920px的屏幕分辨率为准介绍图标的尺寸。表4-6所示为Android系统中启动图标、标签栏图标、上下文图标和系统通知图标的设计尺寸。

表4-6 Android系统图标尺寸

屏幕大小	启动图标	标签栏图标	上下文图标	系统通知图标
1080px×1920px	144px×144px	96px×96px	48px×48px	72px×72px

最初的Android图标设计尺寸没有iOS规范，这也使Android系统的UI设计灵活性更强，发挥的空间也更大。但后来Material Design语言规则上显示，启动图标可以是512dp×512dp或者256dp×256dp；移动端的启动图标是128dp×128dp或者64dp×64dp；移动端的操作栏图标应为32dp×32dp；小图标应为16dp×16dp。图标的大小对比如图4-70所示。

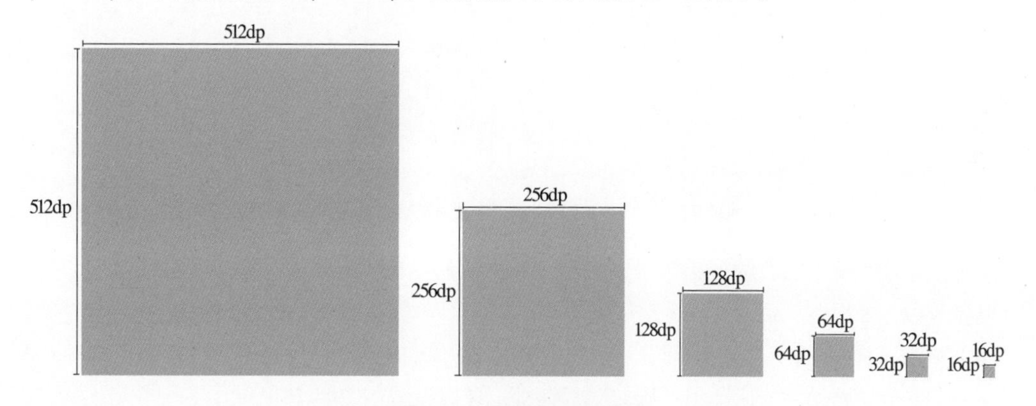

图4-70 图标的大小对比

提 示

Material Design是由Google公司推出的全新设计语言。Google公司表示，这种设计语言旨在为手机、平板电脑、台式机和其他平台提供更一致、更广泛的外观感受。

dp是虚拟像素，在不同像素密度的设备上会自动适配。dp与像素可以按照下面的公式转换。

1dp×像素密度/160=实际像素数

例如，在320×480分辨率，像素密度为160情况下，1dp=1px；

在480×800分辨率，像素密度为240情况下，1dp=1.5px。

Android系统在不同尺寸、不同分辨率大小的手机上运行时，dp值可以让Android系统自动挑选Android对应屏幕尺寸资源。也就是说，dp值可以通过某种途径，根据设备需求，调整得到相应的图片资源或者尺寸大小。

> **提 示**
>
> 目前很多团队都使用dp单位配合Sketch软件设计移动UI，以便设计界面更加符合多种类型的安卓分辨率设备。

4.6.2 操作案例——设计与制作水果装饰图标

源文件：资源包\源文件\第4章\4-6-2.ai

视　频：资源包\视频\第4章\4-6-2.mp4

（1）启动Adobe Illustrator CC软件，新建一个空白文件。单击工具箱中的“椭圆工具”，在画板中按住鼠标左键并拖曳创建1个圆，在“属性”面板中设置圆的填充颜色和描边颜色，效果如图4-71所示。

（2）单击工具箱中的“钢笔工具”，在画板中创建不规则形状，在“属性”面板中设置填充颜色，效果如图4-72所示。

图4-71　创建圆1

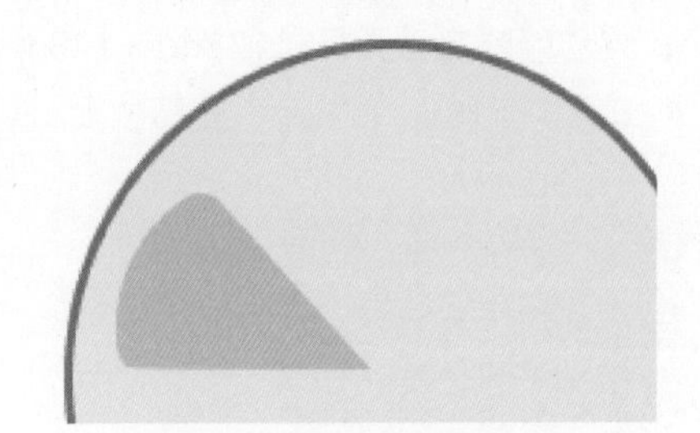

图4-72　创建不规则形状

（3）按【Ctrl+R】组合键调出标尺，使用“选择工具”在标尺处按住鼠标左键并向下和向右拖曳创建参考线，如图4-73所示。

（4）单击工具箱中的“旋转工具”，按住【Alt】键和鼠标左键不放的同时将中心点移动到两条参考线的交界处，移动完成后弹出“旋转”对话框，参数设置如图4-74所示。

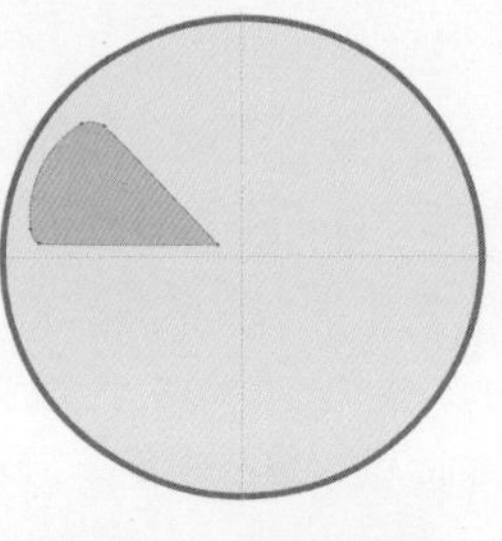

图4-73　添加参考线

图4-74　设置参数1

（5）设置完成后，单击“复制”按钮，图像效果如图4-75所示。连续多次按【Ctrl+D】组合

键旋转复制图像，完成后使用“选择工具”逐一选择复制图像并修改每个图形的填充颜色，效果如图4–76所示。

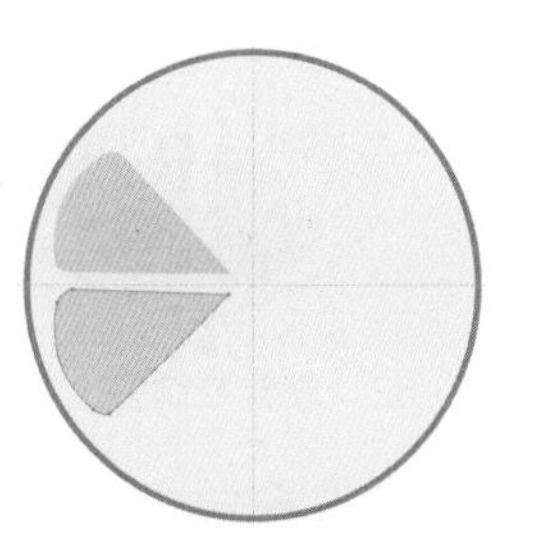

图4–75 绘制其余果肉

图4–76 旋转复制图形

（6）使用“椭圆工具”在画板中绘制1个椭圆，打开“符号”面板，单击面板底部的“新建符号”按钮，如图4–77所示。

（7）弹出“符号选项”对话框，设置“名称”“导出类型”和“符号类型”等参数，完成后单击“确定”按钮，“符号”面板中出现新定义的符号图形，如图4–78所示。

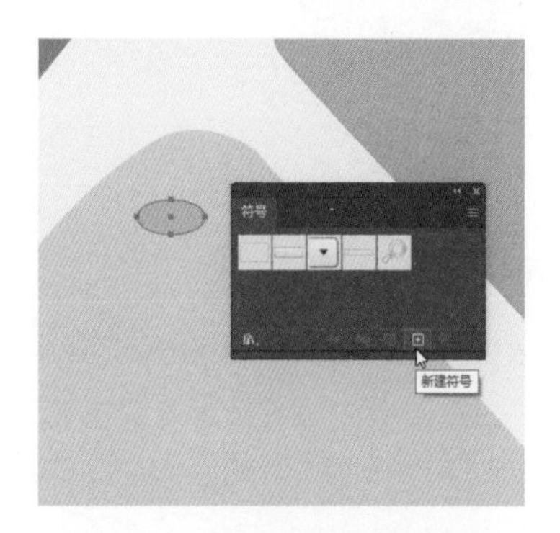

图4–77 创建椭圆并新建符号

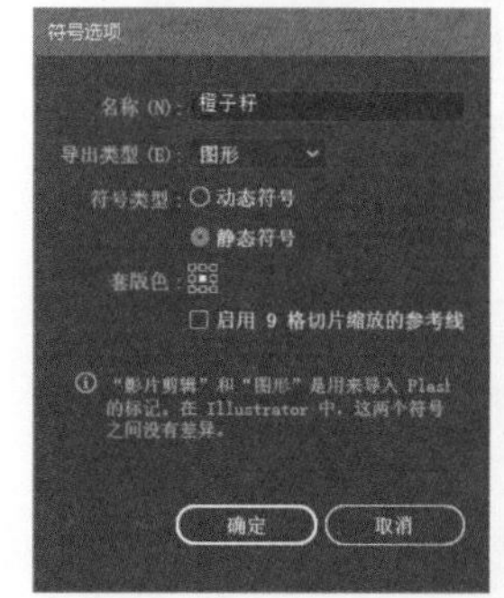

图4–78 完成符号图形的创建

（8）按【Delete】键删除椭圆，单击工具箱中的“符号喷枪工具”，保持“符号”面板中“橙子籽”符号为选中状态，在画板中复制多个橙子籽，如图4–79所示。

（9）使用工具箱中的“符号紧缩器工具”，在画板中的橙子籽图形上单击缩小图形，按住【Alt】键不放的同时在图形上单击，放大符号图形调整图形细节，调整完成的图形效果如图4–80所示。

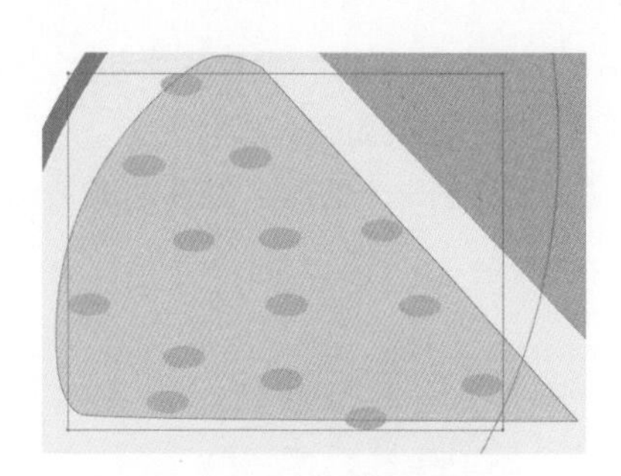

图4–79 绘制多个橙子籽

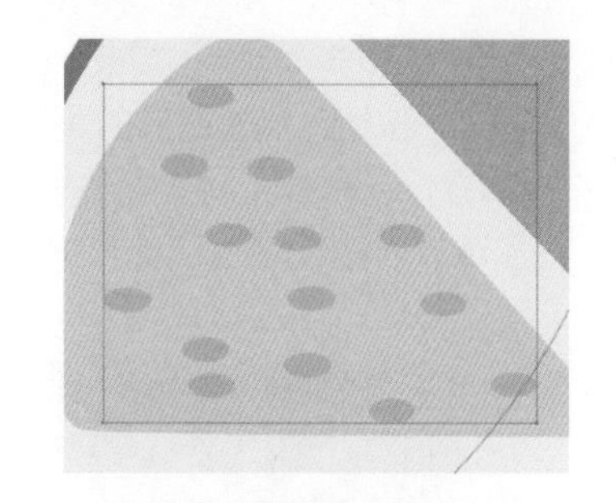

图4–80 调整橙子籽的大小

（10）使用工具箱中的“符号旋转器工具”，在画板中的符号图形上单击并按住鼠标左键拖曳可以旋转图形，效果如图4–81所示。使用步骤（4）、步骤（5）的绘制方法，完成旋转复制多个符号图形的操作，如图4–82所示。

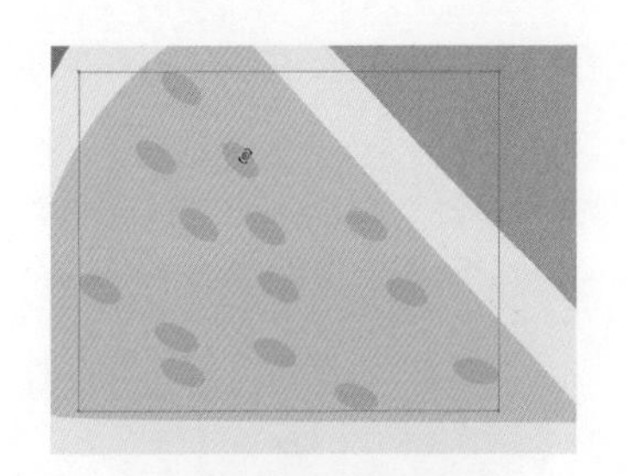

图4-81　旋转符号图形

图4-82　旋转复制多个符号图形

（11）选择图标的背景图形，执行“效果>风格化>投影”命令，打开“投影”对话框，参数设置如图4-83所示。设置完成后，单击对话框的“确定”按钮。使用“椭圆工具”在画板中心创建1个圆，效果如图4-84所示。

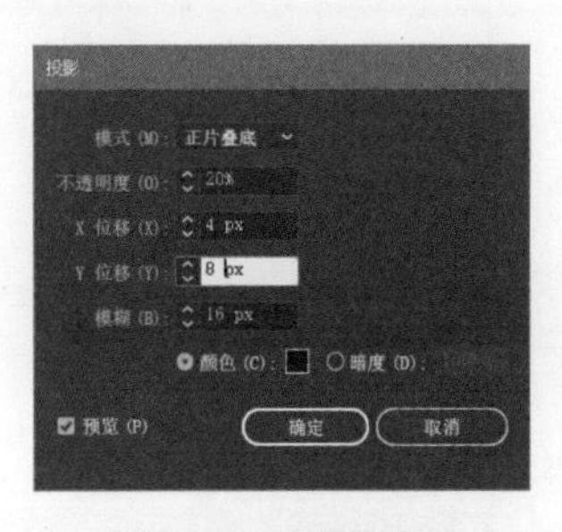

图4-83　设置参数2

图4-84　创建圆2

（12）执行“效果>风格化>外发光”命令，打开“外发光”对话框，参数设置如图4-85所示，完成后单击“确定”按钮。使用工具箱中的“多边形工具”，在画板中按住鼠标左键并拖曳创建多边形，在“属性”面板中设置边数为3，效果如图4-86所示。

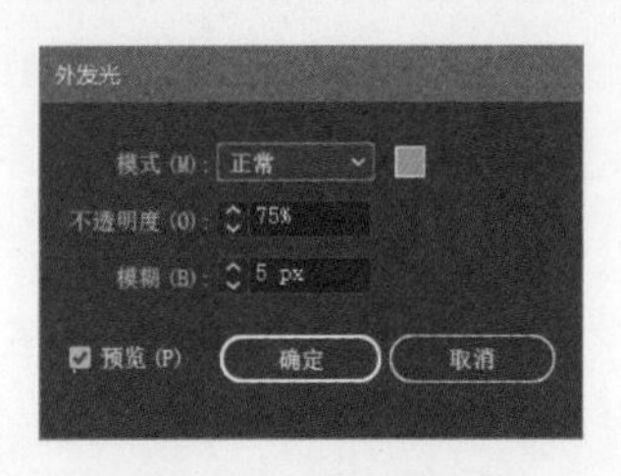

图4-85　设置参数3

图4-86　创建三角形

（13）执行“效果>风格化>投影”命令，打开“投影”对话框，设置各项参数，设置完成后，单击对话框中的“确定”按钮，调整图形的叠放顺序，图形效果如图4-87所示。

（14）使用步骤（11）、步骤（12）的绘制方法，再绘制一个圆形，如图4-88所示，并为图形添加“外发光”的效果。

图4-87　设置图层顺序

图4-88　绘制圆形

（15）使用“多边形工具”在画板中创建1个三角形，设置不透明度为78%。使用“直接选择工具”调整三角形的锚点位置，使用“锚点工具”调整锚点的状态，高光效果如图4-89所示。使用步骤（4）、步骤（5）的绘制方法，旋转复制多个高光效果，主题装饰图标如图4-90所示。

图4-89 高光效果

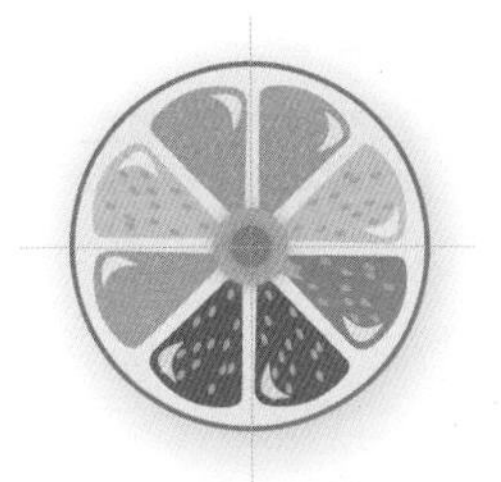

图4-90 主题装饰图标

（16）执行“文件>导出>导出为多种屏幕所用格式”命令，弹出“导出为多种屏幕所用格式”对话框，设置导出参数，如图4-91所示。完成后单击“导出”按钮，可在目标文件夹中查看导出的图标资源，如图4-92所示。

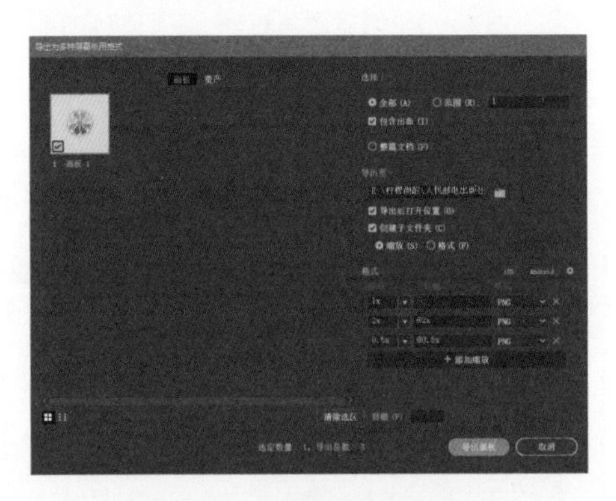

图4-91 设置各项导出参数

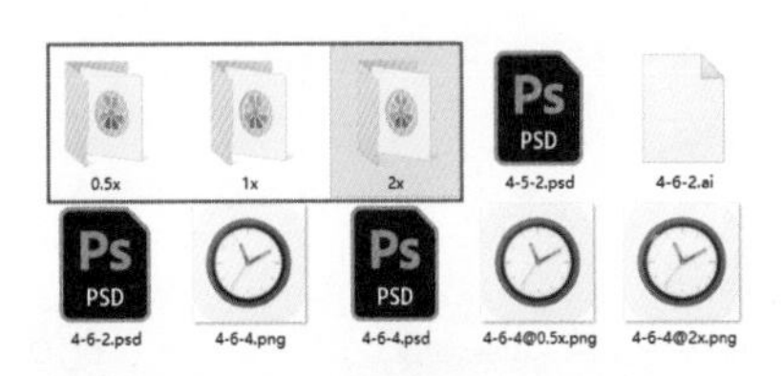

图4-92 查看图标资源

4.6.3 iOS的图标设计尺寸

在iOS中，图标被应用到App Store、应用程序、主屏幕、搜索、标签栏和工具栏/导航栏等位置，不同屏幕尺寸设备中图标的尺寸也不相同。表4-7所示为iOS不同尺寸屏幕中图标的规范尺寸。

表4-7 iOS不同尺寸屏幕中图标的规范尺寸

图标位置	iPhone 6 Plus/7 Plus/8 Plus/X/11/12	iPhone 5/6/7/8	iPad
App Store	1024px×1024px	1024px×1024px	1024px×1024px
应用程序	180px×180px	120px×120px	90px×90px
主屏幕	114px×114px	114px×114px	72px×72px
搜索	87px×87px	58px×58px	50px×50px
标签栏	75px×75px	75px×75px	25px×25px
工具栏/导航栏	66px×66px	44px×44px	22px×22px

提示

除了尺寸外，一套App图标应该具有相同的风格，如造型规则、圆角大小、线框粗细、图形样式和个性细节等。

4.6.4 操作案例——设计与制作时钟启动图标

源文件：资源包\源文件\第4章\4-6-4.psd

视　频：资源包\视频\第4章\4-6-4.mp4

（1）启动Adobe Photoshop CC软件，新建1个空白文件。使用工具箱中的“矩形工具”，在画板中按住鼠标左键并拖曳创建1个圆角矩形，效果如图4-93所示。

（2）使用工具箱中的“椭圆工具”，在画板中按住鼠标左键并拖曳创建1个圆，效果如图4-94所示。

图4-93　创建圆角矩形

图4-94　创建圆

（3）使用“移动工具”选中创建的圆形，单击“图层”面板底部的“添加图层样式”按钮，在弹出的菜单中选择“描边”选项，打开“图层样式”对话框，参数设置如图4-95所示。

（4）设置完成后，在对话框左侧选择“内阴影”选项，设置对话框右侧各项参数，如图4-96所示。

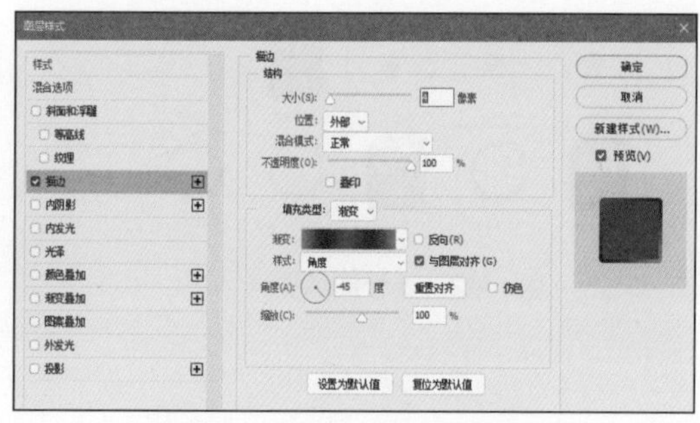

图4-95　设置“描边”图层样式

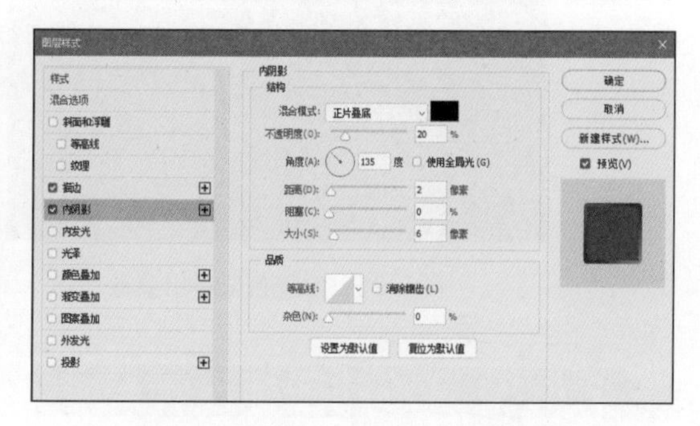

图4-96　设置“内阴影”图层样式

（5）设置完成后，单击对话框右上角的“确定”按钮，表盘效果如图4-97所示。使用“椭圆工具”在画板中绘制1个白色圆形，内表盘效果如图4-98所示。

（6）使用“椭圆工具”在画板中绘制1个白色圆形，打开“属性”面板，单击面板左上角的“蒙版”选项，设置羽化值，羽化效果如图4-99所示。

图4-97　表盘效果1

图4-98　内表盘效果

（7）使用工具箱中的“椭圆选框工具”，在画板中按住鼠标左键并拖曳创建圆形选区，单击“图层”面板底部的“添加图层蒙版”按钮，高光效果如图4-100所示。

（8）使用“椭圆工具”在画板中绘制1个任意颜色的圆，单击“图层”面板底部的“添加图层样式”按钮，在弹出的菜单中选择“内阴影”选项，参数设置如图4-101所示。设置完成后，单击对话框右上角的“确定”按钮，表盘效果如图4-102所示。

图4-99　绘制1个圆并设置羽化值

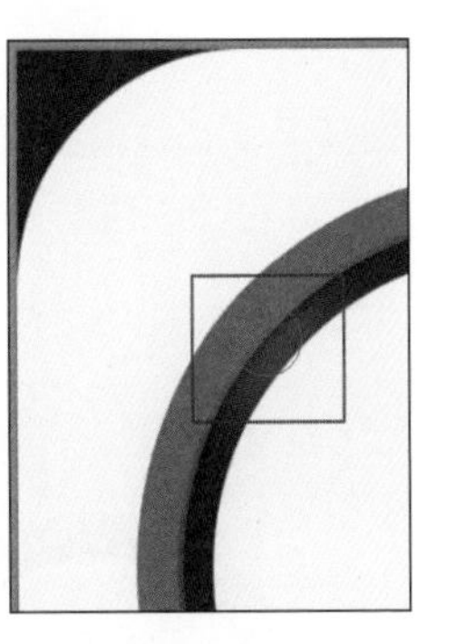

图4-100　高光效果

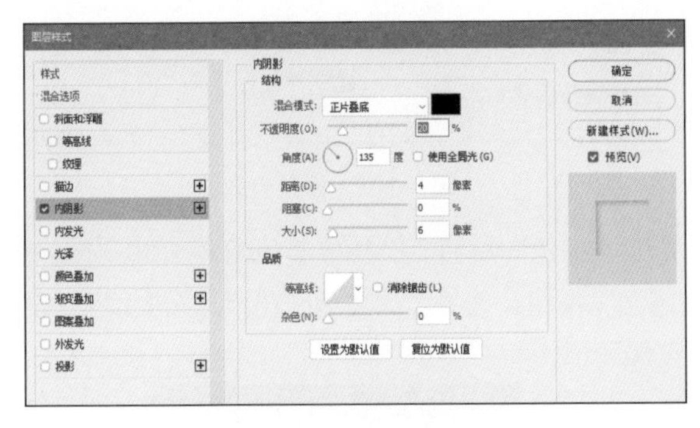

图4-101　设置参数1

图4-102　表盘效果2

（9）使用工具箱中的“矩形工具”，在画板中按住鼠标左键并拖曳创建圆角矩形，连续创建多个圆角矩形，完成0～1的刻度绘制，效果如图4-103所示。使用相同的绘制方法，完成时钟中其余刻度的绘制，刻度效果如图4-104所示。

图4-103　绘制刻度

图4-104　刻度效果

（10）使用“矩形工具”在画板中绘制1个黑色的圆角矩形，按住【Alt】键和鼠标左键不放的同时再绘制1个白色圆角矩形，设置成分针的形状，效果如图4-105所示。按【Ctrl+T】组合键调出定界框，调整变换中点到分针底部的距离，以及旋转角度，效果如图4-106所示。

图4-105　绘制分针

图4-106　旋转分针

（11）使用步骤（10）的绘制方法，完成表盘内时针、秒针和中轴内容的绘制，时钟效果如图4-107所示。选择时针、分针、秒针和中轴的相关图层，按【Ctrl+G】组合键为其编组。

（12）单击“图层”面板底部的“添加图层样式”按钮，在弹出的菜单中选择“投影”选项，打开“图层样式”对话框，参数设置如图4-108所示。

图4-107 时钟效果1

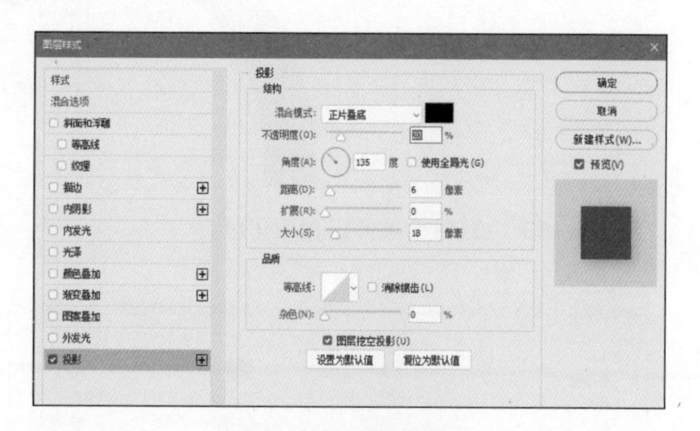

图4-108 设置参数2

（13）设置完成后，单击对话框右上角的“确定”按钮，时钟效果如图4-109所示。单击“图层”面板底部的“创建新的填充或者调整图层”按钮，在弹出的菜单中选择“渐变填充”选项，打开“渐变填充”对话框，参数设置如图4-110所示。

图4-109 时钟效果2

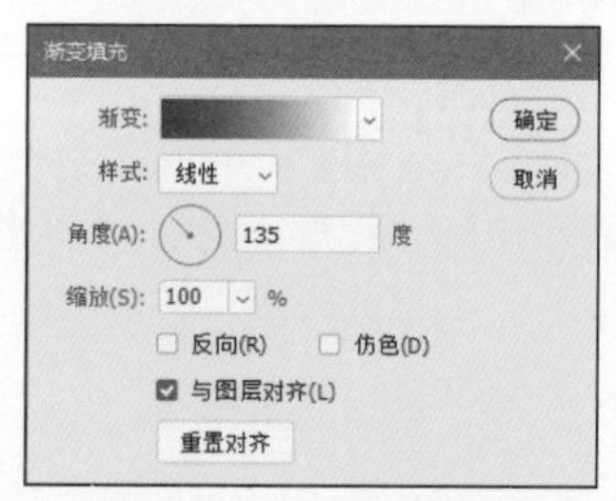

图4-110 设置参数3

（14）设置完成后，单击对话框的“确定”按钮。再次单击“图层”面板底部的“创建新的填充或者调整图层”按钮，在弹出的菜单中选择“渐变填充”选项，打开“渐变填充”对话框，参数设置如图4-111所示。

（15）设置完成后，单击对话框的“确定”按钮，时钟启动图标的效果如图4-112所示。

（16）打开“图层”面板，单击“背景”图层前面的“可见性”按钮隐藏背景图层，得到透明背景效果，如图4-113所示。

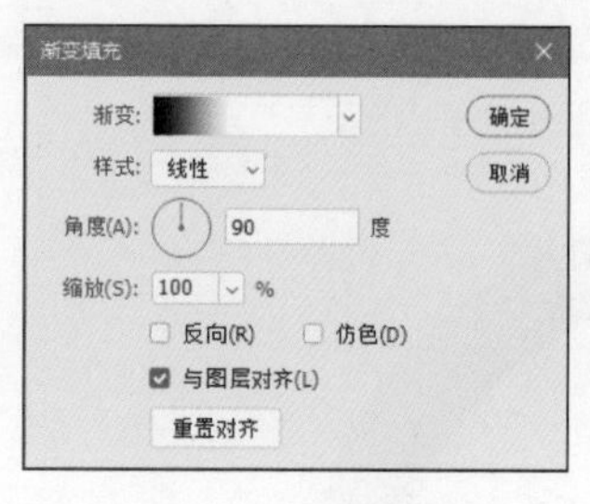

图4-111 设置参数4

图4-112 时钟启动图标的效果

图4-113 得到透明背景

（17）执行“文件>导出>导出为”命令，在弹出的“导出为”对话框中导出0.5x和2x图片，如图4-114所示。

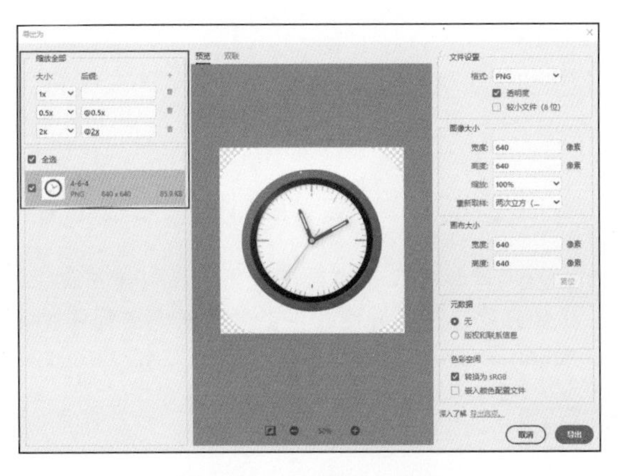

图4-114　设置导出参数

（18）设置完成后，单击“导出”按钮，弹出“导出到文件夹”对话框，如图4-115所示。选择目标文件夹，完成后单击对话框右下角的“选择文件夹”按钮，软件开始导出图标。导出后可在目标文件夹中查看到不同尺寸的图标资源，如图4-116所示。

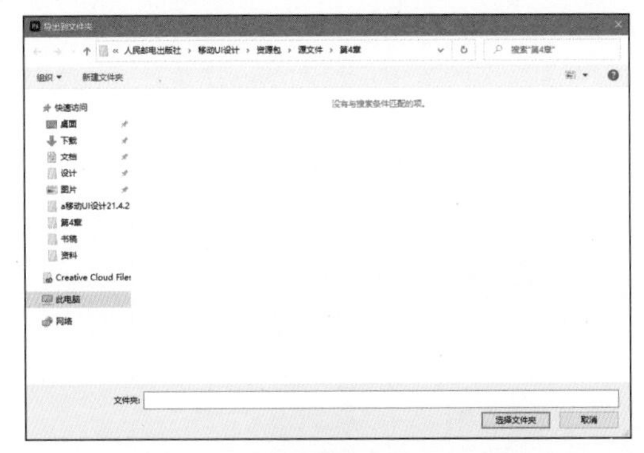

图4-115　“导出到文件夹”对话框

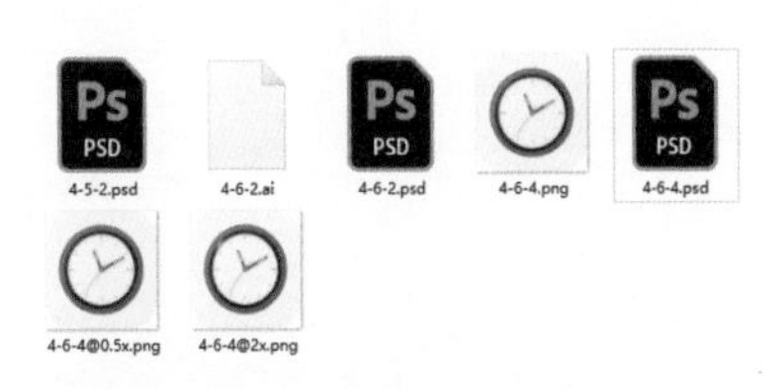

图4-116　不同尺寸的图标资源

4.7 图标组设计规范

在实际的设计工作中，图标往往都是成套出现的，一个完整的图标组往往是由一个团队制作完成的。

为了统一团队中每一个人的制作规范，避免出现制作效果不一致的现象，在开始制作前，团队负责人往往要通过文本的形式创建一个制作规范文档。该文档以列表的形式将制作图标的设计内容、规格尺寸、图标风格、输出格式、制作流程和时间进度等信息罗列出来，并由全体成员签字确认。

创建一个制作规范文档将有利于在设计与制作过程中保持正确的方向和焦点，这是保证设计工作快速、有效完成的前提。就算整个项目是由一个人独立完成的，我们也要在正式开始设计与制作前制作一个规范文档。

4.7.1 创建制作清单

完成制作规范文档的创建后，就可以进入实质性的制作过程了。在开始制作之前需要将所有要制作的图标分类，如按照图标的不同种类、不同制作方法、不同输出要求，将图标以表格的形式罗列出来。完成一个图标后便对照该表格进行检查，并将完成的图标标记，这样可以很好地跟踪整个项目的制作进度，记录制作过程中的技术细节。

提示

制作清单的使用可以使设计师将注意力很好地集中在创建图标上。同时在制作列表中可以随时查找制作进度，并督促设计师坚持制作下去，直至完成所有案例。

4.7.2 设计草图

草图对图标设计来说尤其重要。在设计的最初阶段，设计师往往是通过一个简单的线稿来获得灵感。尤其是要设计一些复杂风格的作品时，更需要使用草图将图标的概念、隐喻以一种相对清晰、简单的方式呈现。

设计师可以使用铅笔在纸上绘制草图，也可以使用数字绘图板在计算机上绘制。绘制完成后将草图绘制或者打印到纸上，然后与身边的朋友或同事商讨，根据他们的建议做适当的修改。绘制时，设计师要将图标的寓意传达准确，并以统一的风格将所有图标草图绘制出来，如图4–117所示。初次绘制的草图也需要根据设计要求多次修改、调整，直到图标集寓意准确。

图4–117 设计图标草图

4.7.3 数字化呈现

草图绘制完成后，设计师就可以使用计算机软件将其进行数字化呈现了。常用的软件有Adobe Photoshop、Adobe Illustrator、Adobe XD和Sketch。

提示

设备操作系统对图标的要求是不相同的。因此，在开始制作前可以先下载一个模板，仔细研究后，再创建统一的尺寸和独有的色板，为图标制作做好准备。

设计师在制作过程中要合理地利用计算机软件的各种功能，例如合理利用符号和图案填充，存储通用的图层样式等。这样做既能提高工作效率，又能保证图标集中所有对象具有相同的效果，如图4–118所示。

图4-118 将图标草图数字化

4.7.4 确定最终效果

绘制完成所有图标后，还要对图标中一些共同的元素进行检查，例如图标尺寸是否正确、图标是否对齐、颜色是否匹配等。一旦所有的图标都完成了评审，就可以开始图标的最终测试。

应用程序的测试成员可以临时使用一个简陋的图标来测试程序。也就是说，图标对整个应用程序的开发来说并不太着急。但是尽早地将图标应用到应用程序的测试环节，有利于发现图标的不足，有更充足的时间进行改进。

4.7.5 命名并导出

完成图标设计后，要将它们保存。一个明确又容易理解的文件名不仅可以帮助设计师快速识别图标，还可以帮助设计师快速排列图标，以方便检查浏览。而且不同的操作平台对图标的命名都有不同的命名习惯和文件夹结构，这些内容都应该在最初的规范文档中有所体现，以避免由于混乱的名字造成不必要的麻烦。

提 示

为图标命名时，尽可能将图标的属性显示在文件中，例如图标的尺寸命名为icon-256px.ico；同时将不同格式的图标放在不同的文件夹中，以方便查找、使用。

4.8 本章小结

本章主要讲解了移动App项目中图标的设计方法和技巧。通过学习图标设计的基础知识，读者可以完成工具图标、装饰图标和启动图标的设计与制作。

通过对本章的学习，读者能够掌握移动App项目中图标设计的共同点和不同操作系统中图标的设计规范与要求，并能通过软件导出供不同尺寸设备使用的图片素材。

第5章 移动App的UI设计

本章将向读者讲解有关App界面的设计规范和设计技巧，内容包括常用的UI设计软件、移动UI字体规范、移动UI图片尺寸规范和移动App内容布局等。通过学习本章的知识内容，读者能够了解App界面的设计规范，还能够掌握App界面的设计方法。

本章德育目标：激发设计与创新、创造的活力。

5.1 移动UI的基本元素

在一款App界面中，最基本的元素包括图片、文字和图标。图片的作用主要是展示App项目的相关产品，文字的作用主要是对活动或产品进行介绍，图标的作用主要是提示信息与强调产品的重要特征。图5-1所示为由基本元素组成的App界面。

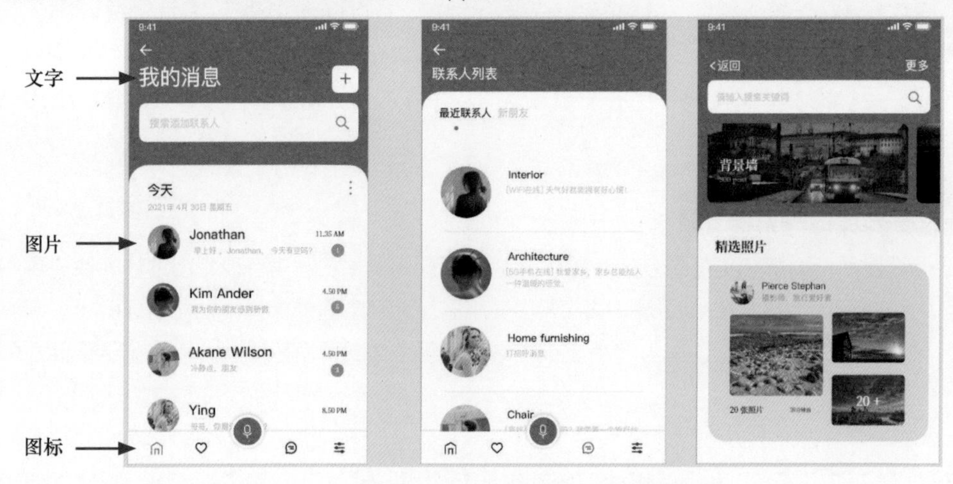

图5-1　由基本元素组成的App界面

5.2 常见的UI设计软件

在进行移动UI设计时，设计师会使用很多软件来完成界面的设计工作。下面对几款常用的软件进行介绍。

5.2.1 Adobe Photoshop

第4章介绍过，Adobe Photoshop是目前市面上使用率很高的图像处理与合成软件。使用其众多的编修与绘图工具，可以有效地进行App项目的UI设计工作。

Adobe Photoshop是UI设计中最常用的软件之一，新版本中增强了对移动UI设计的支持，使设计师在设计与制作移动UI时，使用更加流畅和便捷。图5-2所示为Adobe Photoshop CC的启动图标和工作界面。

图5-2　Adobe Photoshop CC的启动图标和工作界面

5.2.2　Sketch

Sketch是一款适用于所有设计师的矢量绘图软件。矢量绘图也是目前绘制网页、图标及UI设计的最好方式。除了矢量编辑的功能之外，Sketch还具有一些基本的位图工具，如模糊和色彩校正。

Sketch是专业的UI设计工具，它是一个有着出色UI设计功能的一站式应用软件，其让设计师对所需要的功能都能够触手可及。在Sketch中，画板是无限大小的，每个图层都支持多种填充模式，并且有便利的文字渲染和文本式样，还有一些文件导出工具。图5-3所示为Sketch的启动图标和欢迎界面。

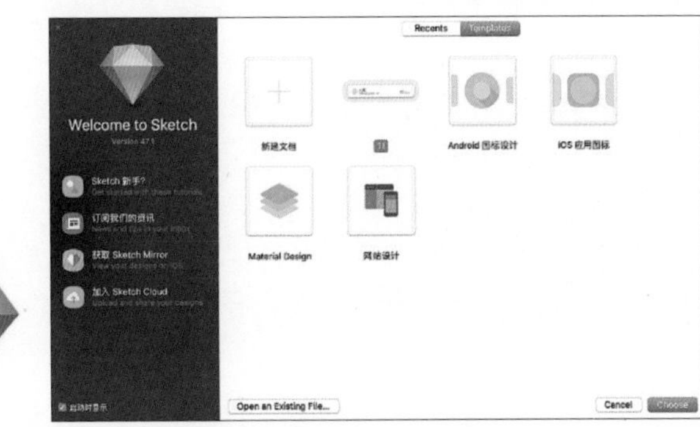

图5-3　Sketch的启动图标和欢迎界面

> **提示**
>
> Adobe Photoshop既可以在Windows操作系统中运行，也可以在macOS中运行。而Sketch是macOS独占软件，该软件必须在macOS下才能安装并正常使用。

5.2.3　Adobe XD

Adobe XD除了具有第2章提到的原型设计功能外，还是一款集UI设计和UX设计为一体的设计工具。也就是说，它不仅可以帮助UI和UX设计师快速构建移动端App和PC端网页的原型与UI设计，还包含线框图、UI设计、UX设计、动画制作、预览和共享等功能。图5-4所示为Adobe XD的启动图标和主页界面。

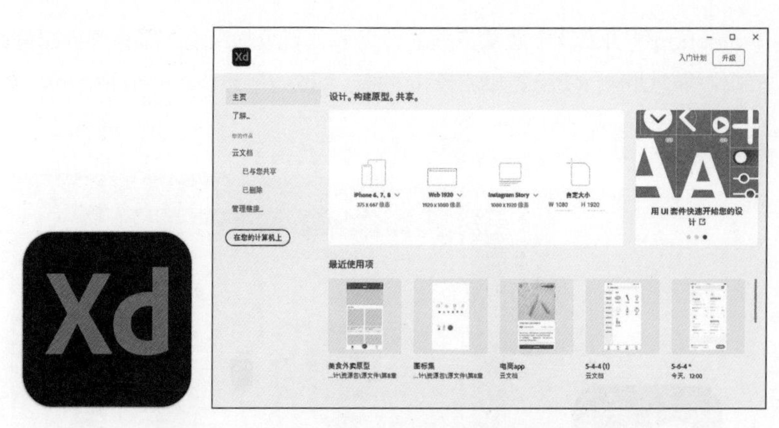

图5-4　Adobe XD的启动图标和主页界面

5.3 移动UI的设计基础

当设计师完成原型设计与图标组的制作后，就可以开始制作App项目的界面。App界面的风格要与图标的风格保持一致，即根据移动UI的尺寸和元素，确定App界面的整体布局。

5.3.1　iOS的开发单位

很多读者在开始学习iOS UI设计的时候，经常问的问题就是怎样设定App的分辨率和尺寸。要想弄清楚分辨率和尺寸的概念，首先要了解像素和分辨率的关系。

部分读者没有搞懂像素和分辨率的原因是没有弄明白英寸的概念。我们知道电视机有40英寸、55英寸和60英寸等，手机也有4.7英寸、5英寸等。很多人会把英寸误认为是一个面积单位，用英寸来表示一个面，也就是说把英寸看成了平方英寸。这会导致对分辨率产生完全不一样的认识。其实这里的英寸指的是屏幕对角线的长度，英寸实际上是一个长度单位，1英寸≈2.54厘米。图5-5所示为不同型号iPhone手机的屏幕尺寸。

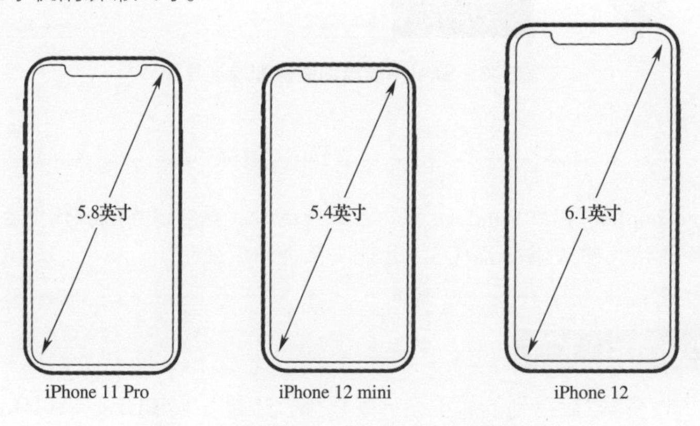

图5-5　不同型号iPhone手机的屏幕尺寸

分辨率分为ppi和dpi两种。

ppi：指的是每英寸所包含像素点的数量。

dpi：指的是每英寸所包含点的个数。

dpi和ppi的区别并不大，只是像素和点的区别。像素是UI设计的最小设计单位，点则是iOS开发的最小单位。对于dpi，读者只需了解即可；ppi 才是重要的概念。

提示

设计师日常所说的2倍图、3倍图就是指屏幕中一个点有2个像素或3个像素。一个设备究竟要使用2倍图还是3倍图，看ppi和dpi的比值就可以了。

5.3.2 iOS的界面尺寸规范

设计制作iOS App项目时，界面尺寸要符合iOS的要求。为了便于适配iOS的所有设备，我们要以iPhone 6的屏幕尺寸750px×1334px为基准。图5-6所示为iPhone 6界面尺寸和组件位置；图5-7所示为iPhone 6组件尺寸，其状态栏的高度为40px，导航栏的高度为88px，标签栏的高度为98px。

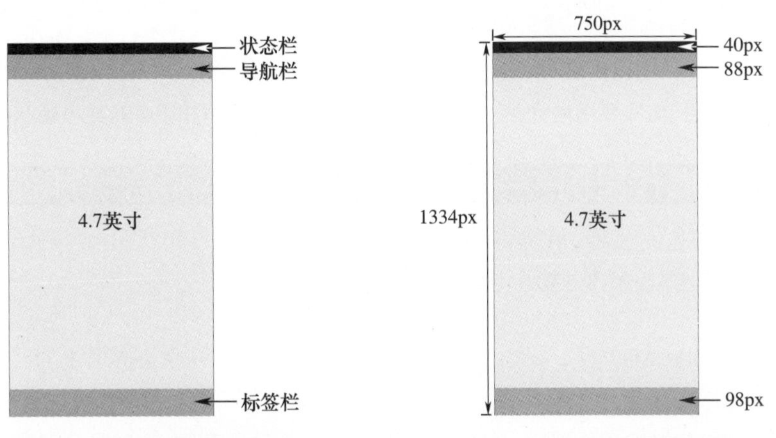

图5-6 iPhone 6界面尺寸和组件位置　　图5-7 iPhone 6组件尺寸

iOS设备有iPhone SE（4英寸）、iPhone 6s/7/8（4.7英寸）、iPhone 6s/7/8 Plus（5.5英寸）、iPhone X/11 Pro（5.8英寸）、iPhone XR/11/12（6.1英寸）、iPhone XS Max/11 Pro Max（6.5英寸）、iPhone 12 mini（5.4英寸）和iPhone 12 Pro Max（6.7英寸）等。图5-8所示为iOS设备的屏幕尺寸。

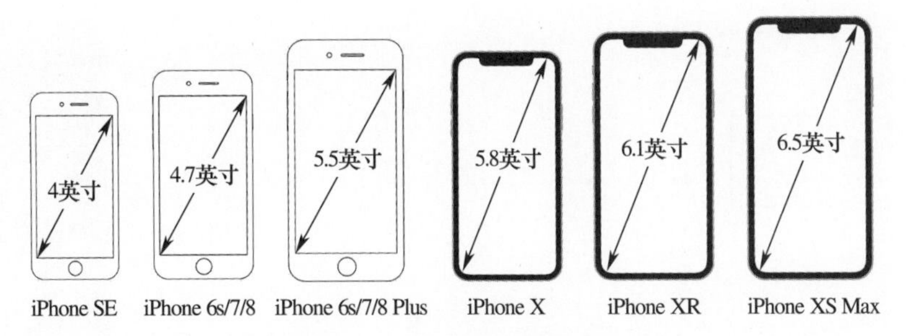

图5-8 iOS设备的屏幕尺寸

这些设备的屏幕尺寸各不相同，其中iPhone 6s/7/8 Plus、iPhone X、iPhone XR和iPhone X/XS/11 Pro、iPhone XS Max/11 Pro Max、iPhone 12/12 Pro和iPhone 12 Pro Max采用的都是3倍率的分辨率，其他都是采用的2倍率的分辨率。

我们可以简单地理解为：在3倍率情况下，1pt=3px；在2倍率情况下，1pt=2px。不同设备的设计像素、开发像素和倍率如表5-1所示。

表5-1 不同设备的设计像素、开发像素和倍率

机型	设计像素	开发像素	倍率
iPhone SE	640px × 960 px	320pt × 480pt	@2x
iPhone 5/5s/5c	640px × 1136 px	320pt × 568pt	@2x
iPhone 6/6s/7/8	750px × 1334 px	375pt × 667pt	@2x
iPhone 6/6s/7/8 Plus	1242px × 2208 px	414pt × 736pt	@3x
iPhone X/XS/11 Pro	1125px × 2436 px	375pt × 812pt	@3x
iPhone XR/11	828px × 1792px	414pt × 896pt	@2x
iPhone XS Max/11 Pro Max	1242px × 2688px	414pt × 896pt	@3x
iPhone 12/12 Pro/13 Pro	1170px × 2532px	390pt × 844pt	@3x
iPhone 12 Pro Max/13 Pro Max	1284px × 2778px	428pt × 926pt	@3x

无论是栏高度还是应用图标，设计师提供给开发者的切片大小，前者始终是后者的1.5倍，并分别以@3x和@2x在文件名结尾命名，程序根据不同分辨率自动加载@3x或者@2x的切片。

5.3.3 操作案例——设计与制作iOS App启动界面

源文件：资源包\源文件\第5章\5-3-3.xd

视　频：资源包\视频\第5章\5-3-3.mp4

（1）启动Adobe XD软件，弹出Adobe XD的主页界面，单击主页界面中的“iPhone 6、7、8”预设选项，如图5-9所示。

（2）进入Adobe XD工作界面，双击画板名称，将其重命名为“网盘App启动界面”，完成后在工作区域中的空白处单击确认操作；单击“属性”面板中“填充”前面的色块，在弹出的“拾色器”对话框中设置填充颜色，界面背景如图5-10所示。

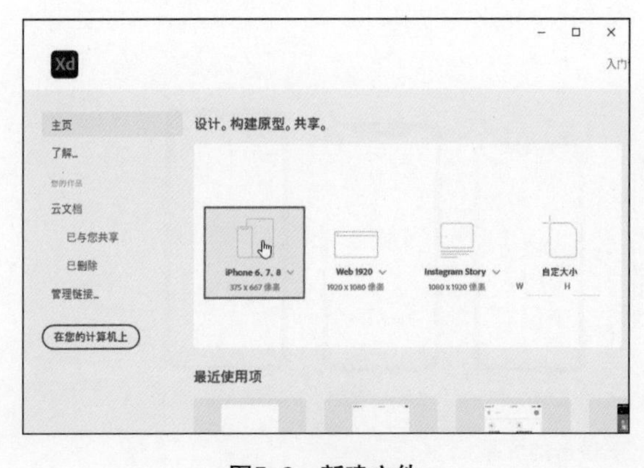

图5-9 新建文件

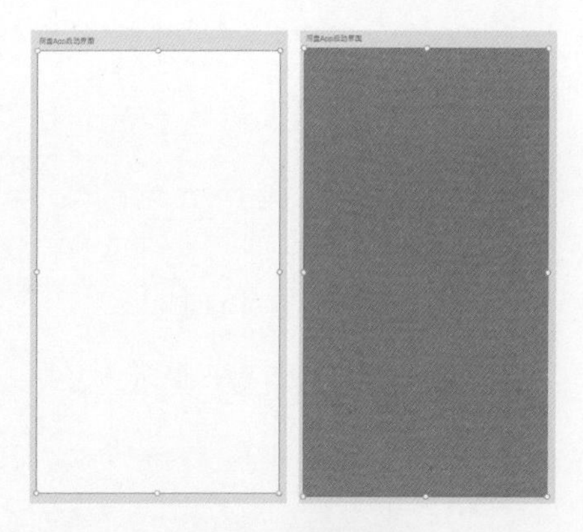

图5-10 界面背景

（3）选择工具栏中的“椭圆”工具，在画板中按住鼠标左键并拖曳绘制1个圆，效果如图5-11所示。在工作界面右侧的“属性”面板中，设置圆的不透明度、填充颜色、阴影和背景模糊等参数，各项参数设置和圆的效果如图5-12所示。

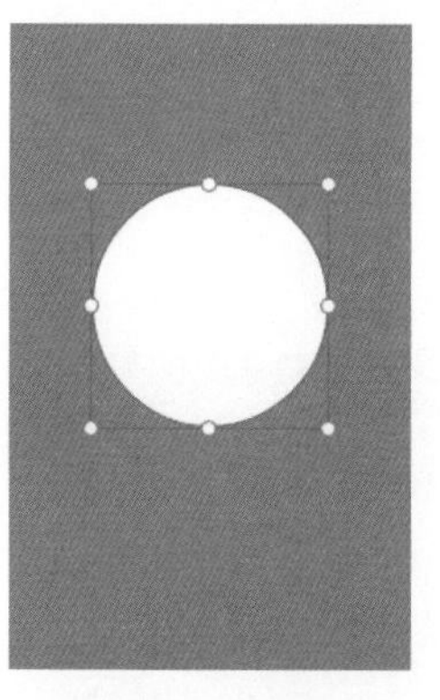

图5-11　绘制圆

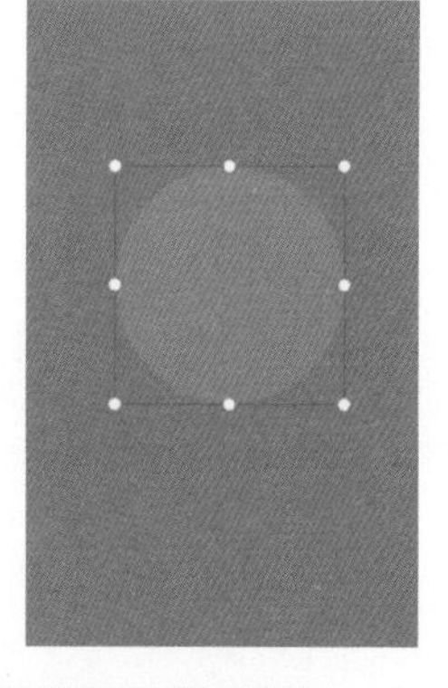

图5-12　各项参数设置和圆的效果

提示

读者使用“矩形”工具和“椭圆”工具绘制图形时，按住【Shift】键不放的同时按住鼠标左键向任意方向拖曳，即可创建出正方形图形和圆形图形。

（4）使用步骤（3）的绘制方法，在画板上绘制多个不同大小的半透明模糊圆形，丰富界面背景，效果如图5-13所示。使用“椭圆”工具在画板中绘制1个白色圆形，圆的大小如图5-14所示。

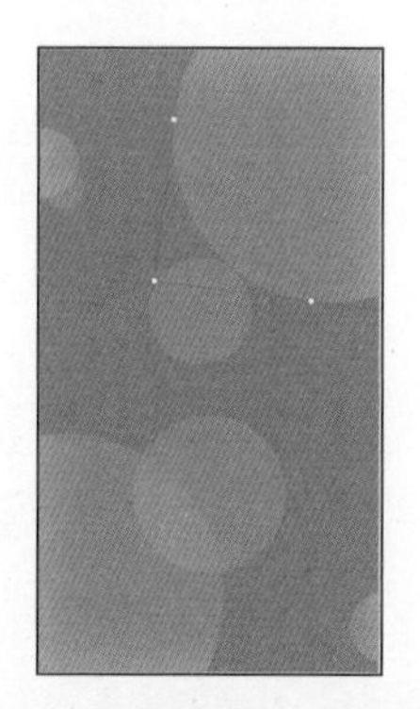

图5-13　绘制多个半透明圆

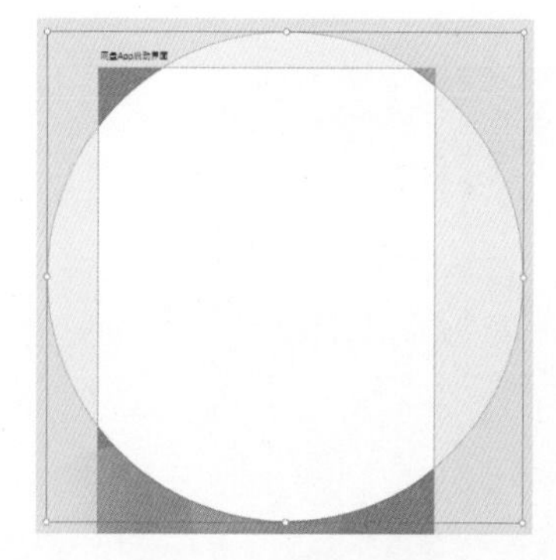

图5-14　绘制1个圆

（5）在“属性”面板中设置圆的不透明度、填充颜色和对象模糊选项，各项参数的设置和圆形效果如图5-15所示。使用步骤（4）、步骤（5）的绘制方法，在画板中绘制多个圆形，丰富界面背景，效果如图5-16所示。

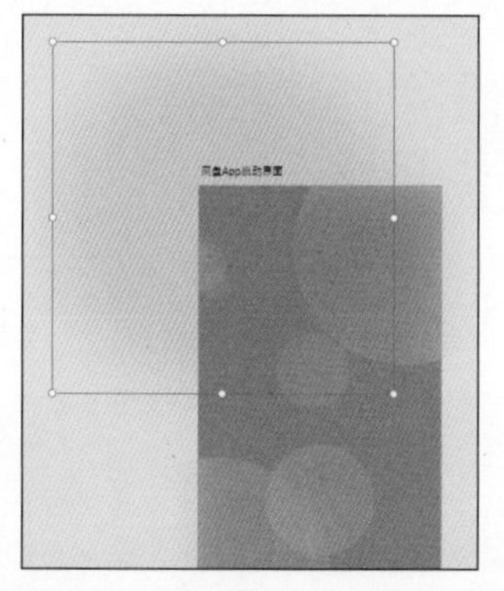

图5-15　各项参数设置和圆形效果

图5-16　绘制多个圆

（6）打开“图层”面板，选择所有图层后右击，在弹出的快捷菜单中选择“组”选项，将选中的图层编组并重命名为“背景 圆”，“图层”面板如图5-17所示。

（7）选择工具栏中的“矩形”工具，在画板中按住鼠标左键并拖曳创建1个矩形，在“属性”面板中设置不透明度、圆角半径、填充颜色和背景模糊选项，各项参数和形状效果如图5-18所示。

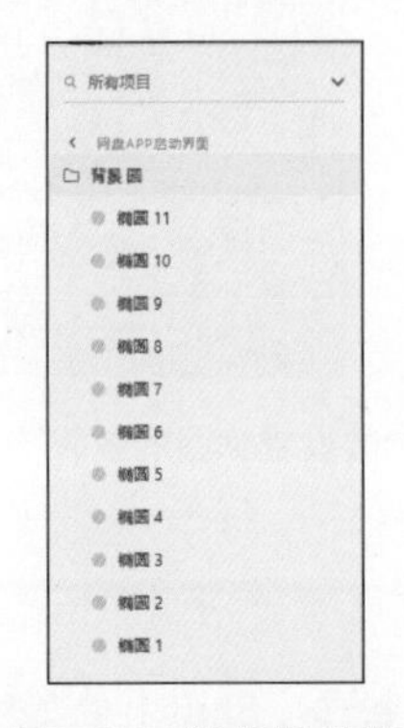

图5-17 “图层”面板

图5-18 各项参数和形状效果

（8）保持圆角矩形的选中状态，单击“选择”工具，按住【Alt】键和鼠标左键向下拖曳，可以复制圆角矩形，旋转圆角矩形的角度；同时选择2个圆角矩形，单击“属性”面板顶部的“联合”按钮，效果如图5-19所示。选择联合形状，按住【Alt】键和鼠标左键不放向下拖曳，得到另一个联合形状，界面背景如图5-20所示。

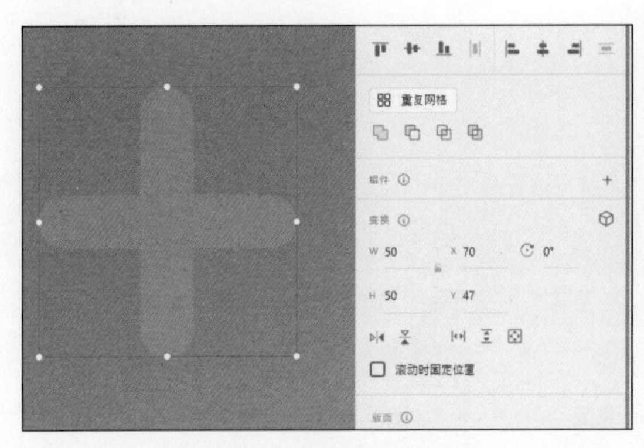

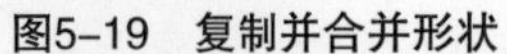

图5-19 复制并合并形状

图5-20 界面背景

（9）使用“椭圆”工具在画板中绘制1个圆，并设置边界颜色。使用“矩形”工具在画板中绘制1个圆角矩形，在“属性”面板中设置参数，各项参数和形状效果如图5-21所示。使用“矩形”工具和“多边形”工具在画板中绘制图片和进度条图形，效果如图5-22所示。

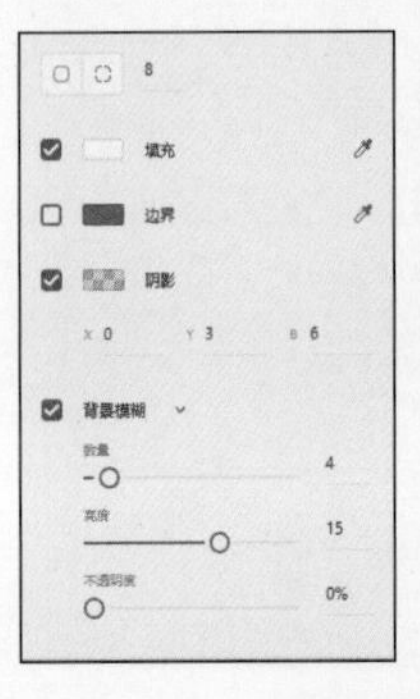

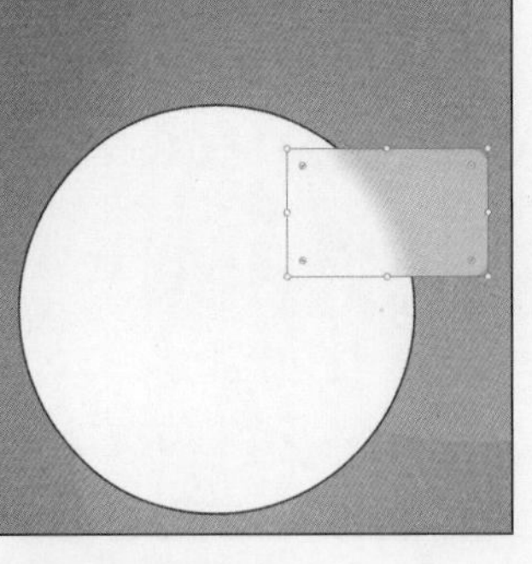

图5-21 绘制1个圆角矩形

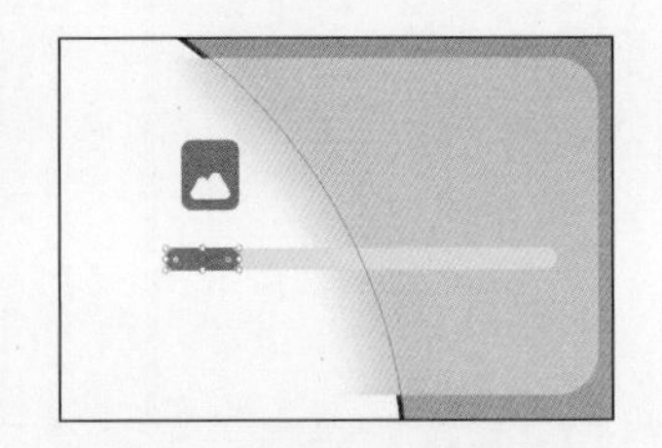

图5-22 绘制图片和进度条

（10）选择工具栏中的“文本”工具，在画板中单击插入输入点，输入文本内容，文本效果如图5-23所示。使用步骤（7）～步骤（10）的绘制方法，完成相似内容的绘制，效果如图5-24所示。

图5-23　添加文本内容

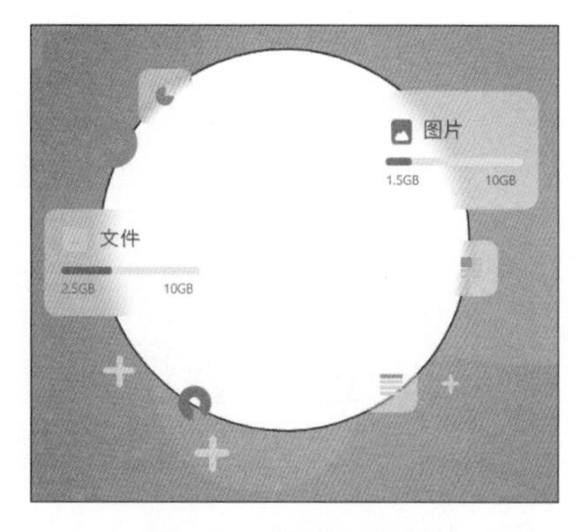

图5-24　绘制相似内容

（11）在画板中选择边界为紫色的底板圆形，执行“编辑>拷贝”命令，然后执行“编辑>粘贴”命令，复制底板圆形；将文件夹中的“63301.png”图片拖曳到画板中，图片效果如图5-25所示。同时选择底板圆形和图片并右击，在弹出的快捷菜单中选择“带有形状的蒙版”选项，创建形状蒙版，向上移动蒙版位置，效果如图5-26所示。

图5-25　复制圆形并添加图片

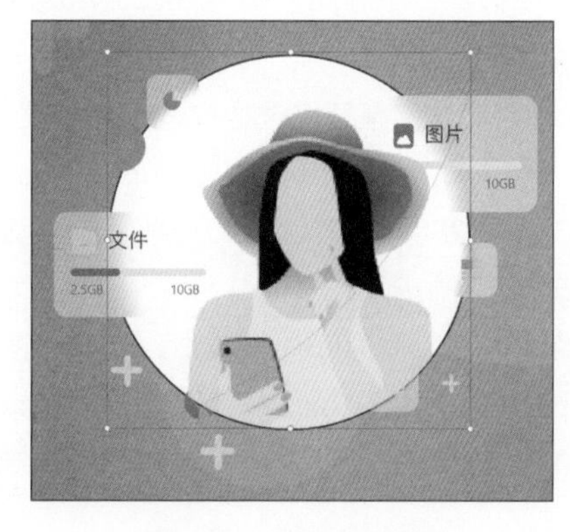

图5-26　创建形状蒙版

（12）使用“文本”工具在画板中输入文本内容，为App的启动界面添加广告文本，效果如图5-27所示。使用“矩形”工具在画板中绘制3个圆角矩形，并在“属性”面板中设置圆角矩形的各项参数，形状效果如图5-28所示。

图5-27　添加广告文本

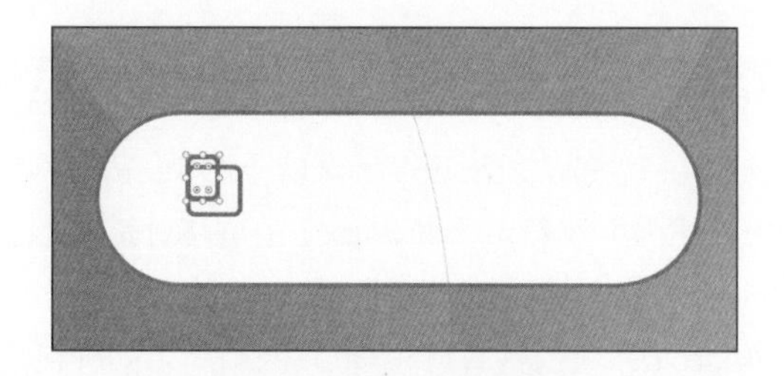

图5-28　绘制3个圆角矩形

（13）同时选择2个面积较小的圆角矩形，单击“属性”面板顶部的“联合”按钮，将2个形状合并；使用“直线”工具在画板中绘制直线，效果如图5-29所示。

（14）使用“文本”工具在画板中输入按钮的说明文本，并在“属性”面板中设置各项参数；添加完成后，网盘App的启动界面绘制完成，效果如图5-30所示。

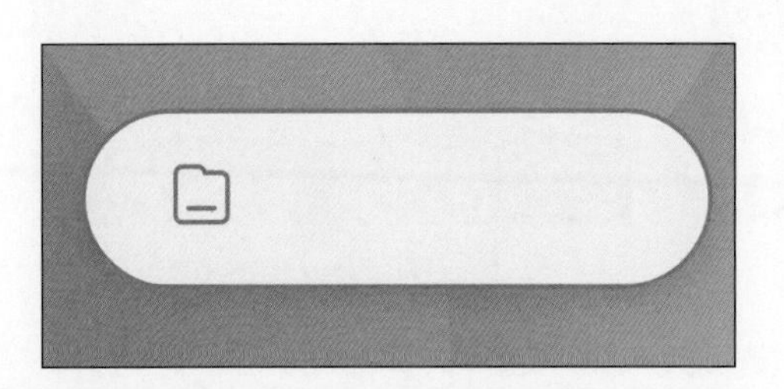

图5-29　合并形状并绘制直线

图5-30　启动界面

5.3.4　Android系统的开发单位

为了方便计算，Google公司为Android系统独立开发了开发单位，如长度单位dp和字体单位sp。

1. 长度单位dp

dp即dip，它是安卓开发过程中使用的长度单位。dp会随着屏幕不同而改变控件长度的像素数量。在屏幕像素点密度为160ppi时，1dp等于1px。转换计算公式：dp×dpi/160=px。

以720px×1280px（320dpi）为例，1dp×320/160=2px，所以计算得到1dp=2px。

2. 字体单位sp

sp是字体单位，同时sp与dp类似，可以根据用户的字体大小首选项进行缩放。在屏幕像素点密度为160ppi时，1sp等于1px。转换计算公式：sp×dpi/160=px。

以720px×1280px（320dpi）为例，1sp×320/160=2px，所以计算得到1sp=2px。

提 示

在设计Android系统App的UI项目时，大部分设计师为了方便与统一，仍然会使用px和pt作为开发单位。

5.3.5　Android系统的界面尺寸规范

Android设备的发展速度远远快于iOS设备，例如三星Galaxy S21（2400px×1080px）和华为Mate 40 Pro（2772px×1334px）的屏幕分辨率都达到了XXHDPI。本小节中的Android系统界面采用1080px×1920px的尺寸进行设计，界面尺寸及组件位置如图5-31所示。

Android系统的基本组件与iOS的相同，同样包括状态栏、导航栏和标签栏。不同的设备，组件的高度也不相同。一般情况下，Android系统采用的UI设计尺寸1080px×1920px所对应状态栏高度为60px、导航栏高度为144px、标签栏高度为150px，如图5-32所示。

图5-31　Android系统的UI设计尺寸及组件位置

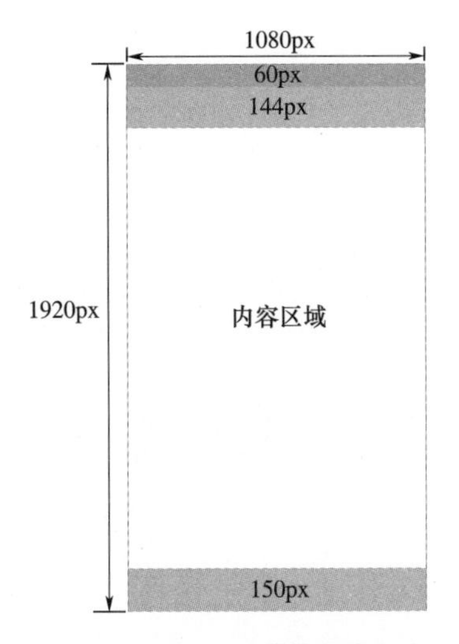

图5-32　Android系统的组件尺寸

5.3.6　操作案例——设计与制作Android系统App界面

源文件：资源包\源文件\第5章\5-3-6.psd

视　频：资源包\视频\第5章\5-3-6.mp4

（1）启动Adobe Photoshop CC软件，执行“文件>新建”命令，弹出“新建文档”对话框，参数设置如图5-33所示。设置完成后，单击对话框右下角的“创建”按钮，进入软件的工作界面。

（2）打开“图层”面板，修改画板名称。按【Ctrl+R】组合键调出标尺，使用工具箱中的“选择工具”，将鼠标指针置于标尺处，按住鼠标左键并向下或向右拖曳，创建5条参考线，App界面的基础布局如图5-34所示。

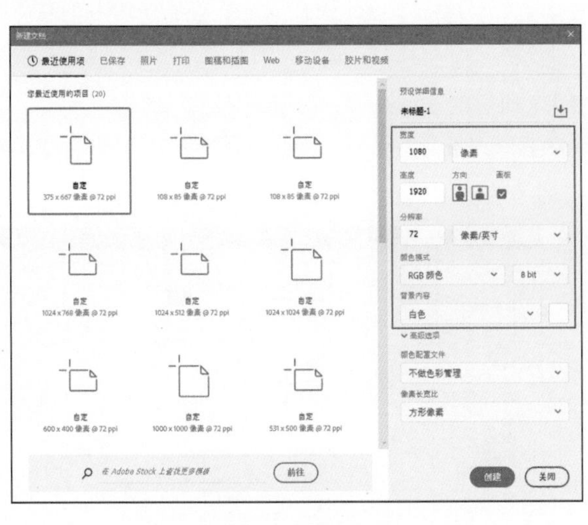

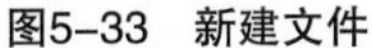

图5-33　新建文件

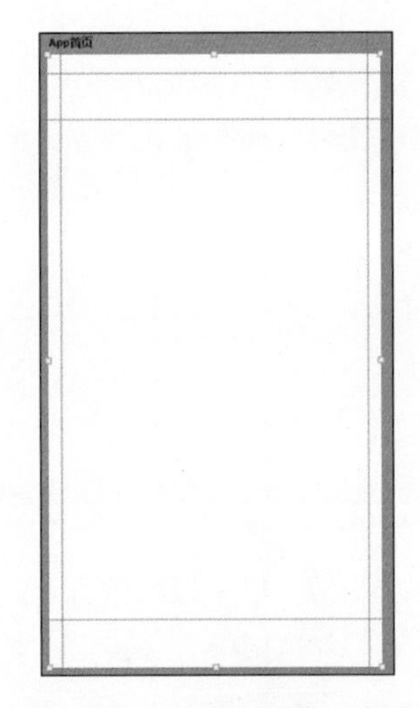

图5-34　App界面的基础布局

（3）使用工具箱中的“矩形工具”，在画板左上角按住鼠标左键并拖曳创建任意颜色的矩形，制作Banner广告的底板，效果如图5-35所示。

（4）执行“文件>打开”命令，弹出“打开”对话框，选择素材图像“53601.jpg”，单击对话框右下角的“打开”按钮，使用“移动工具”将图像拖曳到设计文档中，如图5-36所示。

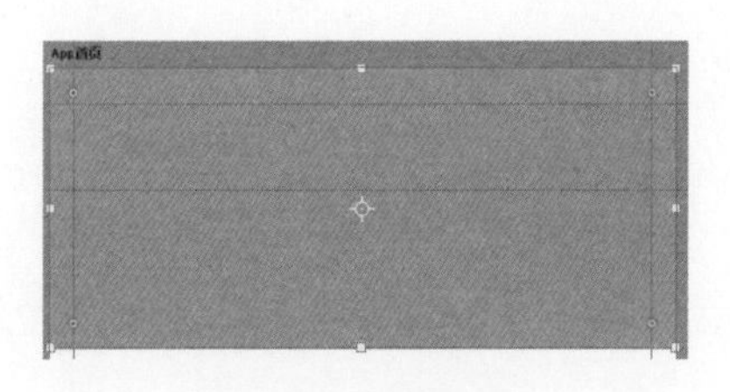

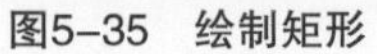

图5-35　绘制矩形　　　　图5-36　打开并移动图像

（5）按【Ctrl+R】组合键调出定界框，按住【Shift】键的同时使用“移动工具”拖曳定界框，可以等比例放大图像，效果如图5-37所示。调整完成后，按【Enter】键确认操作。执行“图层>创建剪贴蒙版”命令，“图层”面板如图5-38所示。

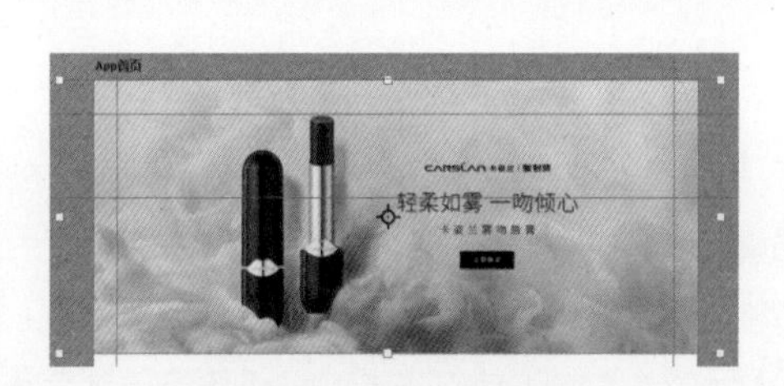

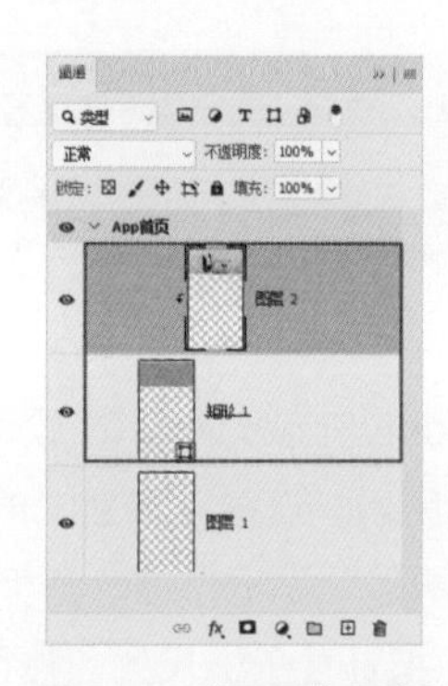

图5-37　等比例放大图像　　　　图5-38　“图层”面板

（6）打开名为“状态栏.png”的图像，使用“移动工具”将其拖曳到设计文档中，摆放到合适位置，效果如图5-39所示。

（7）使用“矩形工具”在画板中绘制1个白色的圆角矩形，打开“图层”面板，单击面板底部的“添加图层样式”按钮，在弹出的菜单中选择“投影”选项，弹出“图层样式”对话框，参数设置如图5-40所示。

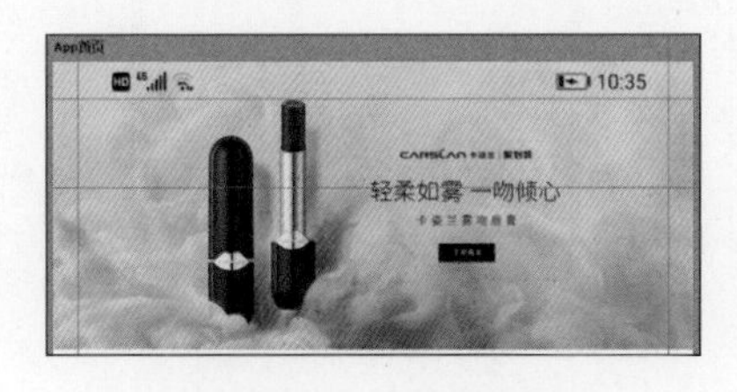

图5-39　打开并移动图像　　　　图5-40　设置参数

（8）设置完成后，单击对话框右上角的“确定”按钮确认操作，圆角矩形的效果如图5-41所示。使用“椭圆工具”在画板中绘制黑色圆环，并使用“直线工具”在画板中绘制倾斜的直线，调整形状的大小和位置，搜索图标的效果如图5-42所示。

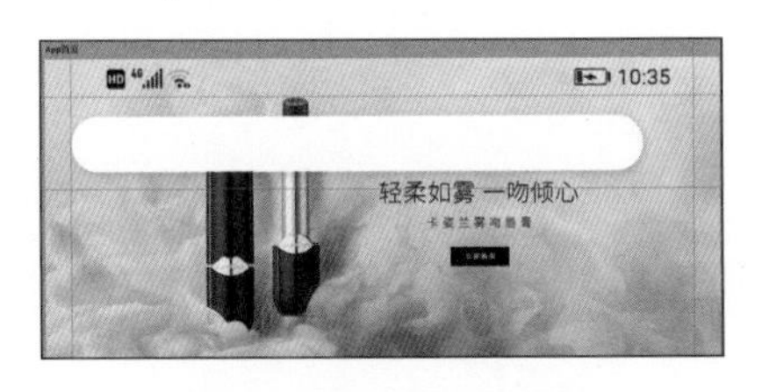

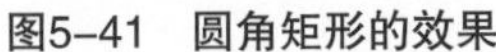

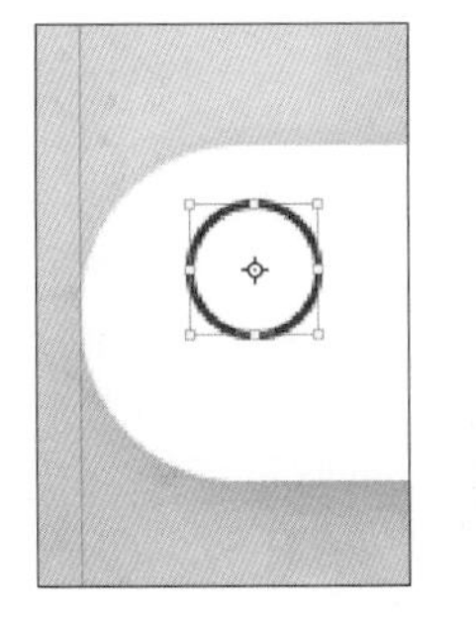

图5-41　圆角矩形的效果

图5-42　绘制搜索图标

（9）使用“矩形工具”在画板中绘制1个圆角矩形，设置填充为无，描边设置为白色；使用“直线工具”在画板中绘制3条直线，图形效果如图5-43所示。

（10）使用工具箱中的“钢笔工具”，在画板中单击绘制对钩形状，完成后单击工具箱中的其他工具确认操作，单击“钢笔工具”选项栏中的“描边设置”选项，弹出“描边选项”面板，设置各项参数，日期图标的效果如图5-44所示。

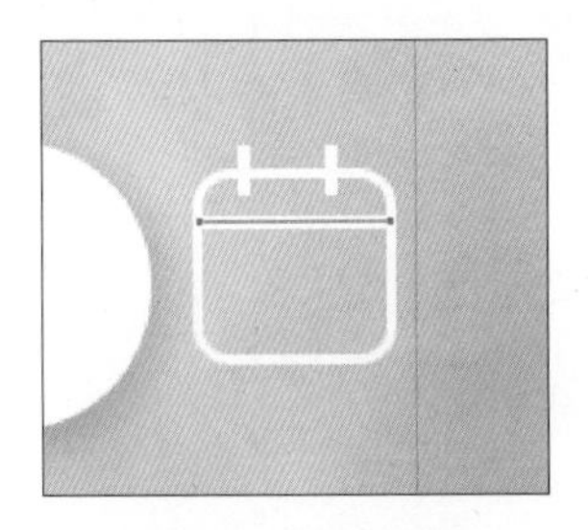

图5-43　图形效果

图5-44　日期图标的效果

（11）使用“椭圆工具”在画板中绘制3个圆形，并在“属性”面板中逐一为圆形设置填充颜色，设置完成后调整后面2个圆形的不透明度，控件元素的效果如图5-45所示。

（12）连续打开多个功能图标的素材图像，使用“移动工具”将其逐一拖曳到设计文档中。选择多个功能图标，使用“移动工具”选项栏上相应的排列与分布按钮，调整功能图标的间距和对齐位置，图标效果如图5-46所示。

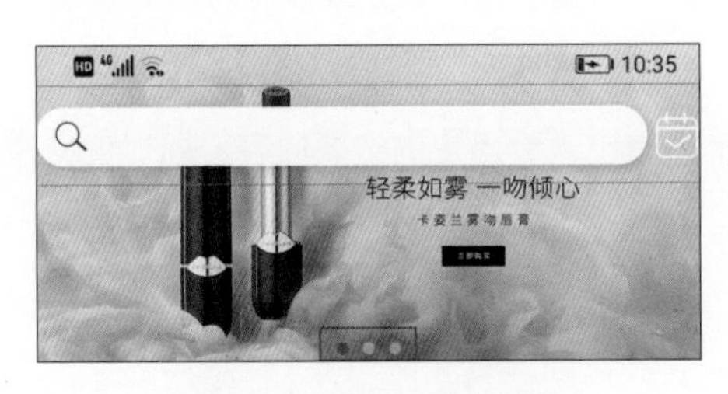

图5-45　控件元素的效果

图5-46　图标效果

（13）使用工具箱中的“横排文字工具”，打开“字符”面板，设置各项字符参数，如图5-47所示。使用“横排文字工具”在画板中单击插入输入点，输入功能图标的说明文字，效果如图5-48所示。

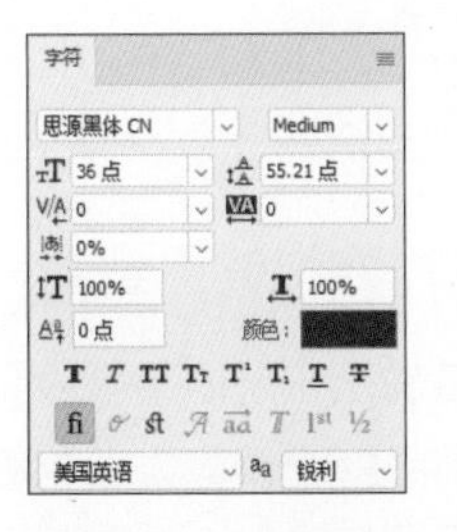

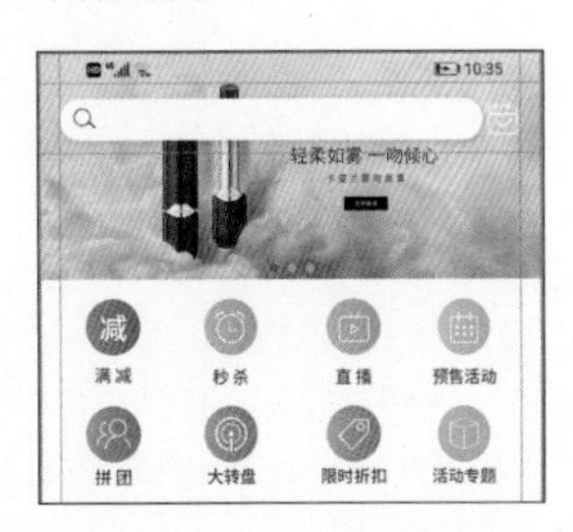

图5-47　各项参数

图5-48　输入文字内容

提示

在移动App的UI项目工作流程中，设计师可以将App界面的图标集进行单独的制作并输出，所以本案例中为了控制篇幅，App界面中的所有功能图标不再讲解详细制作方法和步骤，同时采用已经制作完成并输出的切图资源来展示视觉效果。

（14）使用“矩形工具”在画板中绘制1个浅灰色的矩形，完成App界面内容间距的制作，间距效果如图5-49所示。

（15）使用步骤（3）～步骤（14）的绘制方法，完成App界面中爆款拼团部分的内容制作。完成后美妆App的首页界面如图5-50所示。

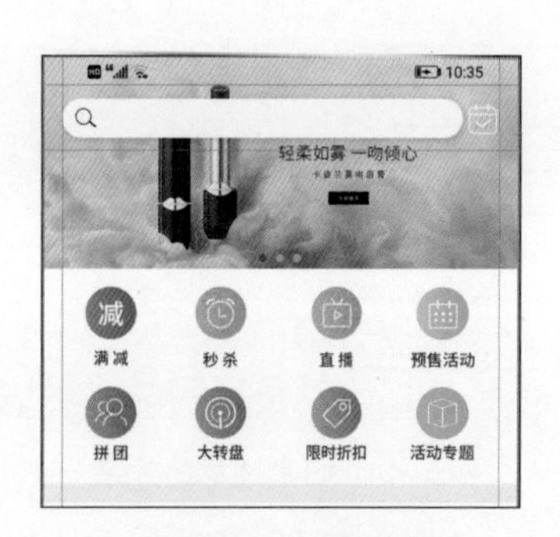

图5-49 间距效果

图5-50 首页界面

5.4 移动UI的字体规范

文字是App的UI设计中核心元素之一，它是产品传达给用户的主要内容，所以说文字在App的UI设计中是非常重要的。

5.4.1 iOS字体规范

设计iOS App界面时，文字的字体如何选择、字号如何设定、是否加粗、颜色如何设置都包含在接下来要讲解的规范中。下面是官方规定的iOS App界面文本字体。

（1）中文字体：PingFang SC。

（2）英文字体：SF UI Text 、SF UI Display。

在一款iOS的App界面中，字号的范围一般为10pt～28pt（@2x），iOS 11中出现了大标题的设计，其字体大小已经超出了28pt，所以字号的大小也可以根据产品的属性酌情设定。还需要注意的一点是，所有的字号设置都必须为偶数，上下级内容字号极差关系为2pt～4pt。在750px×1334px的分辨率下，各部分文本的字号规范如表5-2所示。

表5-2　各部分文本的字号规范

元素	字重	字号	行距	字间距
标题1	Light	28pt	34pt	12pt
标题2	Regular	22pt	28pt	16pt
标题3	Regular	20pt	24pt	18pt
大标题	Semi-Bold	18pt	22pt	-24pt
内容	Regular	18pt	22pt	-24pt
序号	Regular	16pt	20pt	-20pt
小标题	Regular	16pt	20pt	-16pt
补充说明	Regular	14pt	18pt	-6pt
辅助性文字1	Regular	12pt	16pt	0pt
辅助性文字2	Regular	10pt	12pt	6pt

在iOS App界面中，很少使用纯黑色作为字体的颜色，大多数情况都使用深灰色和浅灰色、细体和粗体，以此来区分重要信息和次要信息。

提示

注意要用字体本身的字重进行信息层级的划分。不能使用设计软件中的字体加粗功能进行层级划分，否则容易在共享和团队设计的过程中丢失信息层级。

5.4.2　操作案例——设计与制作iOS App登录界面

源文件：资源包\源文件\第5章\5-4-2.psd

视　频：资源包\视频\第5章\5-4-2.mp4

（1）启动Adobe Photoshop CC软件，执行“文件>新建”命令，弹出“新建文档”对话框，参数设置如图5-51所示。

（2）设置完成后，单击对话框右下角的“创建”按钮，进入软件的工作界面；按【Ctrl+R】组合键调出标尺，使用工具箱中的“移动工具”，将鼠标指针置于标尺处，按住鼠标左键并向下或向右拖曳，创建4条参考线，App界面的基础布局如图5-52所示。

（3）使用工具箱中的“椭圆工具”，在画板中按住鼠标左键并拖曳创建圆形，打开“属性”面板，设置圆形的填充颜色，摆放在App界面的右上角，效果如图5-53所示。使用“椭圆工具”在画板中绘制圆形，调整圆形的层叠顺序，如图5-54所示。

（4）打开“字符”面板，各项字符参数设置如图5-55所示。使用工具箱中的“横排文字工具”，在画板中单击插入输入点，输入文本内容，文本效果如图5-56所示。

（5）使用“横排文字工具”在画板中输入文字内容，文本效果如图5-57所示。使用工具箱中的“矩形工具”，在画板中按住鼠标左键并拖曳创建圆角矩形，输入框效果如图5-58所示。

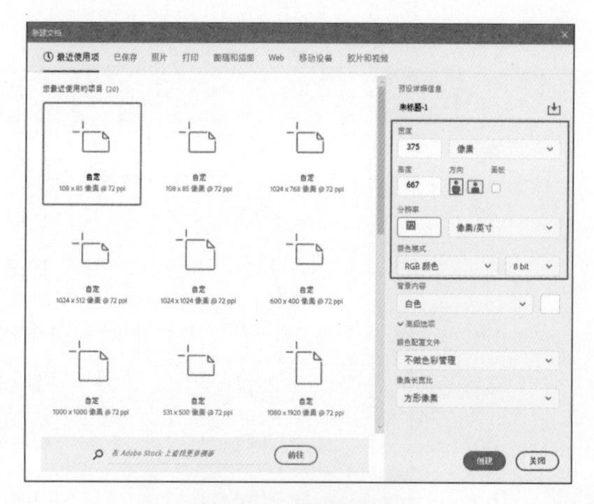

图5-51　新建文档

图5-52　App界面的基础布局

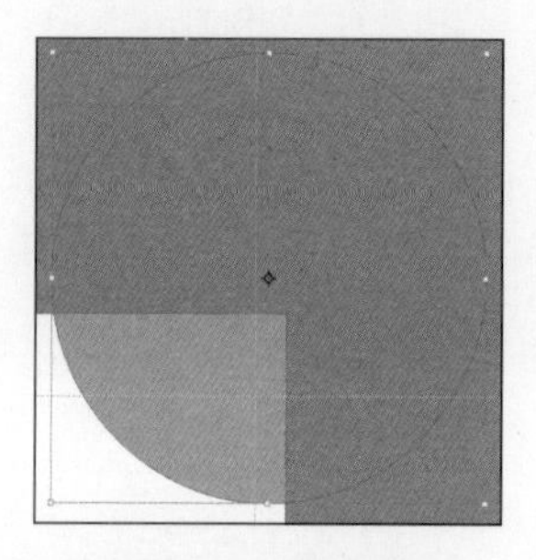

图5-53　绘制圆形

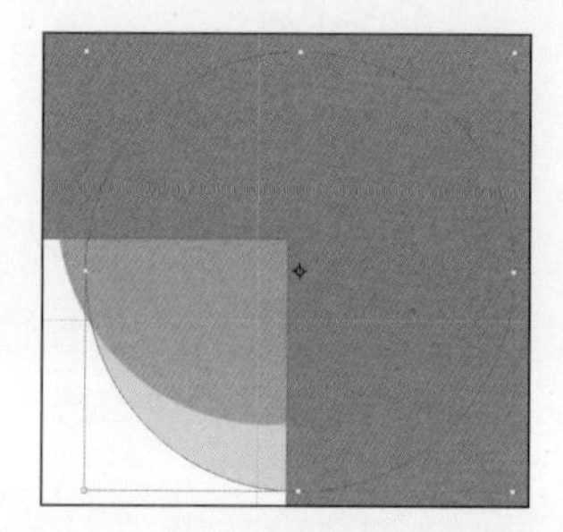

图5-54　绘制圆形并调整顺序

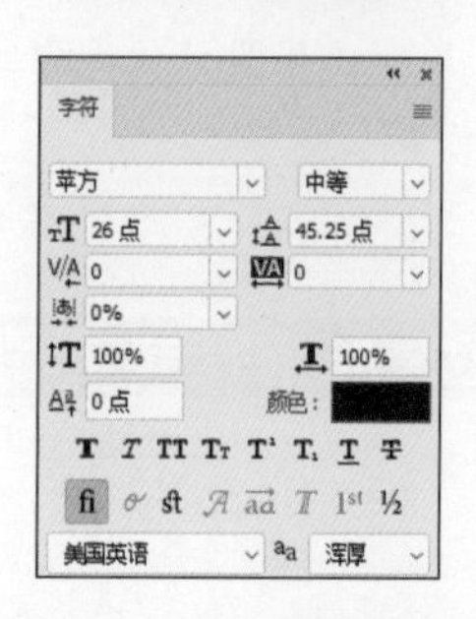

图5-55　各项参数设置

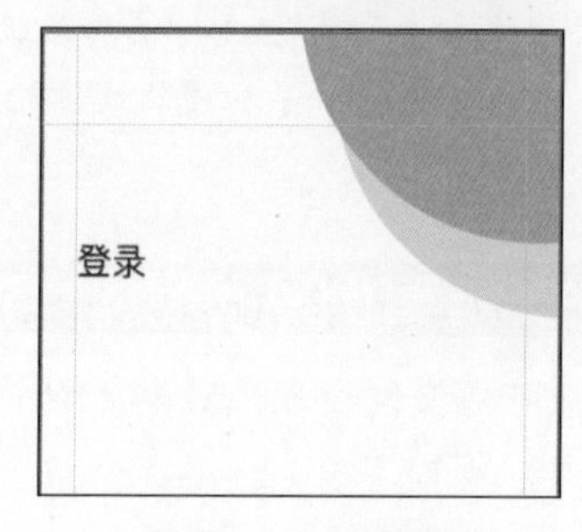

图5-56　文本效果

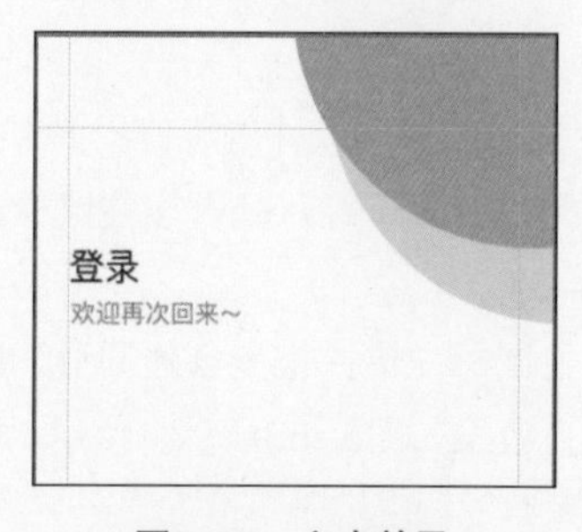

图5-57　文本效果

图5-58　文本框效果

（6）使用“矩形工具”在画板中绘制1个圆角矩形，打开“属性”面板，设置填色、描边和圆角半径等参数，各项参数和形状效果如图5-59所示。

（7）保持圆角矩形的选中状态，按住【Alt】键和鼠标左键不放的同时使用“移动工具”拖曳复制圆角矩形，调整圆角矩形的描边颜色，效果如图5-60所示。

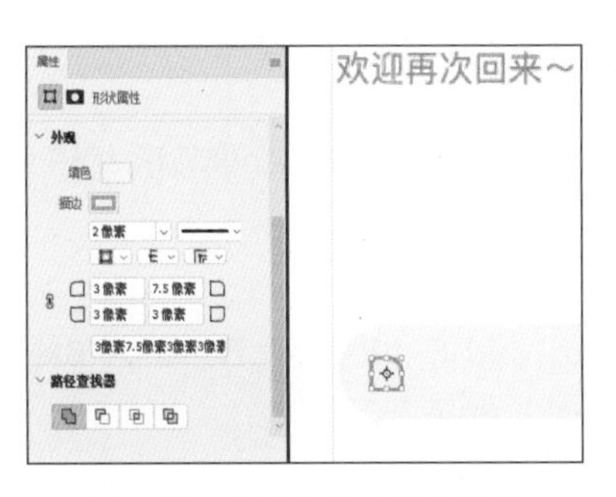

图5-59　各项参数和形状效果

图5-60　圆角矩形效果

（8）使用“钢笔工具”在画板中绘制下拉图标，使用“横排文字工具”在画板中输入文字内容，用户名输入框的效果如图5-61所示。

（9）使用“矩形工具”在画板中绘制1个圆角矩形，在“属性”面板中设置圆角半径值；使用“矩形工具”在画板中再绘制1个圆角矩形，调整层叠顺序，各项参数和图形效果如图5-62所示。

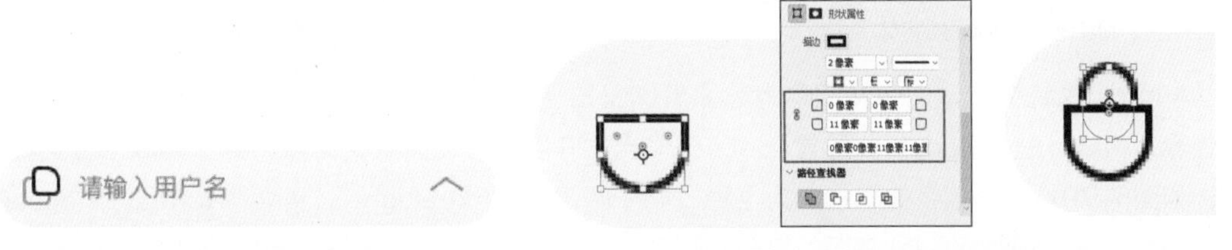

图5-61　用户名输入框的效果　　　　图5-62　各项参数和图形效果

（10）使用“直线工具”在画板中绘制2条直线，旋转直线的角度，并将其摆放在合适的位置，图形效果如图5-63所示。

（11）使用“钢笔工具”和“椭圆工具”在画板中绘制不规则形状和圆环，图标的效果如图5-64所示。使用“横排文字工具”在画板中输入文本内容，密码输入框的效果如图5-65所示。

图5-63　图形效果　　图5-64　图标效果　　图5-65　密码输入框的效果

（12）使用“矩形工具”在画板中绘制1个圆角矩形，使用“横排文字工具”在画板中输入文本内容，“登录”按钮效果如图5-66所示。按钮绘制完成后，网盘App的登录界面效果如图5-67所示。

图5-66　“登录”按钮效果

图5-67　App登录界面

提 示

本案例为设计与制作一款iOS的App登录界面。为了符合iOS的UI字体规范，案例中的所有文本都使用“苹方”的字体类型。

5.4.3 Android系统字体规范

为了追求更好的视觉效果、提高用户体验，Google公司对Android系统中文本的字体和字号使用有着严格的规定。

1. 字体

Android系统中默认的英文字体为Roboto，如图5-68所示。Roboto有6种字形，分别是Thin、Light、Black、Medium、Bold和Regular，如图5-69所示。

Android Text

图5-68 Roboto字体

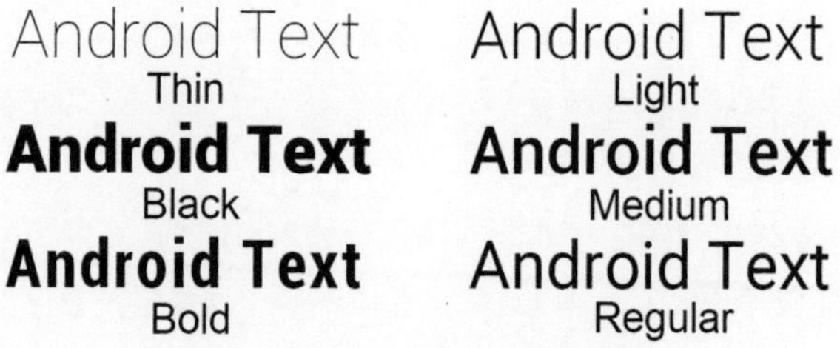

Android Text
Thin
Android Text
Light
Android Text
Black
Android Text
Medium
Android Text
Bold
Android Text
Regular

图5-69 Roboto字体的6种字形

Android系统中默认的中文字体为思源黑体CN，英文名称为Source Han Sans。这种字体与微软雅黑很像，是由Google公司与Adobe公司合作开发的，支持中文简体、中文繁体、日文和韩文，如图5-70所示。该字体字形较为平稳，利于阅读，有ExtraLight、Light、Normal、Regular、Medium、Bold 和Heavy 7种不同的字形，能够充分满足不同场景下的设计需求，如图5-71所示。

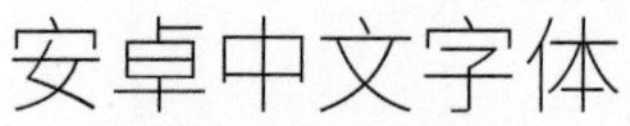

安卓中文字体

图5-70 思源黑体

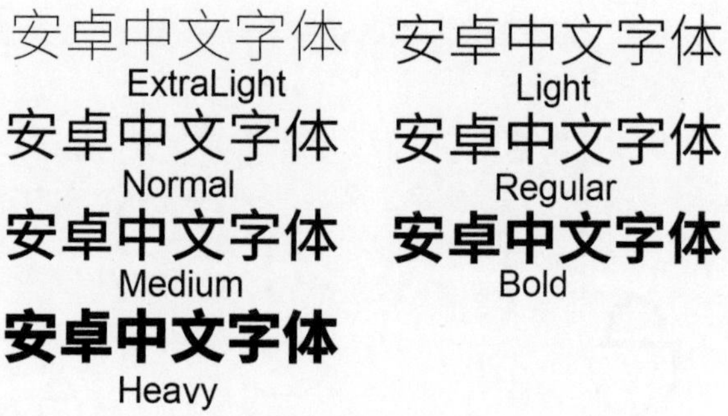

安卓中文字体
ExtraLight
安卓中文字体
Light
安卓中文字体
Normal
安卓中文字体
Regular
安卓中文字体
Medium
安卓中文字体
Bold
安卓中文字体
Heavy

图5-71 思源黑体的7种字形

2. 字号

Android系统UI设计中的字号大小与iOS中的字号大小差不多，设计时不需要特意改动，保持一致即可。在1080px × 1920px的分辨率下，各部分文本的使用规范如表5-3所示。

表5-3 各部分文本的使用规范

导航栏标题	常规按钮	内容区域	特殊情况
52px	48px～54px	36px～42px	不限

5.4.4 操作案例——设计与制作Android系统App分类界面

源文件：资源包\源文件\第5章\5-4-4.psd

视　频：资源包\视频\第5章\5-4-4.mp4

（1）执行“文件>打开”命令，打开名为“5-4-4.psd”的文件。使用工具箱中的“移动工

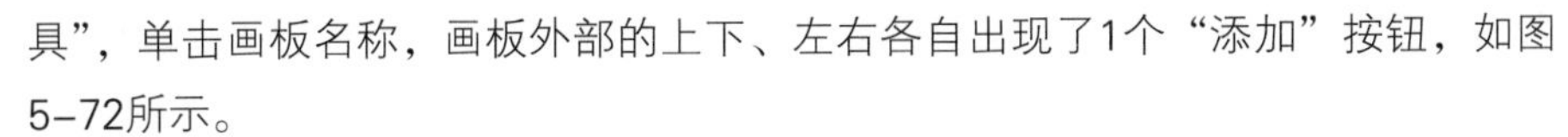

具”，单击画板名称，画板外部的上下、左右各自出现了1个“添加”按钮，如图5-72所示。

（2）单击画板左侧的“添加”按钮，软件会在画板左侧创建1个相同尺寸的画板。打开“图层”面板，双击画板名称，当名称变为输入框后，修改画板名称，如图5-73所示。

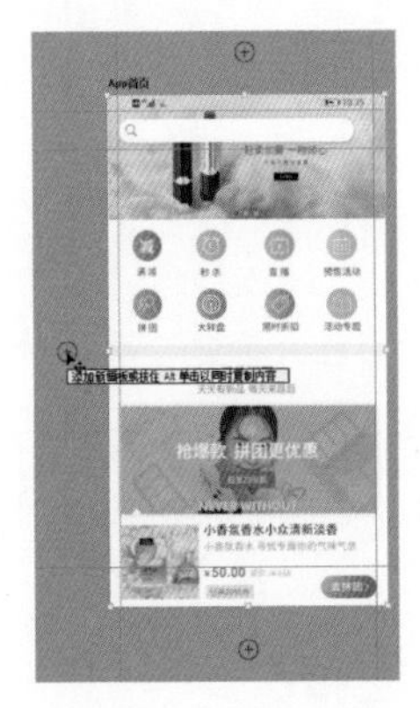

图5-72 “添加”按钮

图5-73 创建画板并修改名称

（3）使用“移动工具”在画板上添加3条参考线，如图5-74所示。选择“App首页”画板中的状态栏和搜索图标，执行“编辑>拷贝”命令，选择“App分类界面”画板，执行“编辑>选择性粘贴>原位粘贴”命令，效果如图5-75所示。

（4）使用“矩形工具”在画板中绘制1个圆角矩形，使用“直线工具”在画板中绘制1条直线，图形效果如图5-76所示。打开“字符”面板，各项参数设置如图5-77所示。

（5）使用“横排文字工具”在画板中输入文本内容，文字效果如图5-78所示。使用“矩形工具”在画板中绘制多个矩形，并在“属性”面板中为矩形修改填充颜色，App界面效果如图5-79所示。

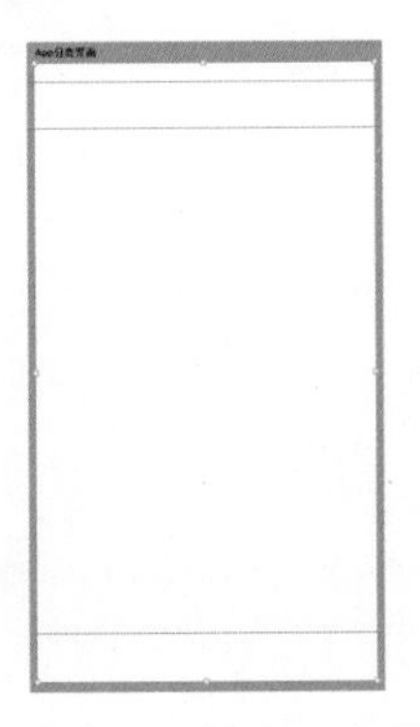

图5-74 创建参考线

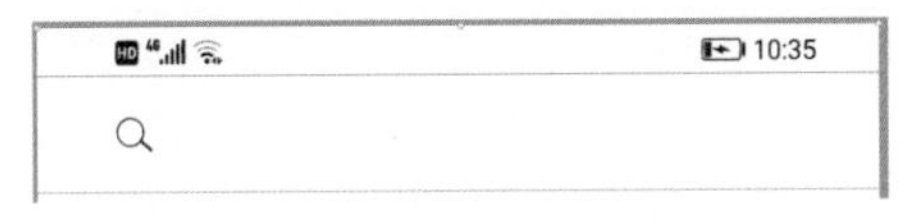

图5-75 原位粘贴复制内容

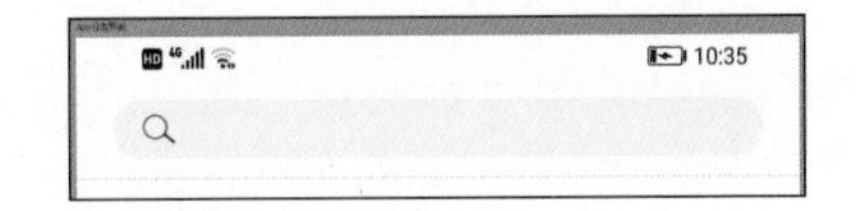

图5-76 绘制圆角矩形和直线

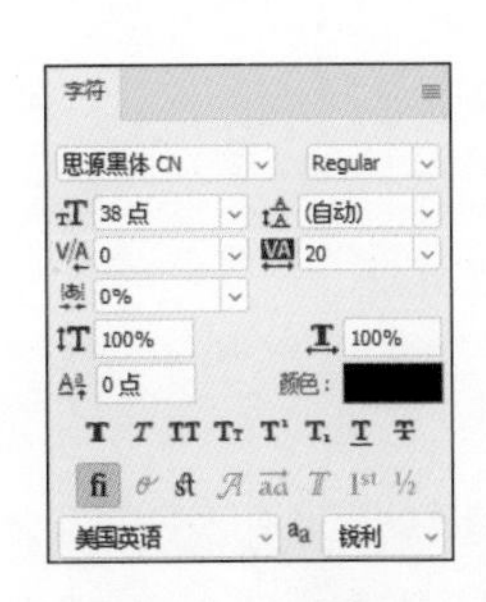

图5-77 设置参数

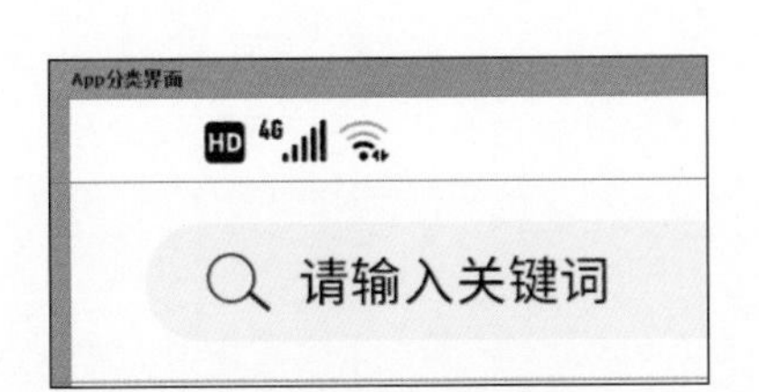

图5-78 文字效果

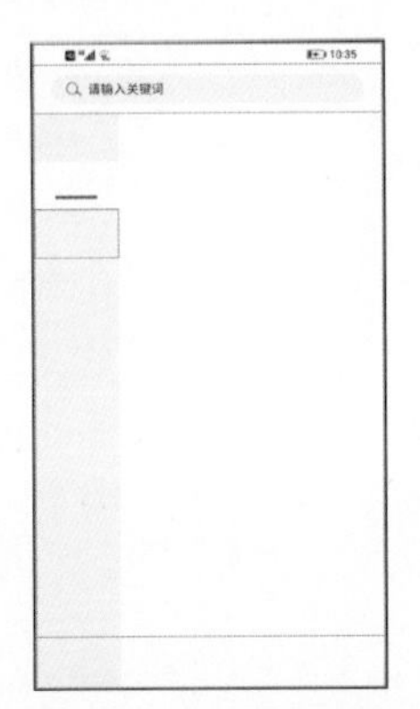

图5-79 App界面效果

（6）使用“横排文字工具”在画板中单击插入输入点，打开“字符”面板，各项参数设置如图5-80所示。设置完成后，输入文本内容，效果如图5-81所示。

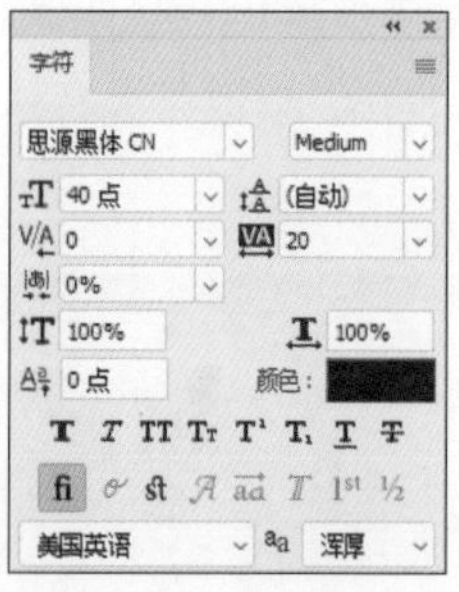

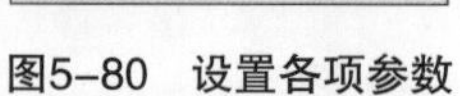
图5-80　设置各项参数

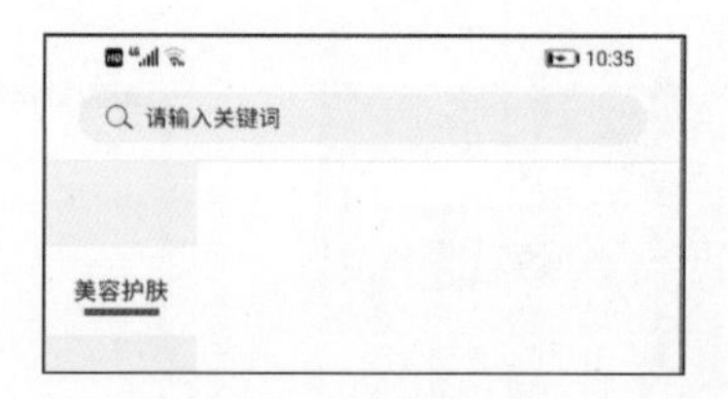

图5-81　输入文本

（7）使用“横排文字工具”在画板中输入文本内容，文字效果如图5-82所示。打开一张名为“5-4-4-1.png”的图像，使用“移动工具”将其拖曳到设计文档中，摆放到合适位置，图像效果如图5-83所示。

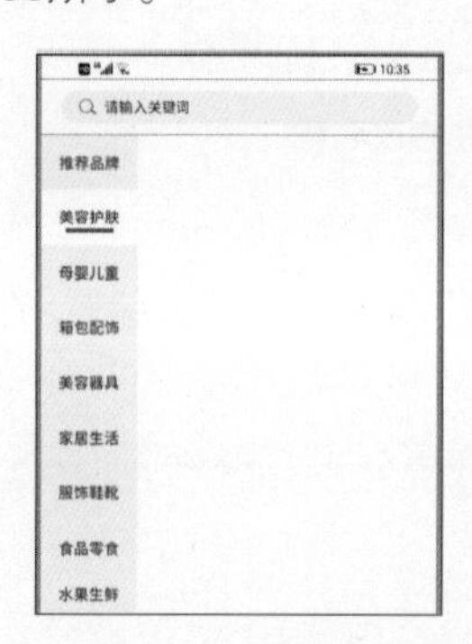

图5-82　文字效果

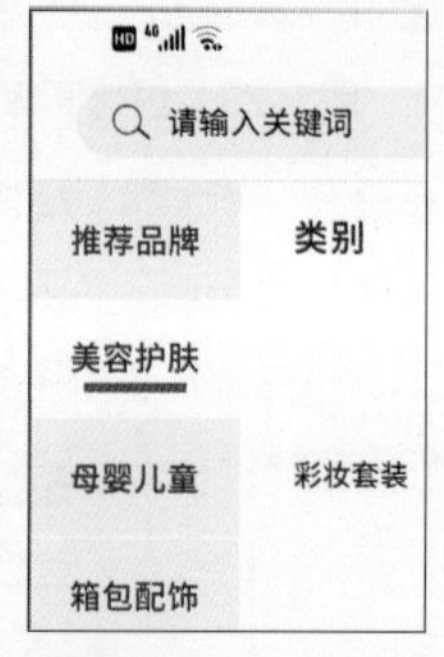

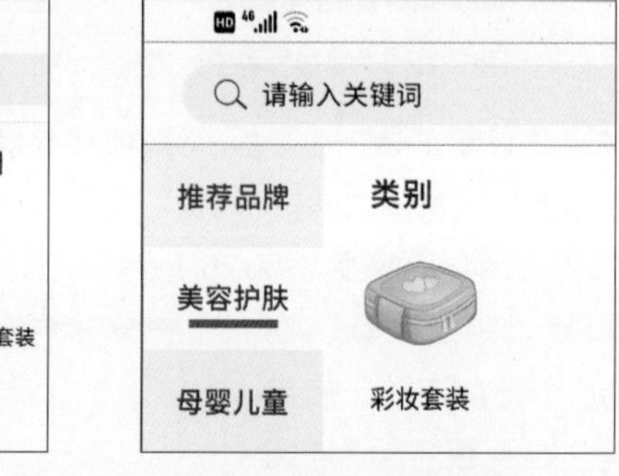

图5-83　图像效果

（8）使用步骤（6）、步骤（7）的绘制方法，完成App分类界面中其余分类内容的制作，效果如图5-84所示。使用步骤（6）、步骤（7）的绘制方法，完成App分类界面中标签栏的内容制作，完成后App分类界面的效果如图5-85所示。

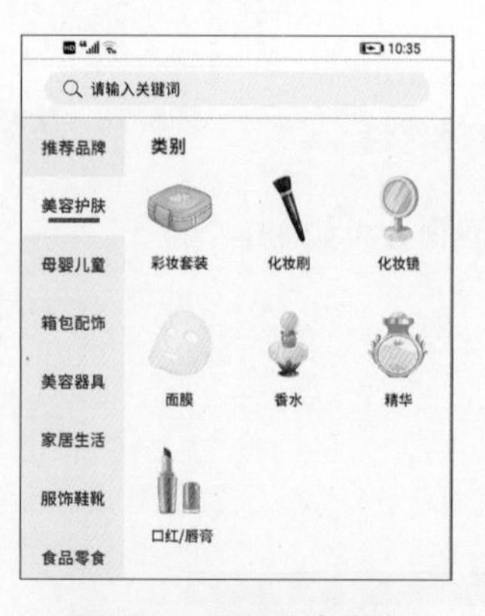

图5-84　制作分类内容

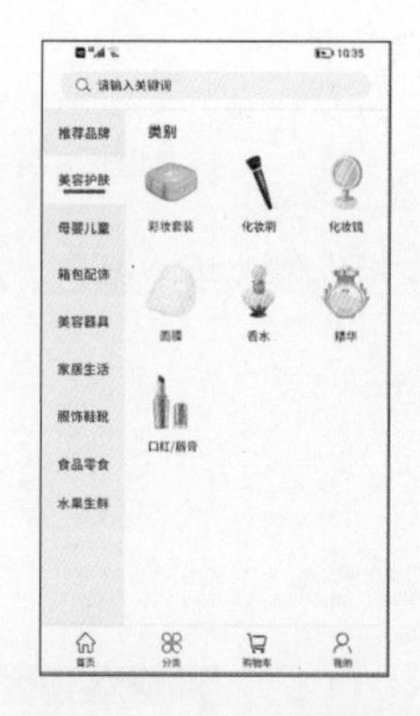

图5-85　App分类界面

提 示

本案例为设计与制作一款Android系统的App分类界面。为了符合Android系统的UI字体规范，案例中所有的文本内容都使用“思源黑体CN”的字体类型。

5.5 移动UI图片尺寸规范

在移动UI设计中，由于对图片的尺寸和比例没有严格的标准要求，设计师需要凭借经验和感觉设置一个理想化的尺寸。

其实，设计师可以利用完美的构图方式设置图片的尺寸，常见的图片尺寸比例有16：9、4：3、3：2、2：1、1：1和1：0.618等，这样可以轻松获得最优的设计方案。图5-86所示为App界面中的图片尺寸比例。

图5-86 App界面中的图片尺寸比例

5.6 移动App内容布局

想要制作出更符合用户浏览需求的App界面，除了使用正确的界面尺寸外，还要对界面中的边距和界面中元素间的间距进行设置，以保证在有限的页面空间里用户获得良好的体验。

5.6.1 了解App界面中的全局边距

全局边距是指页面内容到屏幕边缘的距离。整个应用的界面都应该以此为规范，以达到页面整体视觉效果的统一。全局边距的设置可以更好地引导用户垂直向下浏览，常用的全局边距有32px、30px、24px、20px等。图5-87所示为淘宝App的全局边距。

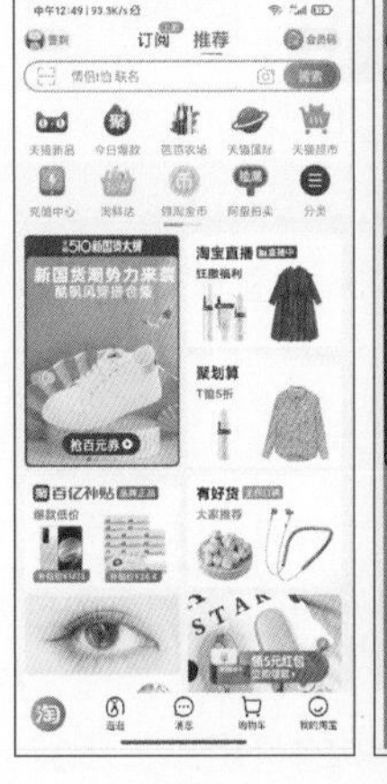

图5-87 淘宝App的全局边距

5.6.2　操作案例——设计与制作iOS App首页界面

源文件：资源包\源文件\第5章\5-6-2.xd

视　频：资源包\视频\第5章\5-6-2.mp4

（1）启动Adobe XD软件，弹出Adobe XD的主页界面，单击主页界面中的“iPhone 6、7、8”预设选项，如图5-88所示。进入Adobe XD工作界面，双击画板名称，重命名为“网盘App首页”，完成后在工作区域中的空白处单击确认操作，效果如图5-89所示。

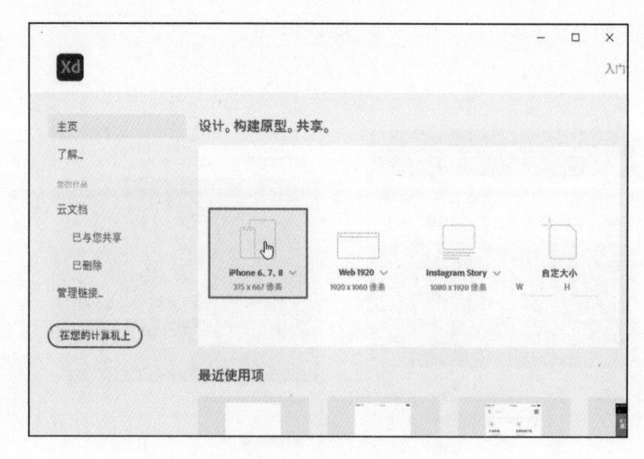

图5-88　新建文件

图5-89　重命名画板名称

（2）单击工作界面右侧“属性”中的“填充”色块，弹出“拾色器”对话框，填充参数设置如图5-90所示。

（3）选择工具栏中的“选择”工具，将鼠标指针移至画板顶部或左侧边线处，当鼠标指针变为⬍或◂|▸状态时，按住鼠标左键并向下或向右拖曳创建参考线，创建5条参考线确定界面基本布局，如图5-91所示。

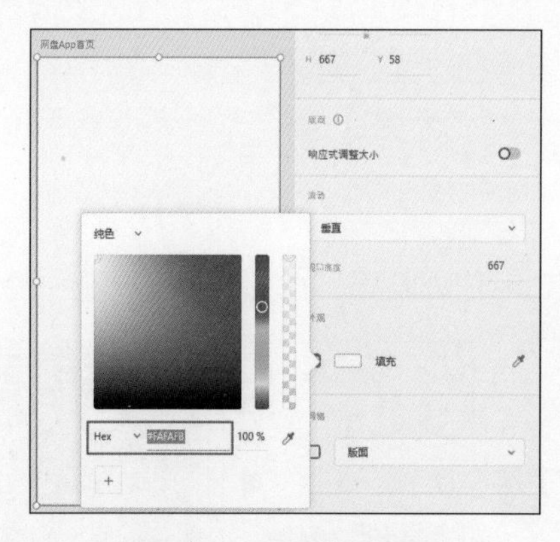

图5-90　设置填充参数

图5-91　创建参考线

提 示

根据iOS的尺寸规范，本案例中3条水平方向参考线的位置分别为20px、64px和618px处；由于App界面中内容信息较多，因此我们为App界面设定12px的全局边距。

（4）选择工具栏中的“矩形”工具，在画板的顶部按住鼠标左键不放并拖曳创建白色矩形，为状态栏和标题栏制作背景，效果如图5-92所示。

（5）执行“文件>打开”命令，打开“状态栏.xd”文件，使用“选择”工具选择文件中的内容，按【Ctrl+C】组合键复制选中内容，返回设计文件中，再按【Ctrl+V】组合键将复制内容粘贴到画板上，将状态栏内容移动到图5-93所示的位置。

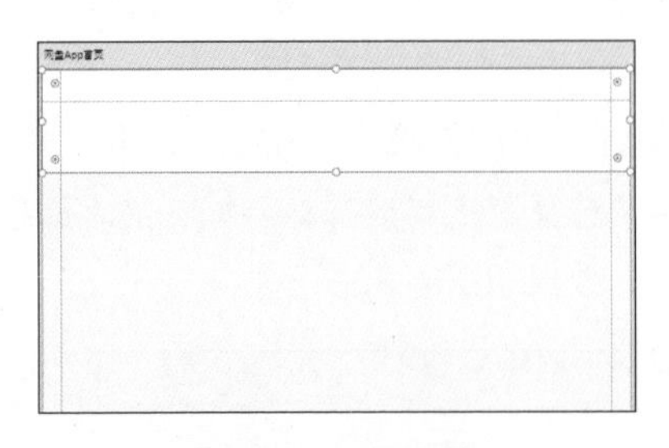

图5-92　绘制背景

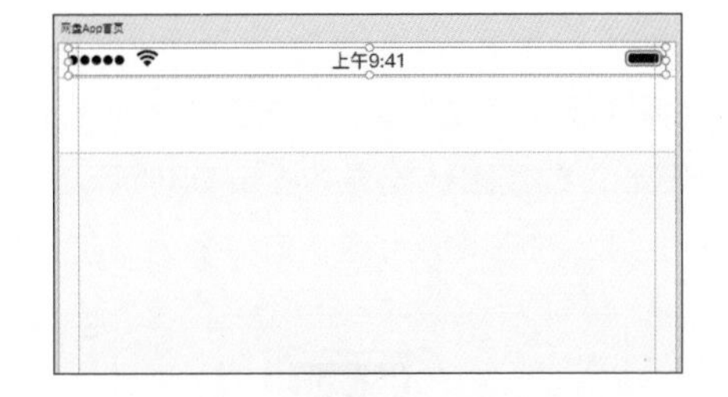

图5-93　复制并粘贴状态栏内容

（6）使用“矩形”工具在画板中绘制1个黑色圆角矩形，按住【Alt】键和鼠标左键不放并使用“选择”工具向下拖曳复制圆角矩形，复制2个，效果如图5-94所示。

（7）使用“选择”工具选择3个圆角矩形，将鼠标指针置于圆角矩形上方并右击，在弹出的快捷菜单中选择“组”选项。打开“图层”面板，双击刚刚创建的组，当组名称变为输入框后，输入新的组名称，如图5-95所示。

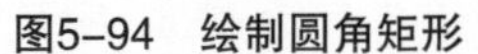

图5-94　绘制圆角矩形

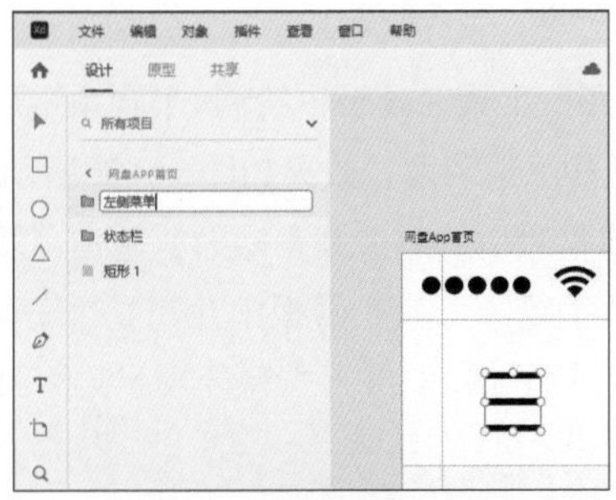

图5-95　创建组并重命名

提 示

读者可以在工作界面右侧的“属性”面板中，取消“边界”色块前面的复选框，单击“填充”色块，在弹出的“拾色器”对话框中设置填充颜色为黑色，在“圆角半径”选框中输入圆角半径值，完成后可以得到1个细长的圆角矩形。

（8）使用“矩形”工具在画板中绘制1个浅灰色的圆角矩形，用来作为搜索框的背景。选择工具栏中的“文本”工具，在画板中绘制文本框并输入文本内容，效果如图5-96所示。使用“矩形”工具在画板中绘制1个蓝色圆角矩形，使用“椭圆”工具和“直线”工具在画板中绘制放大镜图形，效果如图5-97所示。

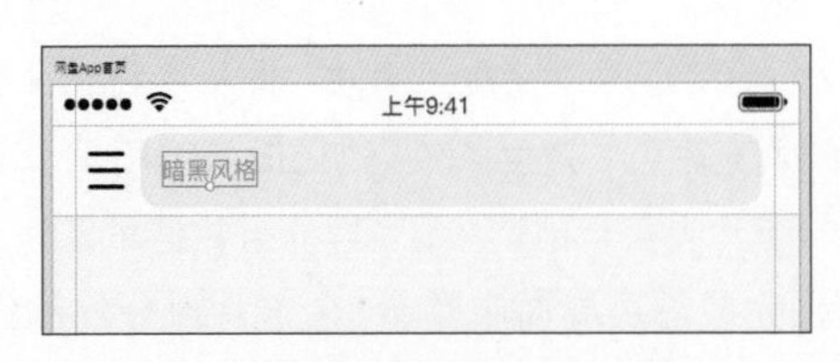

图5-96　绘制文本框并输入文本

图5-97　绘制放大镜图形

提 示

文本内容输入完成后，读者可以在工作界面右侧的“属性”面板中调整文本的各项参数，根据iOS App的文字规范，将文本内容的字体类型设置为苹方字体，字号设置为12。

（9）选择圆环和直线形状，单击工作界面右侧“属性”面板顶部的“联合”按钮，将两个形状合并为1个图形，搜索图标效果如图5-98所示。使用“选择”工具选择输入框、文本和搜索图标，按【Ctrl+G】组合键将其编为组，重命名为“搜索栏”，效果如图5-99所示。

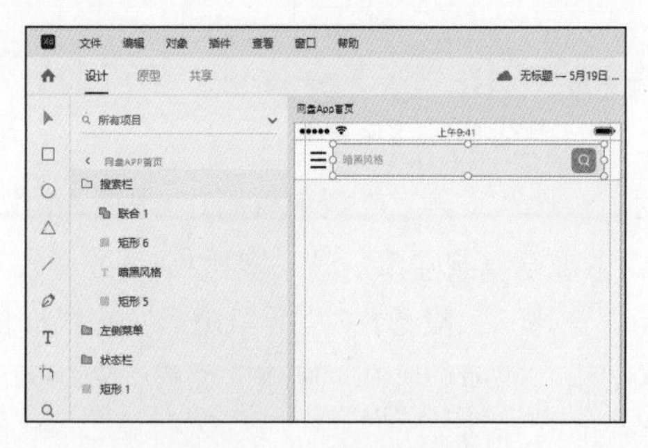

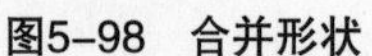

图5-98　合并形状　　　图5-99　编组并重命名

（10）使用“矩形”工具在画板中绘制4个圆角矩形，并在“属性”面板中逐一为每个圆角矩形设置相应的填充颜色和不透明度，效果如图5-100所示。

（11）选择2个面积较小的蓝色圆角矩形，单击“属性”面板顶部的“减去”按钮，得到不规则的文件图形；使用“钢笔”工具在画板中绘制1个三角形，并在“属性”面板中设置三角形的填充颜色、边界颜色、边界粗细和连接方式等参数，文件图标如图5-101所示。

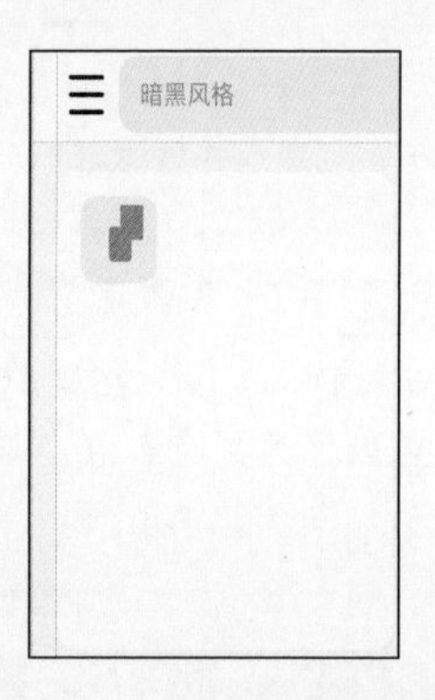

图5-100　绘制4个圆角矩形　　　图5-101　文件图标

（12）使用“椭圆”工具在画板中绘制1个圆，按住【Alt】键和鼠标左键不放并使用“选择”工具向下拖曳复制圆，连续复制2个圆，更多图标的效果如图5-102所示。

（13）使用“文本”工具在画板中添加文本内容，并在“属性”面板中为不同层级的文本内容设置不同的参数，效果如图5-103所示。

（14）使用“矩形”工具在画板中绘制2个圆角矩形，并在“属性”面板中将下面的圆角矩形填充为蓝色，为上面的圆角矩形添加线性渐变的填充颜色，进度条效果如图5-104所示。

（15）使用“选择”工具将界面中相关的卡片内容全部选中，编为1组并重命名为“产品经理”；使用步骤（11）～步骤（14）的绘制方法，完成首页界面中其余3个卡片部分的制作，效果如图5-105所示。

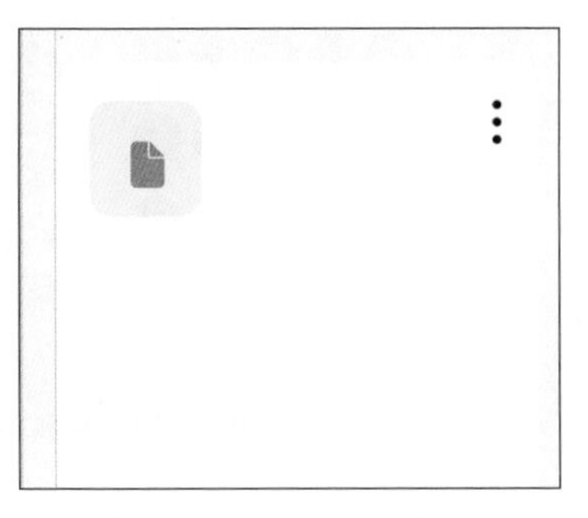

图5-102 绘制更多按钮

图5-103 添加文本内容

图5-104 绘制进度条

图5-105 编组并绘制剩余内容

（16）使用步骤（8）～步骤（10）的绘制方法，在画板底部绘制进度条、“新增”按钮和文本内容等App界面元素，效果如图5-106所示。App首页的标签栏绘制完成后，将相关图层编组并重命名为“标签栏”，App首页界面如图5-107所示。

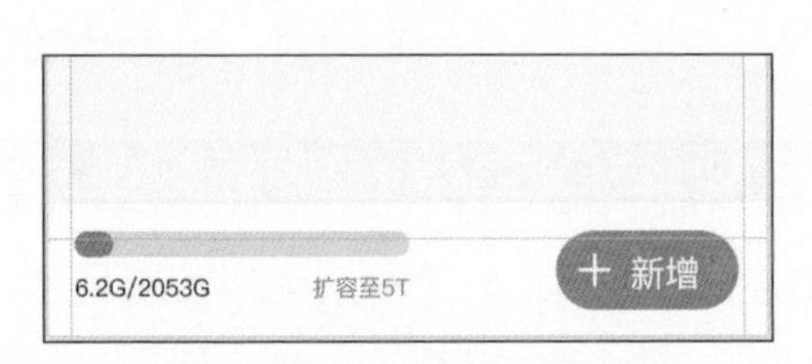

图5-106 绘制App界面元素

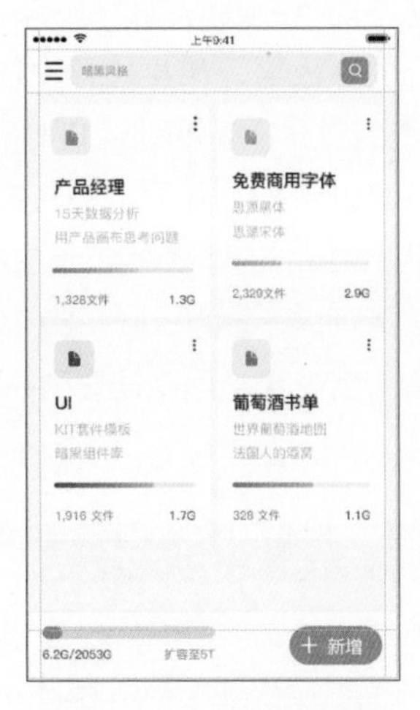

图5-107 App首页界面

5.6.3 设置App界面中的内容间距

一款App产品除了组件（状态栏、导航栏、标签栏）和控件以外，剩下就是内容了。内容的布局形式多种多样，此处只讨论内容的间距设置问题。

单个元素之间的相对距离会影响浏览者对它们的感知，因为互相靠近的元素看起来属于一组，而那些距离较远的则被自动划分为组外。图5-108（a）所示的圆在水平方向的距离比垂直方向的距离近，整体可以看成4排圆点，而图5-108（b）则会被看成4列圆点。

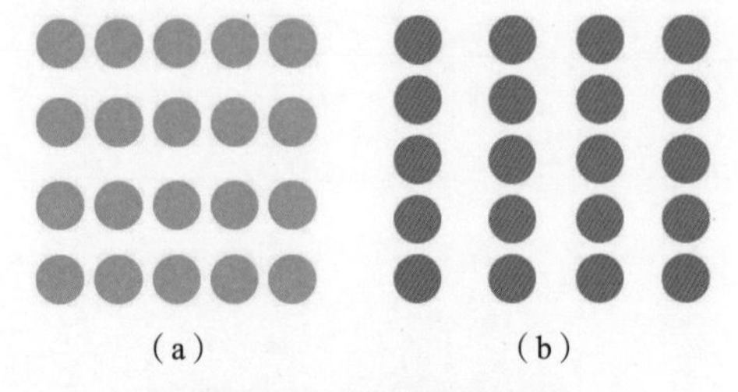

图5-108 距离决定分组

在设计界面内容布局时，一定要重视邻近性原则的运用。图5-109所示的App主界面中，每一个应用名称都与对应的图标距离较近，远离其他图标，能让浏览者的浏览变得直观。当应用名称与上下图标距离相同时，则浏览者分不出它是属于上面还是下面，并会产生错乱的视觉体验，如图5-110所示。

图5-109 运用邻近性原则

图5-110 错乱的视觉体验

邻近性原则指的是对于彼此接近的事物、元素，人们倾向于认为它们是相关的。所以面对着界面，浏览者会自动将挨在一起的元素分为一组。

为了保证浏览者在Android系统界面中阅读的流畅性，必须对Android系统UI设计元素的间距有一个明确的规定。Material Design（材料设计语言，以下简称MD）规范发明了一个叫作8dp原则的栅格系统。这个规范的最小单位是8dp，一切距离、尺寸都选取8dp的整数倍。如果按照MD规范设计界面，Android系统的界面排版如图5-111所示。

由图5-111可以看出，界面的列表高度为72dp，列表项的间距为16dp。这些数值都是8dp的整数倍。界面的左、右边距可以设置为8dp～32dp，如果列表中包含图标或者头像内容，可以设置列高为72dp或者更高的数值。

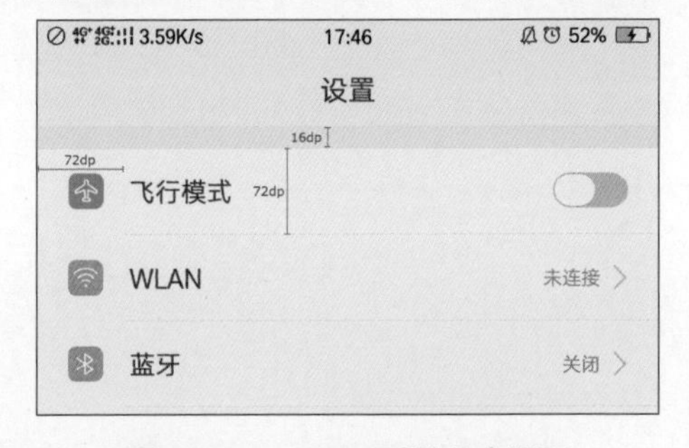

图5-111 Android系统元素间距

5.6.4 操作案例——设计与制作iOS App侧面菜单界面

源文件：资源包\源文件\第5章\5-6-4.xd

视 频：资源包\视频\第5章\5-6-4.mp4

（1）启动Adobe XD软件，单击主页界面左侧的“您的计算机上”按钮，在弹出的对话框中选择XD选项，打开“5-6-4.xd”文件。进入Adobe XD的工作界面后，执行“文件>存储为本地文档”命令，打开“另存为”对话框，设置图5-112所示的文件名称。

（2）设置完成后，单击“保存”按钮，将文件保存在计算机中。按住【Alt】键和鼠标左键不放并向右拖曳复制画板，双击画板名称出现输入框，在输入框中输入新的画板名称，效果如图5-113所示。

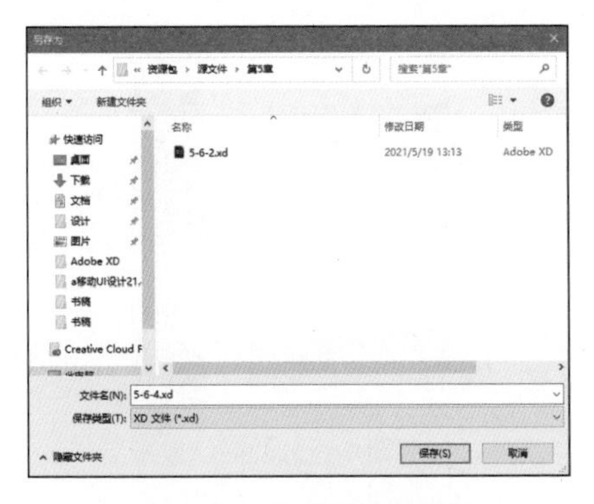

图5-112　打开并另存文件

图5-113　复制画板并重命名画板名称

（3）使用“矩形”工具在画板上绘制1个黑色矩形，矩形大小与画板相等，设置不透明度为50%。打开“图层”面板，单击矩形图层上的“锁定”按钮，锁定效果如图5-114所示。

（4）使用“矩形”工具在画板中绘制1个白色矩形，使用“选择”工具在画板左侧添加1条垂直方向的参考线，效果如图5-115所示。

图5-114　绘制矩形并锁定

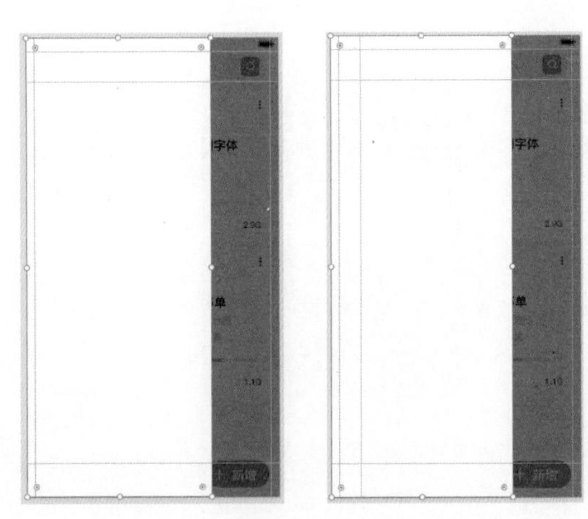

图5-115　绘制白色矩形并添加参考线

（5）使用“椭圆”工具在画板中绘制1个任意颜色的圆，并设置圆的边界颜色为无，将文件夹中的图像拖曳到圆上方，如图5-116所示。松开鼠标左键，完成形状蒙版的建立。

（6）使用“文本”工具在画板中输入文本内容，并在“属性”面板中设置各项文本参数，用户头像和名称等如图5-117所示。

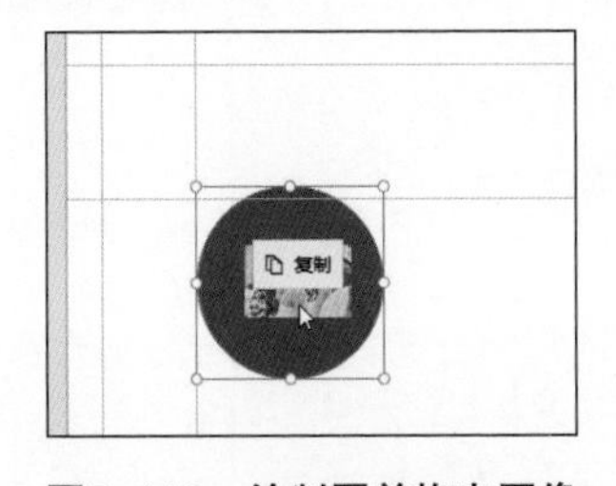

图5-116　绘制圆并拖曳图像

图5-117　绘制用户头像和名称等

（7）使用“矩形”工具在画板中绘制2个圆角矩形，并在“属性”面板中为圆角矩形设置线性渐变的填充颜色，为第2个圆角矩形设置不透明度、圆角半径和阴影等参数，如图5-118所示。设置完成后，圆角矩形的形状效果如图5-119所示。

图5-118 绘制圆角矩形并设置参数

图5-119 圆角矩形的形状效果

（8）使用“矩形”工具在画板中绘制2个矩形，设置矩形的填充颜色为无，边界颜色为白色；将鼠标指针置于矩形右上角，当鼠标指针变为↷状态时，拖曳鼠标指针可以旋转矩形，效果如图5-120所示。

（9）使用“选择”工具同时选择2个矩形，单击“属性”面板顶部的“减去”按钮，得到不规则形状轮廓；使用“矩形”工具绘制3个白色矩形，将3个矩形和不规则形状编组，并重命名为“网盘文件”，图标效果如图5-121所示。

图5-120 绘制2个矩形

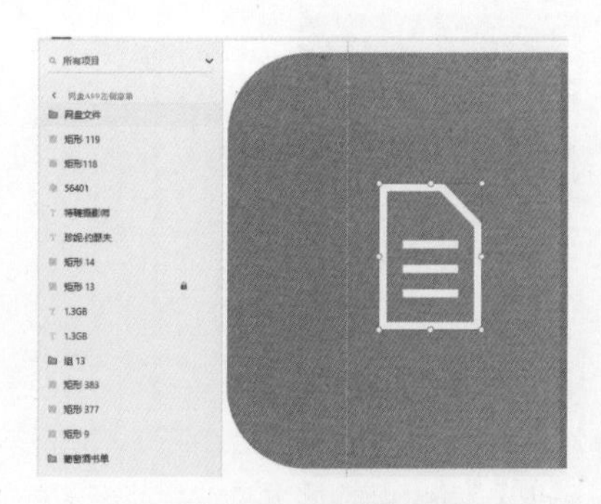

图5-121 图标效果

（10）使用“文本”工具在画板中网盘图标的后面添加文本内容，效果如图5-122所示。使用步骤（8）～步骤（10）的绘制方法，完成App界面左侧的菜单列表内容，完成后的App界面左侧菜单如图5-123所示。

图5-122 添加文本内容

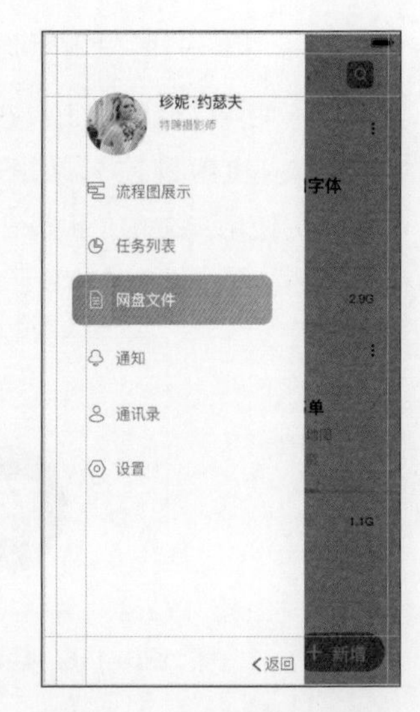

图5-123 App界面左侧菜单

提 示

读者完成iOS App界面左侧菜单的绘制以后，需要注意一定要按【Ctrl+Shift+S】组合键或者执行“文件>另存为”命令，保存已被编辑过的文件。

5.6.5 移动App界面的布局方式

在一整套移动端UI设计中，往往会包含较多数量的界面。为了给用户带来不一样的视觉体验，设计师可以为项目中的每一个页面设置不同的布局方式。

1. 瀑布流布局方式

一般情况下，“购物”页面采用瀑布流的布局方式，如图5-124所示。瀑布流布局方式有效降低了界面的复杂度，节省了空间，不再需要臃肿、复杂的页面导航链接或者按钮；通过向上滑动进行页面滚动和数据加载，对操作的精准程度要求远远低于点击按钮或者链接；能使用户更好地专注于浏览而不是操作。

2. 列表式布局方式

一般情况下，大多数App项目中“我的”页面会被设置为列表式的布局方式，如图5-125所示。列表式布局采用竖排列表的排版，通过“图标+文本”的形式展示同类型或者并列的元素。用户通过上下滑动可以查看更多列表内容，这样的布局方式可以提高用户的可接受程度，同时视觉上也较为规整。

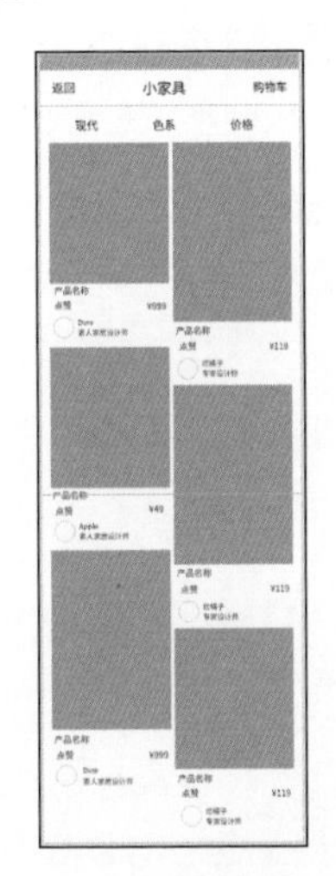

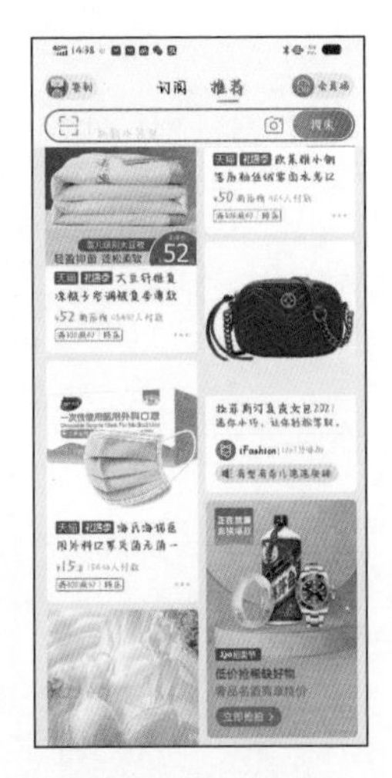

图5-124 瀑布流布局

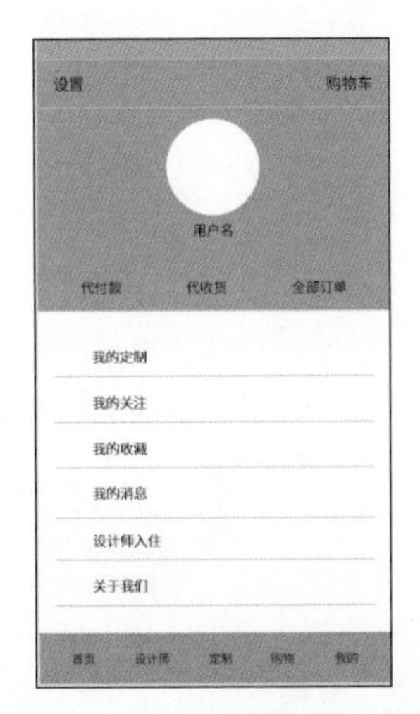

图5-125 列表式布局

列表式布局可以使用户快速获取一定量的信息，以决定是否点击进入更深的层级进行深度浏览或操作；用户可以在多类信息中进行筛选和对比，自主、高效地选择自己想要的内容。

列表式布局信息展示的层级较为清晰，且可以灵活地通过不同形式进行展示。在展示主要信息的同时，列表式布局还可以展示一定的次级信息，提醒及辅助用户理解。这种布局方式符合用户从上到下查看的视觉流程，排版也较为整齐，并且延展性强。

3. 卡片式布局方式

卡片式布局方式非常灵活。每张卡片的内容和形式都可以相互独立，互不干扰，即在同一个页面中可以出现不同的卡片，承载不同的内容。由于每张卡片都是独立存在的，所以其信息量比列表式布局更加丰富。图5-126所示为某个采用了卡片布局方式的App页面。

卡片式布局能够直接展示页面中重要的内容信息；分类位置固定，能让用户清楚当前所在入口位置；减少页面跳转层级，使用户轻松在各入口间频繁跳转。

4. 宫格式布局方式

宫格式布局通常采用1行3列的布局方式。这种布局方式非常有利于内容区域随手机屏幕分辨率不同而自动伸展宽、高，方便适配所有的智能终端设备。

宫格式布局也是iOS和Android系统开发者比较容易编写的一种布局方式。图5-127所示为某款采用了宫格式布局方式的App页面。

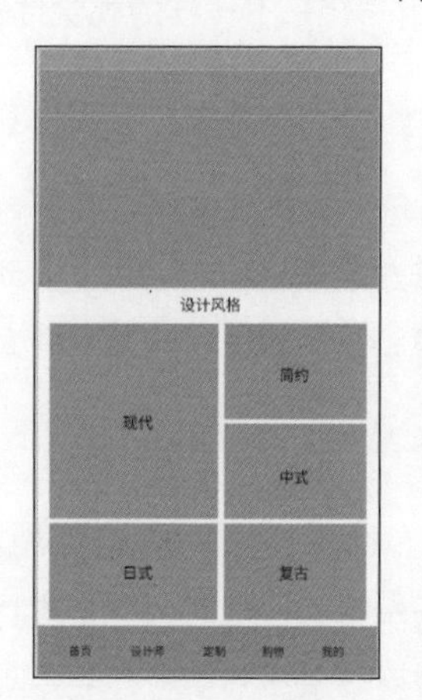

图5-126　卡片式布局

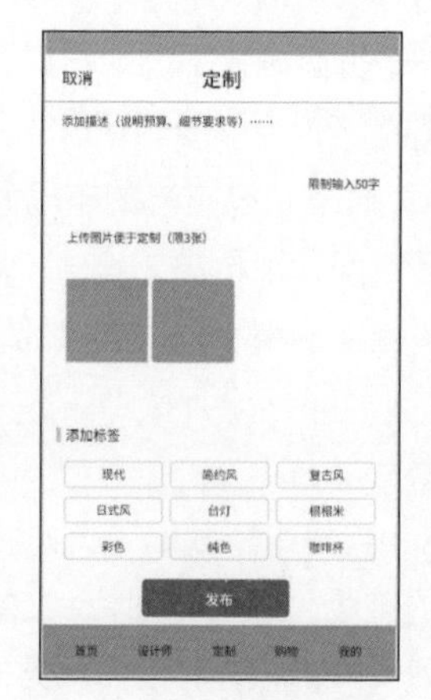

图5-127　宫格式布局

提 示

宫格式布局是目前最常见的一种布局方式，也是符合用户习惯和黄金比例的设计方式。这种信息内容展示方式简单明了，能够清晰展现各入口，方便用户快速查询。

5.7 本章小结

本章主要介绍了移动UI的基本元素、常见的UI设计软件、移动UI的设计基础、移动UI字体规范、移动UI图片尺寸规范、移动App内容布局等。学习本章所有的知识后，读者可以循序渐进地领会如何完成一套移动App的UI设计。

第6章 移动App交互设计

随着移动互联网技术的发展和移动设备性能的提升，越来越多的交互设计被应用于App项目中。本章将向读者介绍有关移动App交互设计的相关基础知识，使读者熟知移动App交互类型，并了解制作移动App交互的绘制软件和表现方法。

本章德育目标：关注用户体验，具备同理心和服务精神。

6.1 了解UI交互设计

时下的移动App中使用交互动效设计已经成为一大趋势，但设计师需要注意的是，交互动效应该是以提高产品的可用性为前提，并且以使用户觉得自然、含蓄的方式提供有效用户反馈的一种机制。

6.1.1 交互动效的概念

近些年，用户对产品的要求也越来越高。他们不再仅仅喜欢那些功能好、实用、耐用的产品，而是转向了产品给人的心理感觉，这样就要求读者在设计产品时能够提高产品的用户体验。提高用户体验的目的在于给用户一些舒适的、与众不同的或意料之外的感觉。用户体验的提高能使整个操作产品的过程符合用户的基本逻辑，能使交互操作过程顺理成章，而良好的用户体验则是用户在这个流程的操作过程中获得的便利和收获。

UI动效作为一种提高交互操作可用性的方法，越来越受到重视，国内外各大企业都在自己的产品中默默地加入了动效设计。图6-1所示为应用交互动效的App界面。

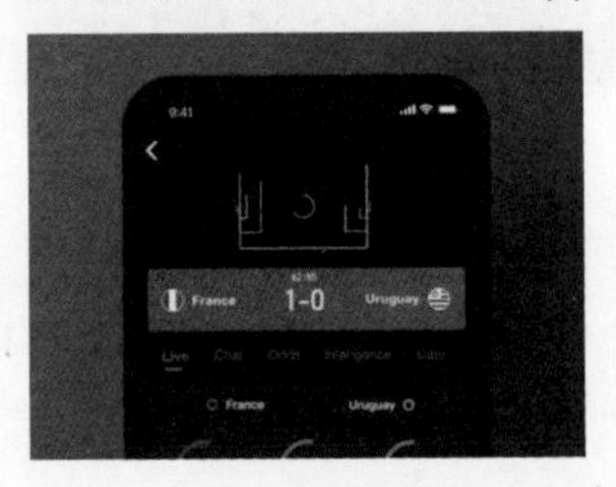

图6-1　应用交互动效的App界面

为什么现在的产品越来越注重动效的设计？读者可以从用户对产品元素的感知顺序来看，如图6-2所示。从中可以看出，用户对于产品的动态信息感知是最强的，其次才是产品的颜色，最后才是产品的形状。也就是说，对动态效果的感知要明显高于对产品UI设计的感知。

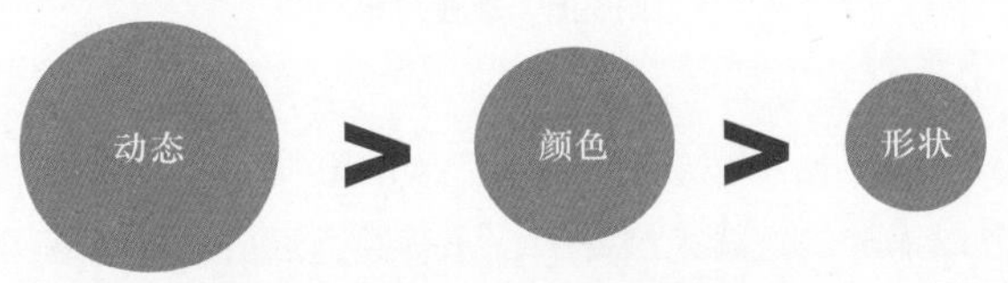

图6-2　用户对产品元素的感知顺序

提示

动效体现了物体间的空间关系与功能有意识的流动之美，适当的动效设计能够使用户更了解交互。在产品的交互操作过程中恰当地加入精心设计的动效，能够向用户有效地传达当前的操作状态，增强用户对于直接操纵的感知，通过视觉化的方式向用户呈现操作结果。

6.1.2 基础动效类型

用户在移动端App界面中所看到的交互动效设计都是由一些基础的变化组合而成的。图6-3所示为组成交互动效的基础变化。

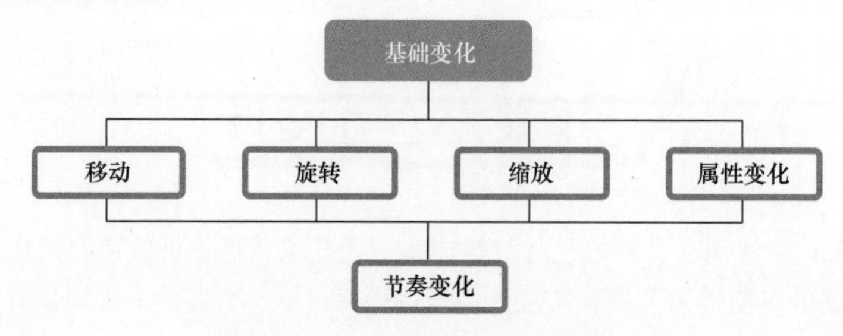

图6-3 组成交互动效的基础变化

1. 基础动效

用户平时在App界面中看到的动效其实都是由一些基础的动效组合而成的，这些基础动效包括移动、旋转和缩放。在交互动效设计软件中，通常设计师只需要设置对象的起点和终点，并在软件中设置想要实现的动效，设计软件便会根据这些设置去渲染出整个动画过程。

（1）移动

移动，顾名思义就是将一个对象从位置A移动到位置B，如图6-4所示。这是最常见的一种动态效果，滑动、弹跳和振动这些动态效果都是从移动扩展而来的。

图6-4 移动效果

（2）旋转

旋转是指通过改变对象的角度，使对象产生旋转的效果，如图6-5所示。通常在页面加载或点击某个按钮触发一个较长时间操作时，使用到的Loading效果或一些菜单图标的变换，都会使用旋转动态效果。

图6-5 旋转效果

（3）缩放

缩放动态效果在移动App界面中被广泛地使用，如图6-6所示。例如点击一个App图标，打开该App全屏界面时，就是以缩放的方式来展开的，还有通过点击一张缩略图查看具体内容时，通常也会以缩放的方式从缩略图过渡到满屏的大图。

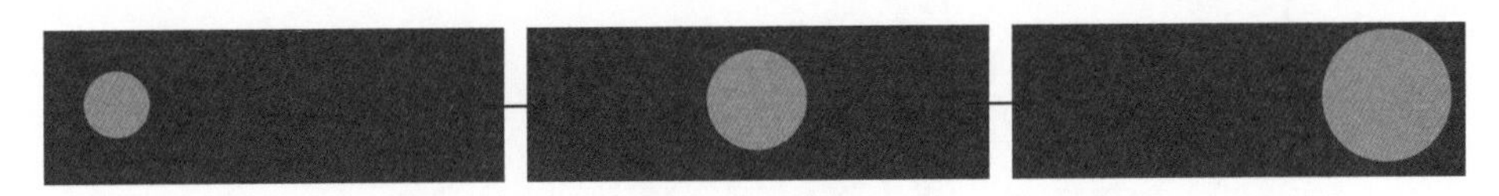

图6-6　缩放效果

2. 属性变化

前面已经介绍了3种最基础的动效，即移动、旋转和缩放，但元素的动效除了使用这3种基础的动效进行组合之外，还会加入元素属性的变化。属性变化其实就是指元素的透明度、形状和颜色等属性在运动过程中的变化。

属性变化也可以理解为一种基础动效，例如可以通过改变元素的透明度来实现元素淡入/淡出的动画效果等。同时设计师还可以通过改变元素的大小、颜色和位置等属性来体现动画效果。图6-7所示为应用属性变化基础动效的App界面。

图6-7　应用属性变化基础动效的App界面

3. 运动节奏

自然界中大部分物体的运动都不是线性的，而是按照物理规律呈曲线性运动的。通俗点来说，就是物体运动的响应变化与执行运动的物体本身质量有关。例如，当读者打开抽屉时，首先会让它加速，然后慢下来；当某个东西往下掉时，首先是越掉越快，撞到地上后回弹，最终才又碰触地板。

优秀的动效设计应该反映真实的物理现象，如果动效想要表现的对象是一个沉甸甸的物体，那么它的起始动画响应的变化会比较慢。反之，对象如果是轻巧的，那么其起始动画响应的变化会比较快。图6-8所示为元素缓动效果示意图。

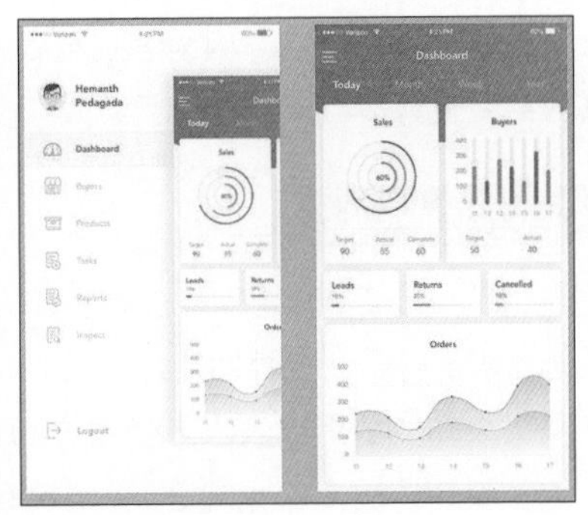

图6-8　元素缓动效果示意图

提 示

读者在为App UI设计交互效果时还需要考虑到元素的运动节奏，从而使所制作的交互动效表现得更加真实和自然。

6.2 常见的交互设计软件

随着移动App UI设计的不断发展，UI动效越来越多地被应用于实际的生活中，这也使得制作交互动效的工具大量涌现。读者可以使用Adobe After Effects和Adobe XD等设计软件来制作UI交互动效。

6.2.1 Adobe After Effects

Adobe After Effects简称AE，它是目前的热门交互动效设计软件。Adobe After Effects的功能非常强大，基本上设计师需要的功能它都具备。移动App的交互设计其实只使用到了该软件中很少的一部分功能，同时将Adobe After Effects与Adobe Photoshop和Illustrator等软件配合使用，可以使设计师制作交互动效时，更加得心应手。图6-9所示为Adobe After Effects软件的启动界面。

图6-9 Adobe After Effects软件的启动界面

如果设计师需要制作复杂的动画特效、动态Logo和文字特效等动效，应选择使用功能强大的Adobe After Effects软件进行绘制。因为使用Adobe After Effects绘制交互动效，可以制作出视觉效果美观、动态效果变化繁多且流畅的交互动效。

6.2.2 Adobe XD

前面章节提到过，Adobe XD是唯一一款将UI设计与交互原型功能相结合的设计工具，同时为使用者提供工业级性能的跨平台设计功能。

这款设计工具强大功能的具体表现为使用Adobe XD可以更高效、更准确地完成从静态页面或者线框图到交互原型及UI的转变。也就是说，Adobe XD的应用领域包括原型设计、交互设计和UI设计3个。图6-10所示为使用Adobe XD制作的App交互设计。

如果设计师只需要为App项目的不同页面或元素添加移动、改变大小、过渡、叠加和更改状态等基础交互效果，不妨选择Adobe XD软件进行绘制。其优势是设计师可以在绘制完成的UI基础上，直接为界面或元素添加简单的交互设计，便于查看与优化。

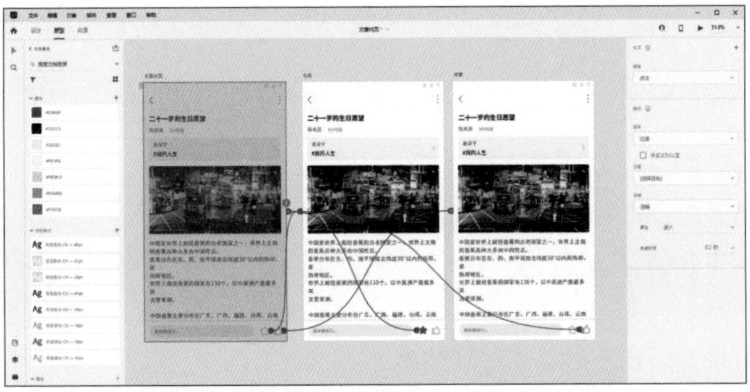

图6-10　使用Adobe XD制作的App交互设计

提 示

使用Adobe XD可以轻松完成UI设计领域与用户体验领域的双重工作，因此，它对产品经理与UI/UX设计师来说非常实用。

6.3 交互设计的基本流程

好的动效设计应该首先服务于用户体验，其次是要适当设计，再次就是要让用户感受到产品的情感互动，最后就是要具有视觉上的美感。那么，初学者如何才能进行动效设计呢？

6.3.1 提出交互设计创意想法

要想设计出一个好的动效，首先必须拥有一个出色的想法。想法怎么来？怎么构思？读者可以从以下这6个方面进行构思。

1. 结合产品去设计

在设计动效之前，需要结合产品进行思考。设计思路要符合提升产品用户体验的要求，要经过细致思考。

2. 了解动效的基本常识

在进行动效设计之前，读者首先需要了解动效的基本常识，这些常识包括运动基本常识（如基本的运动规律、节奏等）、动效开发的基本常识、动效实现的基本操作、动效实现成本的预估。只有理解并掌握这些基本常识，才能够确保动效设计的顺利进行。

3. 观察生活

用户对于美的认知，大部分来自日常的生活经历，例如什么样的运动是温柔的、激烈的、震撼的。当读者对需要构思的动效有性质定位的时候，就可以从生活中这些相同的自然事物中寻找灵感，汲取精华。

4. 多看多思考

除了观察生活，读者还需要多看一些优秀的动效设计，在观看的过程中还需要去思考设计师为什么要这么设计、是通过哪些技巧和方法完成这个动效设计的，以及动效的整体节奏是怎样的等。

时刻将优秀的动效设计与自己对类似事物的想法进行对比，找差距、补不足，这就是积累经验技巧的过程。

5. 学会拆解

大多数的动效设计都是通过基础的变化组合而成的。读者要多看多观察，以及拆解别人复杂的动效设计，从中总结经验，然后通过合理的编排设计出自己的动效。

许多动效都是由元素的基础属性变化所形成的。例如，图6-11所示的App界面底部标签栏的交互动效，主要就是通过对元素的“移动”和“透明度”属性进行设置来形成的动画效果，通过多种基础属性变化的结合表现出比较复杂的动画效果。

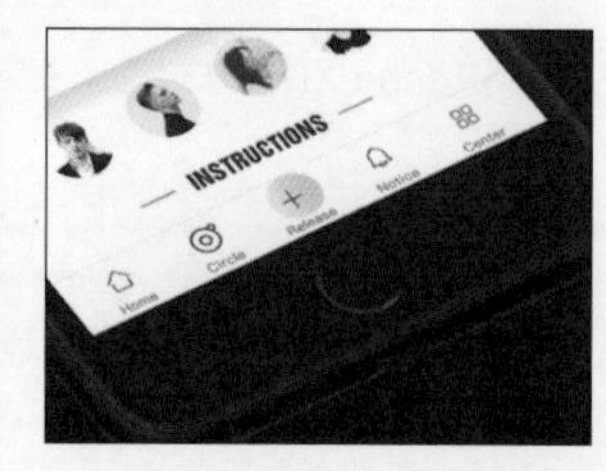

图6-11　App界面底部标签栏的交互动效

6. 紧跟设计潮流

读者要时刻保持对设计行业，或者说对动效设计领域的关注，了解当下新的设计趋势、设计方式和表现手法等，不做一个落伍者，也不要把自己定义为一个跟随者。

时下流行的很多炫酷动效都需要使用Adobe After Effects中的各种功能或者外部插件来实现，通过这些功能和外部插件往往能够实现许多基础动画无法实现的效果。图6-12所示的动效就是使用了外部插件实现的当下流行的炫酷动效。

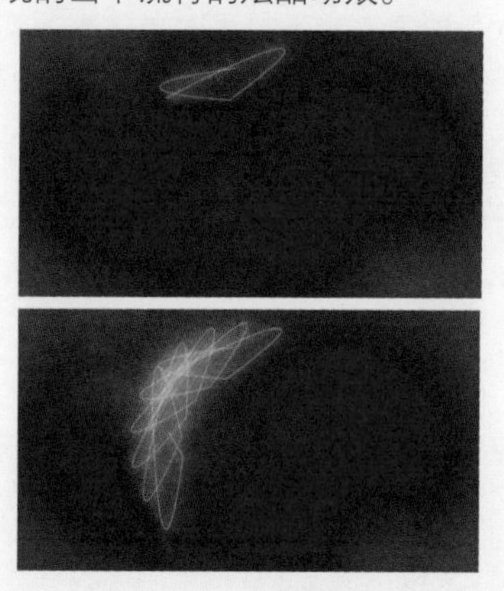
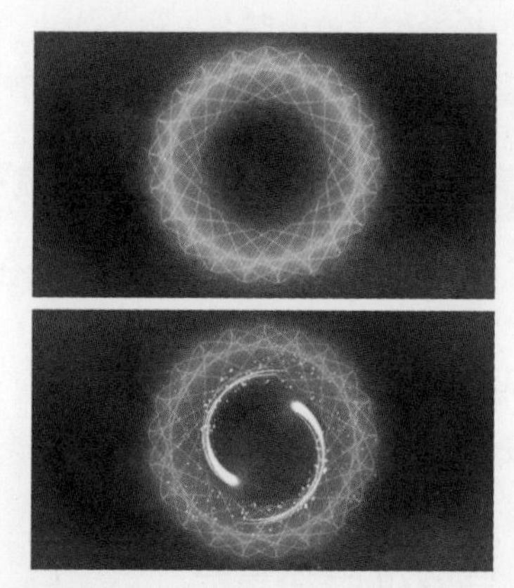

图6-12　时下流行的酷炫动效

6.3.2 实现创意想法

前面介绍了如何构思想法，有了想法接下来就是去实现想法。实现想法的过程主要依靠技术和技巧，这样就需要读者不断地进行学习和积累。

1. 动手尝试，熟能生巧

理解了一定的理论知识后，还一定要亲自动手进行尝试。读者只有不断尝试才能够不断提高自己的技术和技巧，才能够验证自己的设计。

2. 多临摹，多练习

学习任何东西，特别是在设计行业中，临摹都是一个非常有效的入门方法，动效设计也是如

此。临摹的过程其实就是与优秀设计师交流的过程，读者从中能够了解和学习其设计思路和表现手法，也能够在临摹的过程中结合原有设计手法与自身经验进行优化升级，这是很好的提升技巧的方法。

3. 注重细节

细节决定成败，动效设计和做单纯的视觉设计一样，一定要注重动效细节的表现。全面思考，认真实践。

4. 使动效富有节奏感

加入有节奏的动效设计能使自己的作品有活力、不死板，能够赋予产品新的活力。

5. 先加后减

在动效的设计过程中，读者可以不断地丰富原有的设计想法。当不太明确如何丰富自己的设计，或者不太清楚使用何种技巧达到自己设想的感觉时，先尝试看哪些地方可以动态化，制作出多种可能性，制造出突破，然后在这些可能性和突破的基础上做减法，去除糟粕、保留精华。

一个好的交互动效设计应该是自然、舒适的，绝对不是仅仅为了吸引目光而生搬硬套。所以要把握好在交互过程中动效设计的轻与重，应先考虑用户使用的场景、频率和使用程度，再确定动效的醒目程度，并且还需要重视界面交互整体性的编排。

6.4.1 转场过渡

用户的大脑会对动态事物（例如对象的移动、变形、变色等）保持敏锐的捕捉感知。在App界面中加入一些平滑、舒适的过渡转场效果，不仅能够让界面显得更加生动，还能够帮助用户理解界面前后变化的逻辑关系。

图6-13所示为应用转场过渡动效的App界面。在该界面上半部分的图片列表中，可以通过左右滑动的方式切换图片的显示，并且在图片切换过程中会表现出三维空间的效果，使界面的过渡转场效果自然、流畅，为用户带来良好的浏览体验。

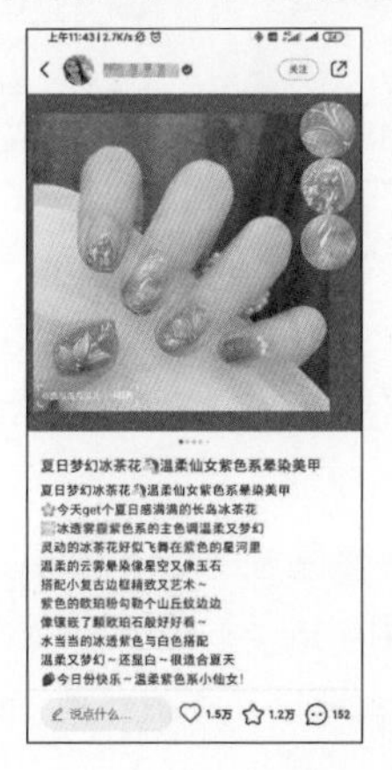
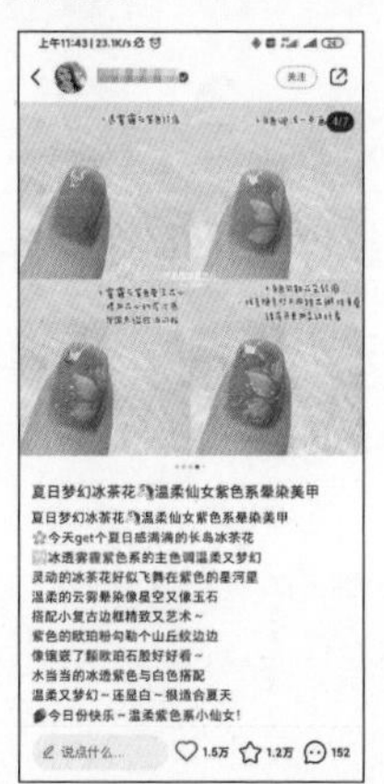

图6-13　应用转场过渡动效的App界面

6.4.2 操作案例——设计与制作App转场交互

源文件：资源包\源文件\第6章\6-4-2.xd

视　频：资源包\视频\第6章\6-4-2.mp4

（1）启动Adobe XD软件，单击主页界面左侧的“您的计算机上”按钮，在弹出的对话框中选择“PSD或AI”选项，打开“6-4-2.xd”文件，如图6-14所示。

（2）选择工具栏中的“选择”工具，将鼠标指针移至“App首页”画板的名称处，按住【Alt】键和鼠标左键不放并向右拖曳复制2个画板，修改画板名称为“轮播1”和“轮播2”，如图6-15所示。

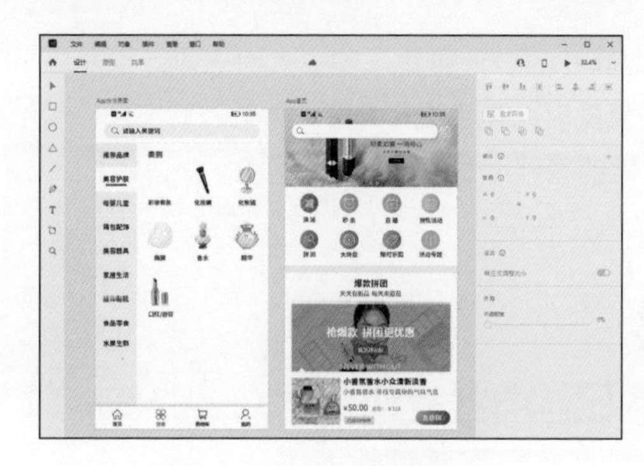

图6-14　打开PSD格式文件

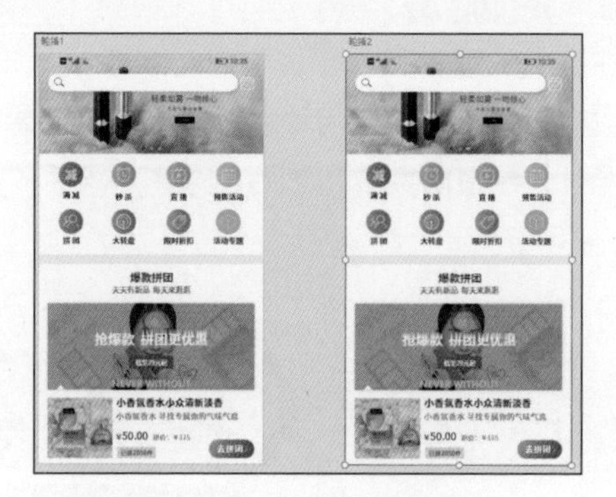

图6-15　复制画板并修改名称

（3）选中“轮播1”画板，按住鼠标左键将文件夹中的Banner图像拖曳到画板顶部，松开鼠标左键后，形状蒙版中的Banner图像已被替换，效果如图6-16所示。

（4）使用“选择”工具选择Banner图底部的第2个圆点，在“属性”面板中修改圆点的不透明度和填充颜色；完成后选择第1个圆点，修改圆点的不透明度和填充颜色，如图6-17所示。

（5）使用步骤（3）、步骤（4）的绘制方法，完成“轮播2”画板中Banner图的内容制作，Banner图的效果如图6-18所示。

图6-16　Banner效果

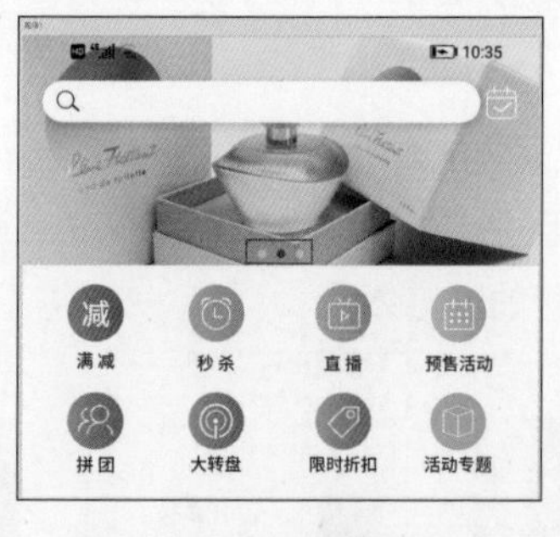

图6-17　修改圆点的参数

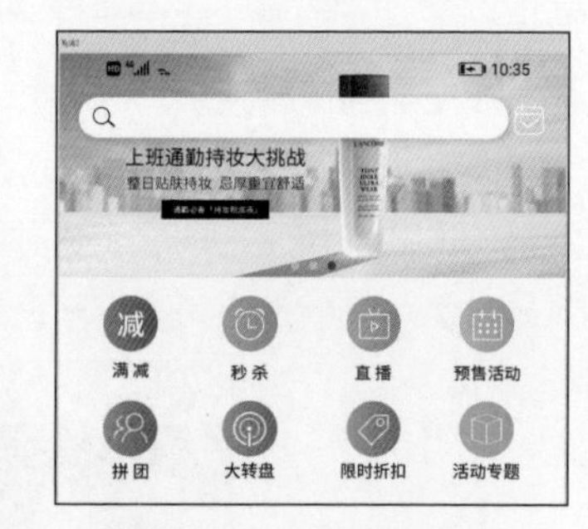

图6-18　Banner图效果

（6）单击“模式栏”中的“原型”选项，保持工具栏中“选择”工具的选中状态，单击“App首页”画板的名称将其选中，单击画板左上角的“主页”按钮，将画板设为第1屏界面，如图6-19所示。

（7）将鼠标指针置于画板右侧边线中间的连接器上，按住鼠标左键并拖曳连接器到“轮播1”画板上，松开鼠标左键为2个画板建立连接，连接线如图6-20所示。

（8）建立连接后，在工作界面右侧的“属性”面板中设置触发、延迟、缓动和持续时间等交互参数，如图6-21所示。

图6-19 指定第1屏界面

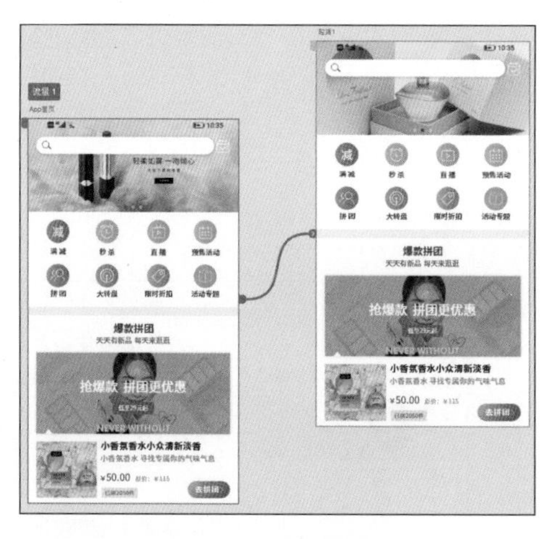

图6-20 建立连接1

图6-21 设置交互参数1

（9）选择“轮播1”画板，使用“选择”工具为“轮播1”画板与“轮播2”画板建立连接；完成后选择“轮播2”画板，为其与“App首页”画板建立连接，连接线效果如图6-22所示。

（10）单击“模式栏”右侧的“桌面预览”按钮，弹出“预览”对话框，查看定时轮播交互效果，如图6-23所示。

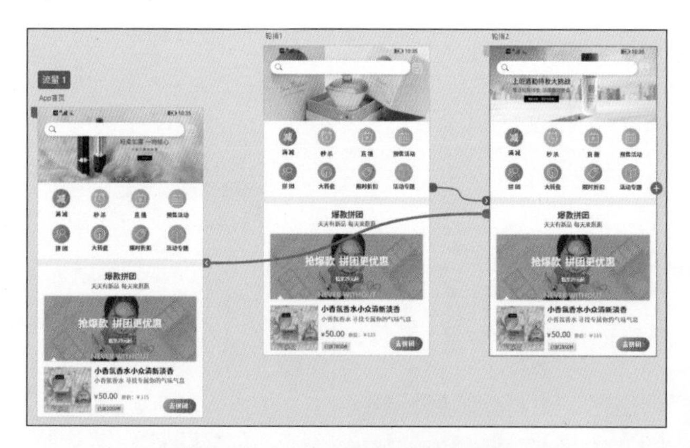

图6-22 为画板与画板建立连接

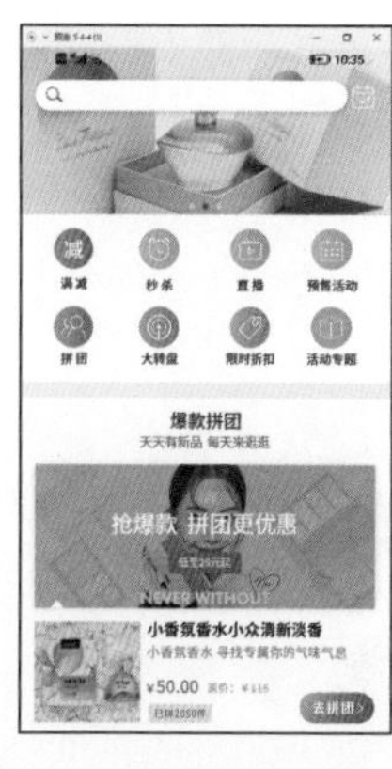

图6-23 查看轮播交互效果

（11）使用“选择”工具选择“App首页”画板Banner图上的第2个圆点，圆点左侧边线中间出现连接器，如图6-24所示。

（12）将鼠标指针置于圆点的连接器上，按住鼠标左键并拖曳连接器到“轮播1”画板上，松开鼠标左键为圆点控件与画板建立连接，如图6-25所示。

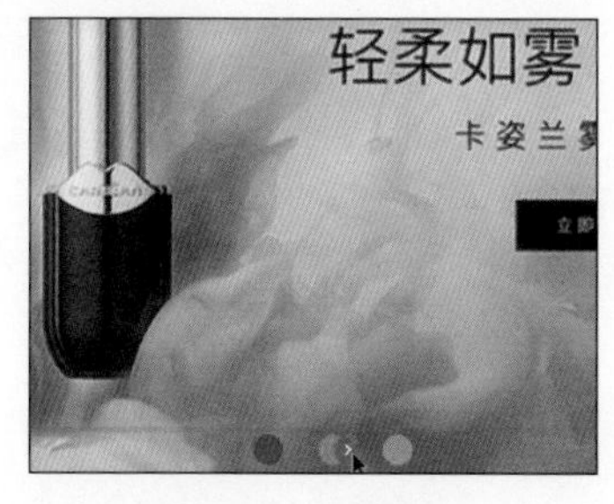

图6-24 选择圆点

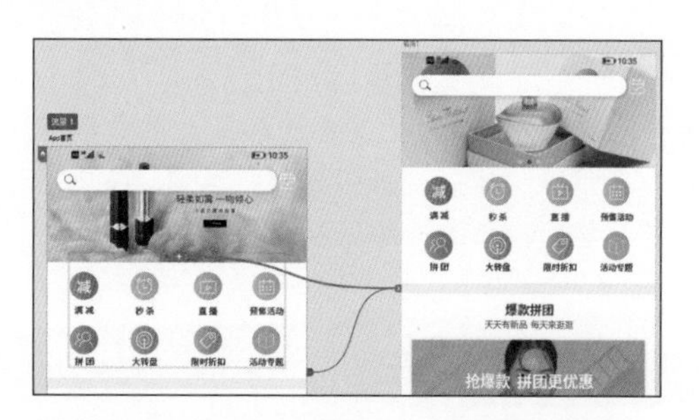

图6-25 为第2个圆点控件与画板建立连接

（13）建立连接后，在工作界面右侧的“属性”面板中设置触发、延迟、缓动和持续时间等交互参数，如图6-26所示。使用“选择”工具选择“App首页”画板Banner图中的第3个圆点，为其与“轮播2”画板建立连接，连接线如图6-27所示。

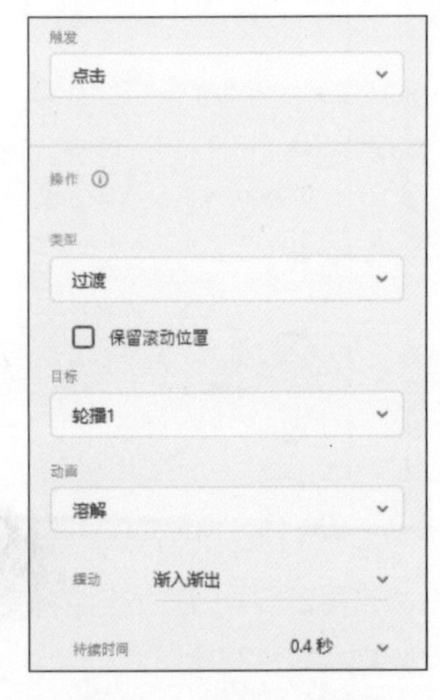

图6-26 设置交互参数2

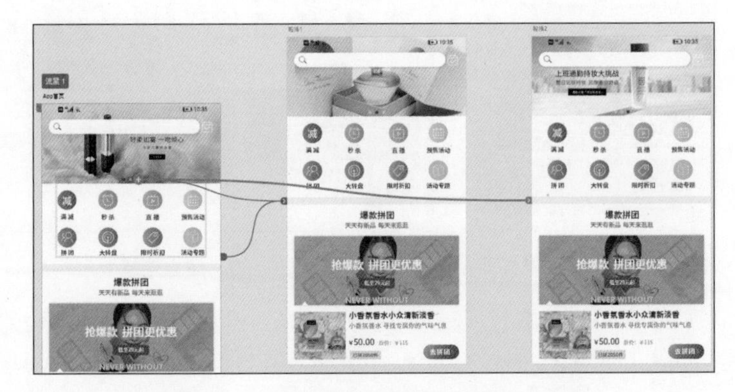

图6-27 为第3个圆点控件与画板建立连接

（14）使用步骤（11）～步骤（13）的制作方法，为“轮播1”和“轮播2”画板中的2个圆点控件与对应的画板建立连接，连接线如图6-28所示。

（15）所有连接建立完成后，单击“模式栏”右侧的“桌面预览”按钮，弹出“预览”对话框，查看点击控件的交互效果，如图6-29所示。

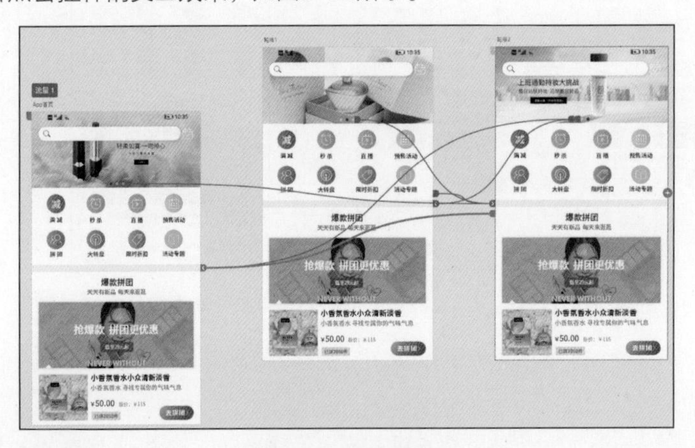

图6-28 建立连接2

图6-29 查看交互效果

提 示

因为在移动App项目中设备的屏幕大小非常有限，所以一般情况下，一个App界面放置的信息也不会很多，这时如果设计了非常复杂的交互效果，容易给用户造成浏览负担。本案例制作的是简单的轮播图转场过渡。

6.4.3 层级展示

在现实空间中，物体存在近大远小的原则，运动则表现为近快远慢。当界面中的元素存在不同的层级时，恰当的动效可以帮助用户理清前后位置关系，体现出整个界面的空间感。图6-30所示为应用了层级展示动效的App界面。

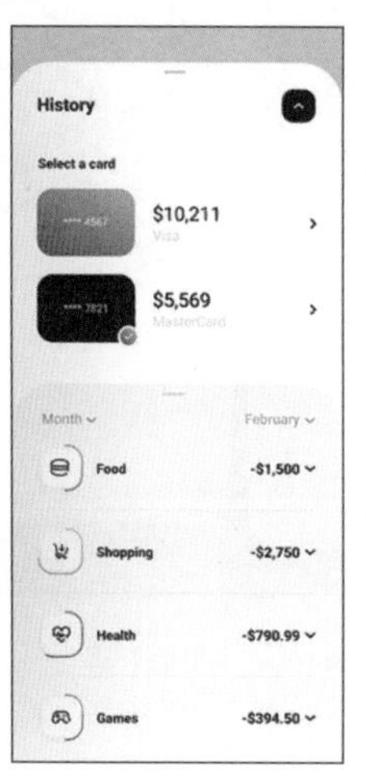

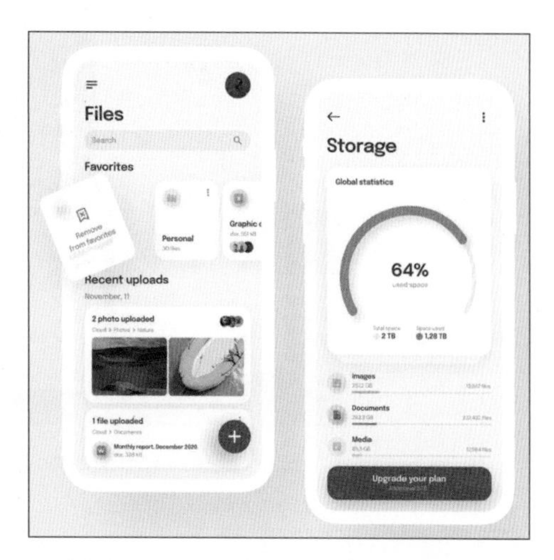

图6-30　应用层级展示动效的App界面

6.4.4　空间扩展

在移动端UI设计中，由于有限的屏幕空间难以承载大量的信息内容，因此设计师可以通过动效的形式（在界面中以折叠、翻转和缩放等形式）拓展附加内容的界面空间，以渐进展示的方式来减轻用户的认知负担。图6-31所示为应用了空间扩展动效的App界面。

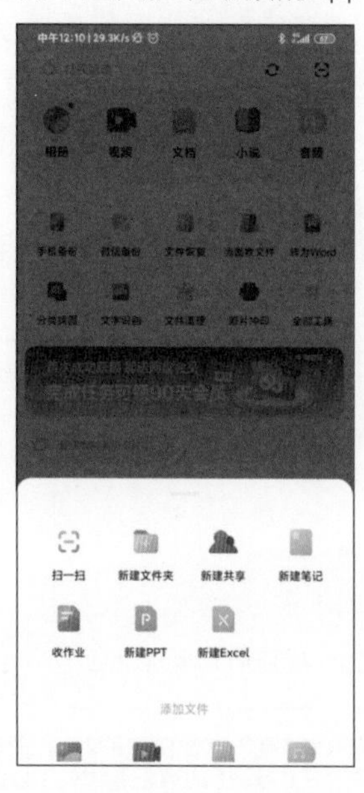

图6-31　应用空间扩展动效的App界面

6.4.5　关注聚焦

关注聚焦是指在界面中通过元素的动作变化，提醒用户关注界面中特定的信息内容。这种提醒方式不仅可以降低视觉元素的干扰，使界面更加清爽、简洁，还可以自然地吸引用户的注意力。

例如，在天气App界面中，通过界面上半部分的天气动画表现天气状况，同时界面下方未来几天的天气状况也采用了位移入场的动画形式，按照元素缓动的原理，为内容赋予弹性处理，如图6-32所示。

图6-32　应用关注聚焦动效的App界面

6.4.6　内容呈现

界面中的内容元素按照一定的秩序规律逐级呈现，引导用户视觉焦点走向，帮助用户更好地感知页面布局、层级结构和重点内容，同时也能够让界面的操作流程更加流畅，增添界面的表现活力。

例如在App界面中，各功能选项以风格统一但颜色不同的图标整齐排列表现，当用户在界面中单击某个功能图标时，将切换过渡到相应的信息列表界面中，而信息列表的呈现方式同样通过动效的形式来表现，并且不同的信息使用了不同的背景颜色，使界面的信息内容表现非常清晰，如图6-33所示。

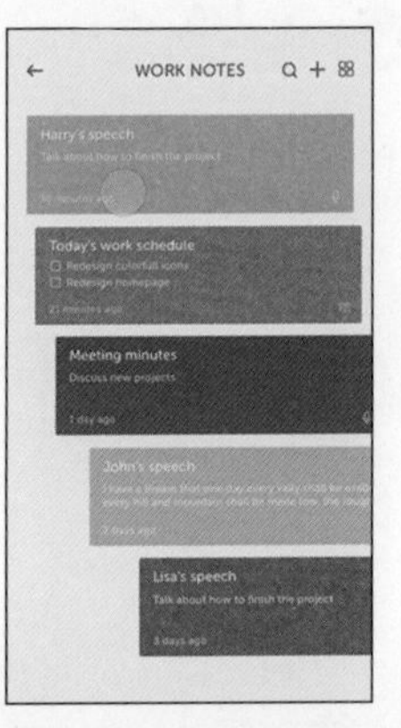

图6-33　应用内容呈现动效的App界面

6.4.7　操作案例——设计与制作相册App内容呈现交互

源文件：资源包\源文件\第6章\6-4-7.xd

视　频：资源包\视频\第6章\6-4-7.mp4

（1）启动Adobe XD软件，在主页界面中的“自定大小”选项下设置画板尺寸，尺寸参数如图6-34所示。设置完成后，单击“自定大小”选项图标，进入软件的工作区域并修改画板的名称为“相册App”。

（2）选择工具栏中的“矩形”工具，在画板中按住鼠标左键并拖曳创建任意颜色的正方形，效果如图6-35所示。

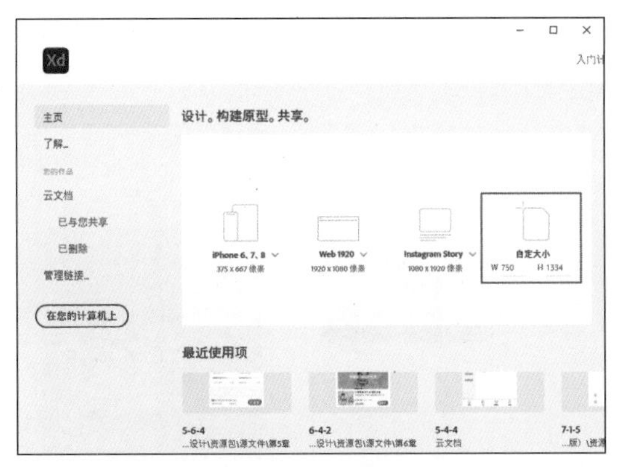

图6-34　新建XD格式文件

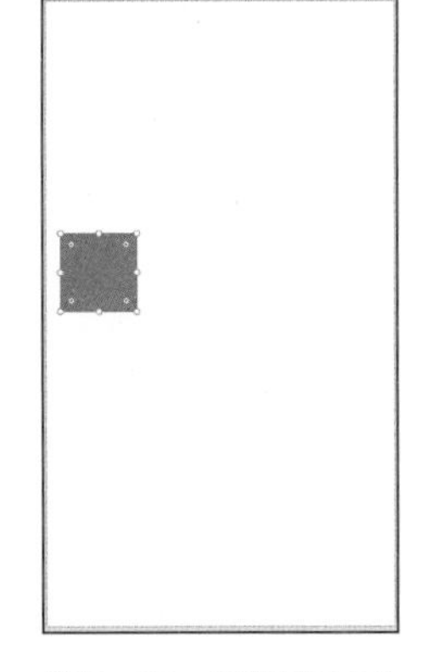

图6-35　创建正方形

（3）将鼠标指针置于正方形上方，按住【Alt】键和鼠标左键不放并使用“选择”工具向右侧拖曳，复制正方形，连续复制多个并调整摆放位置，效果如图6-36所示。将文件夹中的图像拖曳到正方形上，完成形状蒙版的创建，效果如图6-37所示。

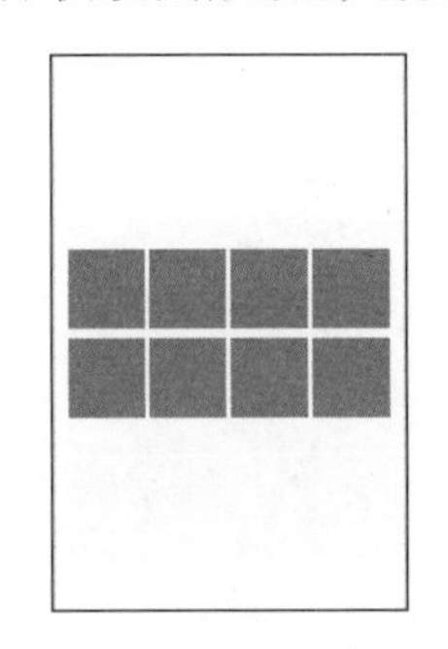

图6-36　复制多个正方形

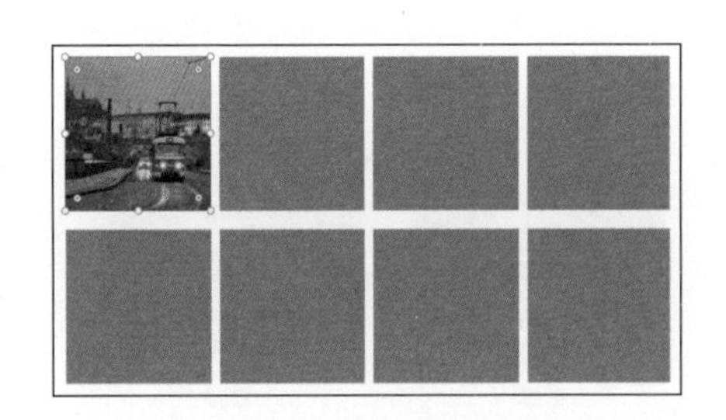

图6-37　创建形状蒙版

（4）使用步骤（3）的绘制方法逐一为正方形添加图像，完成多个形状蒙版的创建，蒙版效果如图6-38所示。

（5）使用“矩形”工具在画板底部的外侧绘制1个圆角矩形，选择工具栏中的“文本”工具，在圆角矩形上单击插入输入点，输入文本内容，效果如图6-39所示。

图6-38　创建多个形状蒙版

图6-39　绘制圆角矩形并添加文本

（6）选中所有内容，按【Ctrl+G】组合键将它们编为1组，再打开“图层”面板，选择按钮的相关图层，将它们编为1组并重命名为“按钮”，调整图层的排列顺序，“图层”面板如图6-40所示。

（7）将鼠标指针置于“相册App”画板名称处，按住【Alt】键和鼠标左键不放并向下拖曳以复制画板，修改画板名称为“相册App-查看大图”；使用“选择”工具双击第1张图像将其选中，等比例放大图像并调整摆放位置，效果如图6-41所示。

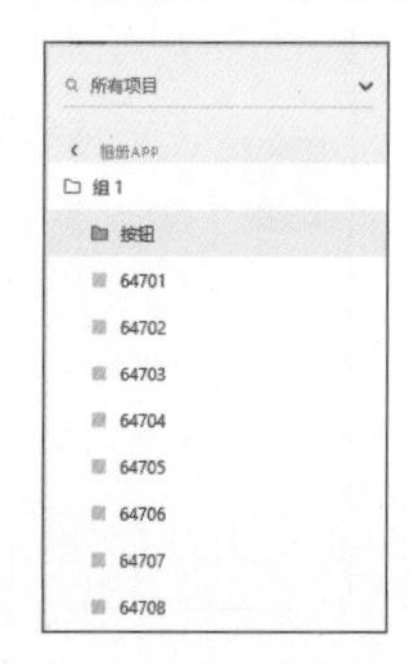

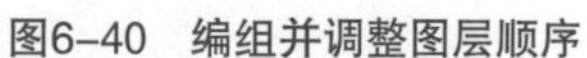

图6-40　编组并调整图层顺序

图6-41　复制画板并调整图像大小

（8）选择“相册App-查看大图”画板中的按钮，调整按钮的摆放位置；完成后使用“选择”工具复制“相册App-查看大图”画板，如图6-42所示。逐一选择“相册App-查看大图-1”画板中的图像，等比例放大每一张图像，并调整图像的摆放位置，如图6-43所示。

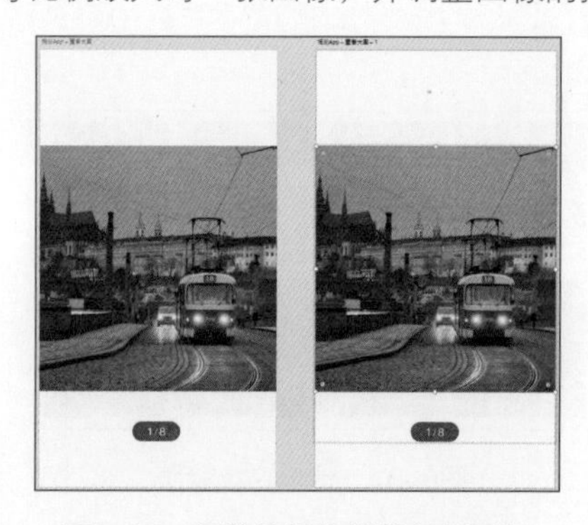

图6-42　调整按钮位置并复制画板

图6-43　调整图像的大小和位置

提 示

读者在调整多张位于相同摆放位置的图像大小时，可以在“图层”面板中将已经完成调整的图像隐藏，方便查看其余图像的大小和位置；当所有图像都完成调整后，再逐一显示隐藏的图像。

（9）使用“选择”工具复制“相册App-查看大图-1”画板，复制完成后双击画板中的图像，调整图像的摆放位置，并调整按钮中的文字内容，画板效果如图6-44所示。

（10）使用步骤（9）的绘制方法，复制画板并调整画板中的内容，完成所有图像的查看界面制作，效果如图6-45所示。

图6-44　画板效果

图6-45　连续多次复制画板

（11）单击“模式栏”中的“原型”选项，保持工具栏中“选择”工具的选中状态，单击“相册App”画板名称将其选中，单击画板左上角的“主页”按钮，将画板设置为第1屏界面，如图6-46所示。

（12）双击选中“相册App”画板中的第1张图像，将鼠标指针置于图像右侧边线中间的连接器上，按住鼠标左键并拖曳连接器到“相册App-查看大图”画板上，为图像与画板建立连接，如图6-47所示。

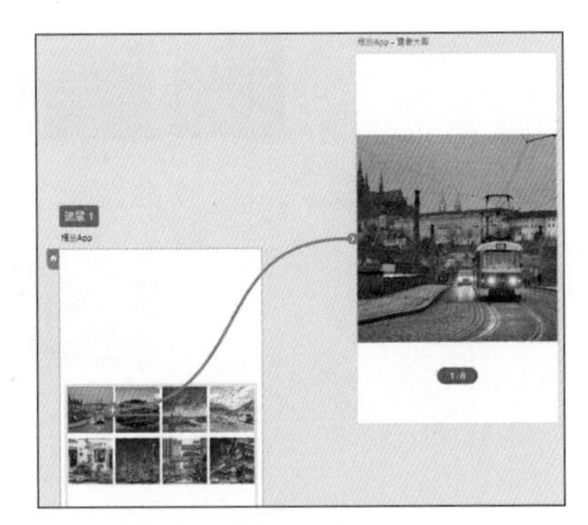

图6-46　设置第1屏界面　　　　图6-47　为图像与画板建立连接

（13）建立连接后，在工作界面右侧的“属性”面板中设置触发、类型、缓动和持续时间等交互参数，各项参数设置如图6-48所示。

（14）选择“相册App-查看大图”画板，使用“选择”工具为“相册App-查看大图”画板与“相册App-查看大图-1”画板建立连接，连接线如图6-49所示。

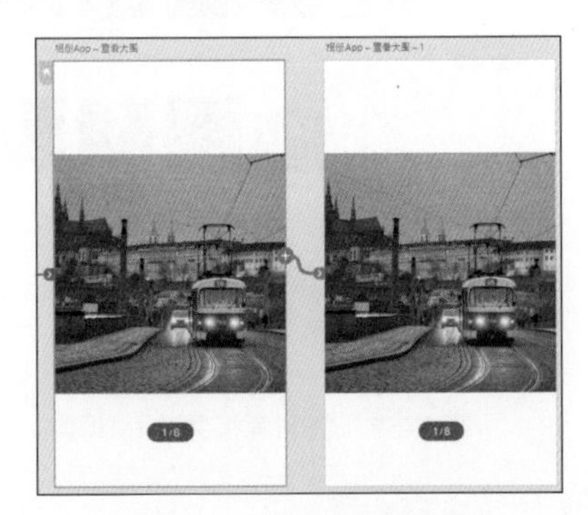

图6-48　设置交互参数　　　　图6-49　为2个画板建立连接

（15）建立连接后，在工作界面右侧的“属性”面板中设置触发、延迟、缓动和持续时间等交互参数，各项参数设置如图6-50所示。

（16）选择“相册App-查看大图-1”画板中的按钮控件，使用“选择”工具为按钮控件与“相册App-查看大图-2”画板建立连接，并在“属性”面板中设置各项交互参数，如图6-51所示。

图6-50　设置各项参数　　　　图6-51　为按钮控件与画板建立连接

（17）使用步骤（12）～步骤（16）的绘制方法，为“相册App”画板中的每一张图像与相应画板建立连接，并为“相册App-查看大图-2”等多个画板中的按钮控件与相连画板建立连接，连接线如图6-52所示。

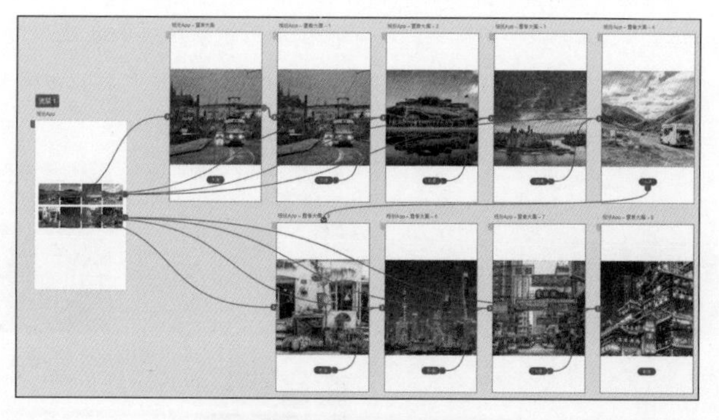

图6-52 建立多个连接

（18）使用“选择”工具复制2个“相册App-查看大图-8”画板，并为画板建立相应的连接，连接线如图6-53所示。所有连接建立完成后，单击“模式栏”右侧的“桌面预览”按钮，弹出“预览”对话框，查看相册内容的交互效果，如图6-54所示。

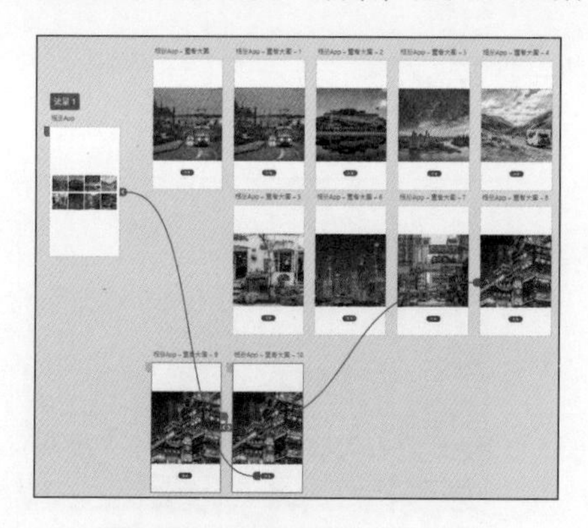

图6-53 复制画板并建立连接

图6-54 查看交互效果

6.4.8 操作反馈

在App界面中进行点击、长按、拖曳和滑动等交互操作都应该得到系统的即时反馈，并将其以视觉动效的方式呈现，帮助用户了解当前系统对用户交互操作的响应情况，为用户带来安全感。

图6-55所示为一款App应用界面中常见的“收藏”功能图标的交互设计。当用户点击“收藏”图标时，红色的实心心形图标会逐渐放大并替换默认状态下的灰色线框心形图标。这个简单的交互操作动效，能够给用户带来非常明确的操作反馈。

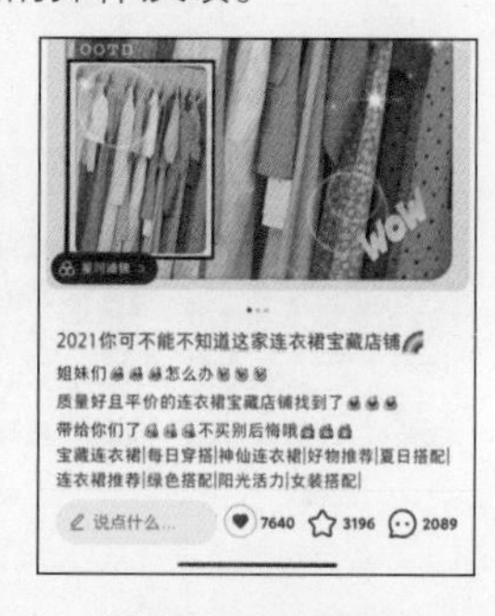

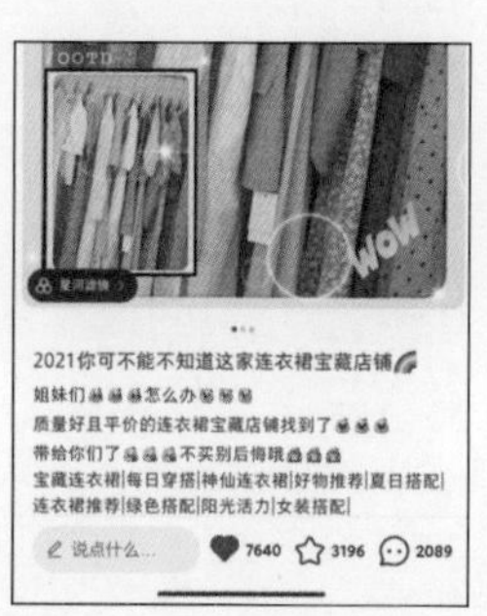

图6-55 “收藏”功能图标的交互设计

6.4.9 操作案例——设计与制作App点赞反馈交互

源文件：资源包\源文件\第6章\6-4-9.xd
视 频：资源包\视频\第6章\6-4-9.mp4

（1）启动Adobe XD软件，单击主页界面左侧的“您的计算机上”按钮，在弹出的对话框中选择XD选项，选择“6-4-9.xd”文件后，单击对话框右下角的“打开”按钮，效果如图6-56所示。

（2）选择工具栏中的“选择”工具，将鼠标指针移至“文章内页”画板的名称处，按住【Alt】键和鼠标左键不放并将其向右拖曳以复制画板，修改画板名称为“点赞反馈”，如图6-57所示。

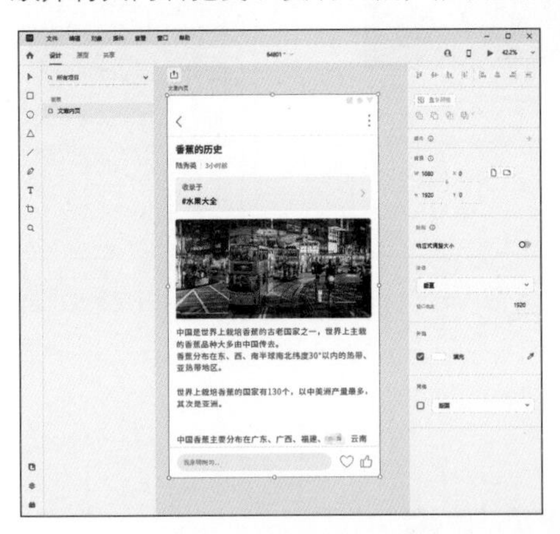

图6-56 打开XD格式文件

图6-57 复制画板

（3）选择工具栏中的“椭圆”工具，在“点赞反馈”画板中按住鼠标左键并拖曳，创建1个红色圆环；打开“图层”面板，单击灰色心形图层后面的“可见性”图标，将其隐藏，效果如图6-58所示。

（4）使用“椭圆”工具在圆环周围绘制多个红色圆点，使用“选择”工具双击红色心形，等比例放大心形，图像效果如图6-59所示。

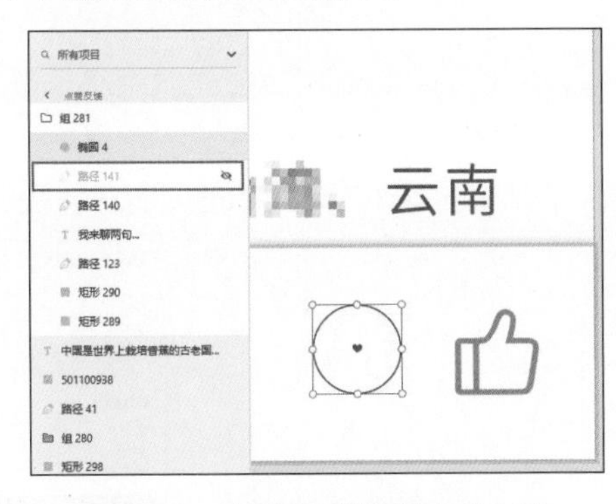

图6-58 绘制圆环并隐藏灰色心形

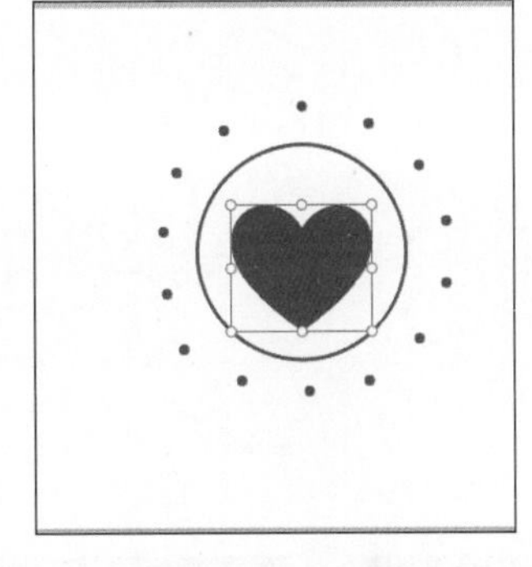

图6-59 图像效果

（5）使用“选择”工具复制“点赞反馈”画板，得到“点赞反馈-1”画板。选择红色心形，将其等比例放大到与灰色心形相同的大小。选择所有红色圆点和圆环，按【Delete】键删除，图像效果如图6-60所示。

（6）单击“模式栏”中的“原型”选项，保持工具栏中“选择”工具的选中状态。选择“文章内页”画板名称，单击画板左上角的“主页”按钮，将画板设置为第1屏界面，如图6-61所示。

（7）使用“选择”工具双击“文章内页”画板中的灰色心形控件，将鼠标指针置于控件右侧边线中间的连接器上，按住鼠标左键并拖曳连接器到“点赞反馈”画板上，松开鼠标左键，为控件与画板建立连接，如图6-62所示。

（8）建立连接后，在工作界面右侧的“属性”面板中设置触发、类型、缓动和持续时间等交互参数，各项参数设置如图6-63所示。

图6-60　复制画板并调整画板内容

图6-61　指定第1屏界面

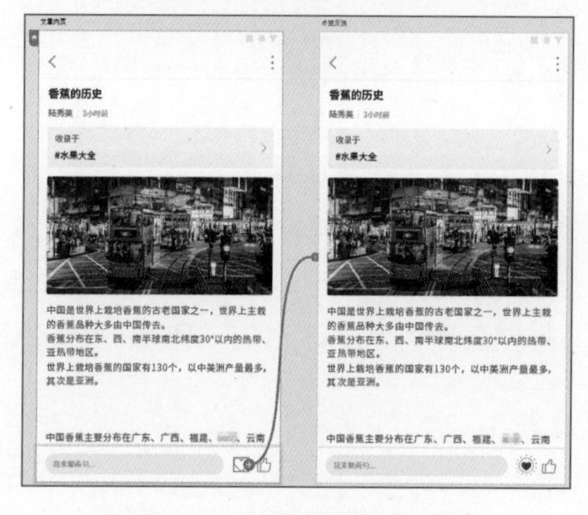

图6-62　为控件与画板建立连接

图6-63　设置参数

（9）选择“点赞反馈”画板，使用“选择”工具为“点赞反馈”画板与“点赞反馈-1”画板建立连接，并在“属性”面板中设置各项交互参数，如图6-64所示。

（10）所有连接建立完成后，单击“模式栏”右侧的“桌面预览”按钮，弹出“预览”对话框，查看点击控件的交互效果，如图6-65所示。

图6-64　建立连接并设置交互参数

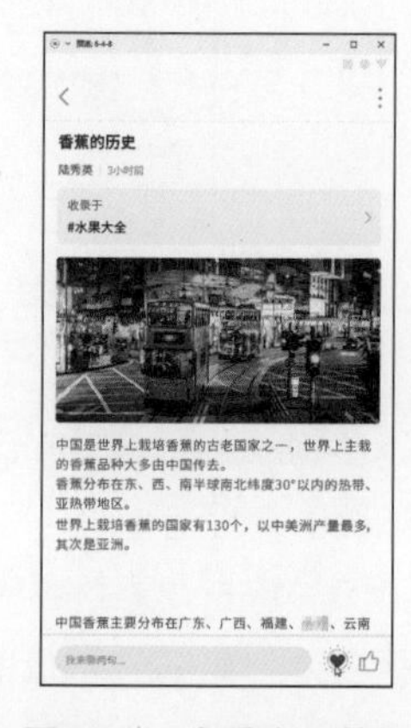

图6-65　查看交互效果

6.5 动效在UI中的作用

为什么需要在UI中加入动效设计呢？除了能够给用户带来酷炫的视觉效果外，UI中的动效设计在用户体验中也发挥着很重要的作用。

6.5.1 吸引用户注意力

人类天生就对运动的物体格外注意，因此UI中的动态效果自然是吸引用户注意力的一种很有效的方法。通过动态效果来提示用户操作比传统的“点击此处开始”这样的提示更直接，也更美观。

例如，在运动App界面中，随着用户不断地运动，界面中的各项数值也在不断地变化，从而有效地提醒用户注意这些运动数据的变化。虽然这样的动效表现很细微，但还是能够有效引起用户的注意，如图6-66所示。

再如，在iOS中，当用户轻触Safari的地址栏时，界面会发生3种变化：地址栏变窄且其右侧出现“Cancel”（取消）按钮、界面中出现书签、界面下方弹出键盘。这几个动画中，幅度最大的动效是弹出键盘，从而把用户的注意力吸引到键盘上，有利于接下来要进行的操作，如图6-67所示。

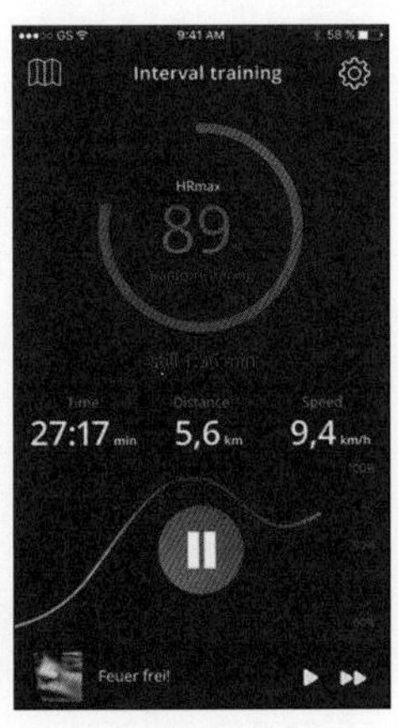

图6-66　细微动效吸引用户注意力

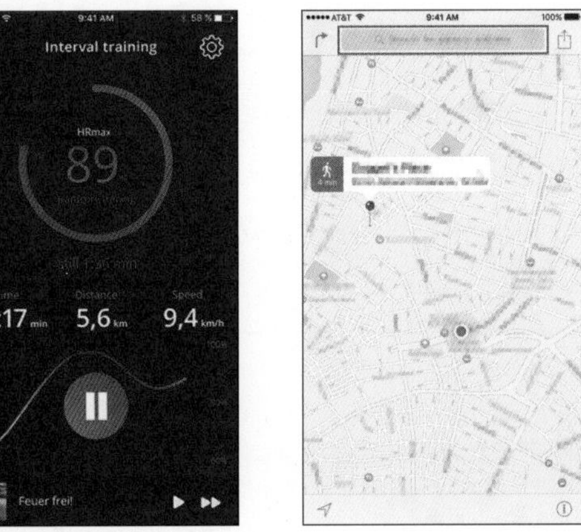

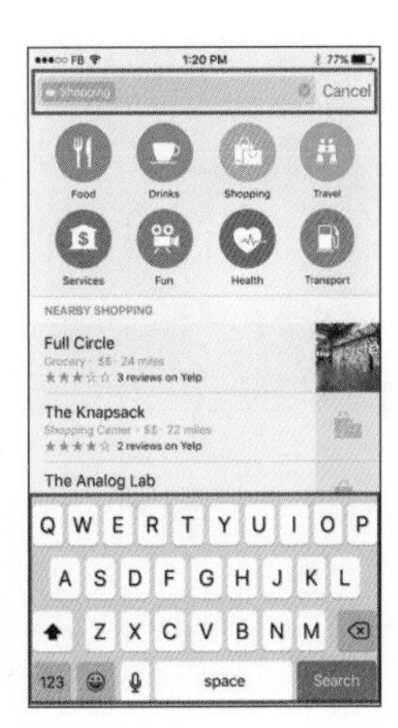

图6-67　吸引用户注意力到键盘上

6.5.2 为用户提供操作反馈

在智能移动设备的屏幕上点按虚拟元素，不像按实体按钮一样能够感觉到明显的触觉反馈。此时，动态的交互效果就成为一种很重要的反馈途径。有些动态效果反馈非常细微，但是组合起来却能传达很复杂的信息。

6.5.3 加强指向性

设计师应为移动App设计页面切换效果。例如，在查看照片或进入聊天状态时，合理的动态交互效果能够帮助用户建立很好的方向感，就像设计合理的路标能够引导司机走向正确的道路一样。

例如用户登录购物App，在商品列表界面中点击某个商品图像后，图像从在列表中的位置放大，逐渐过渡到该商品的详细信息界面，如图6-68所示；同时点击商品详细信息界面左上角的“返回”图标，则该商品图片逐渐缩小，并返回到商品列表界面，指引用户找到浏览的位置。

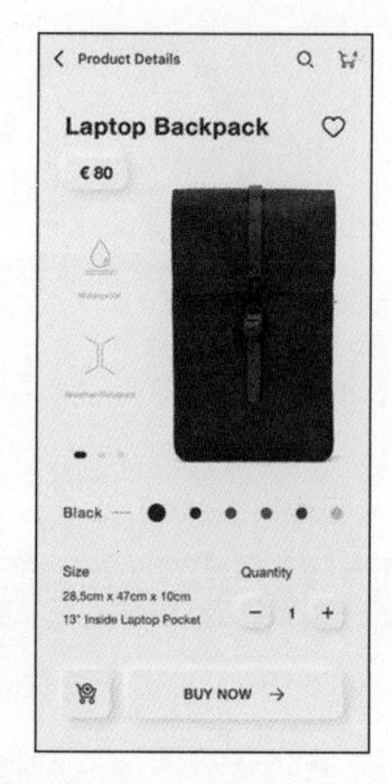

图6-68　动效可加强指向性

6.5.4　操作案例——设计与制作App后台交互

源文件：资源包\源文件\第6章\6-5-4.xd

视　频：资源包\视频\第6章\6-5-4.mp4

（1）启动Adobe XD软件，在主页界面中的“自定大小”选项下设置画板尺寸，尺寸参数设置如图6-69所示；设置完成后，单击“自定大小”选项图标，进入软件的工作区域并修改画板的名称为“后台”。

（2）选择工具栏中的“矩形”工具，在画板中按住鼠标左键并拖曳创建1个矩形，矩形的大小与画板尺寸相同。将文件夹中的图像拖曳到矩形上方，松开鼠标左键，完成形状蒙版的创建，蒙版效果如图6-70所示。

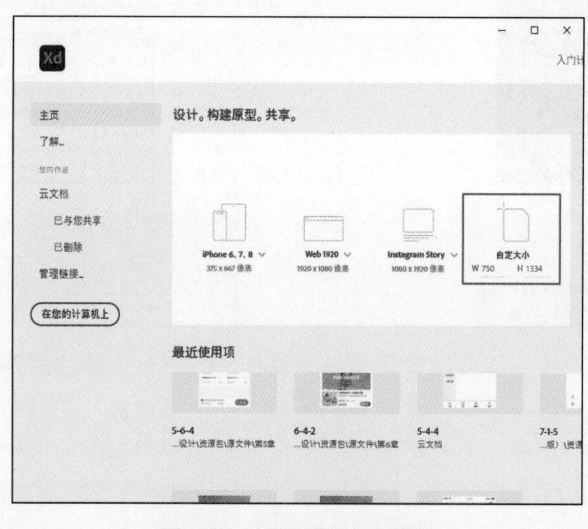

图6-69　新建XD格式文件

图6-70　创建形状蒙版

（3）使用“矩形”工具创建1个矩形，并将文件夹中的图像拖曳到矩形中，创建形状蒙版。打开“图层”面板，选中2个形状蒙版，按【Ctrl+G】组合键将其编为1组，形状蒙版和“图层”面板如图6-71所示。

（4）选择工具栏中的“椭圆”工具，在画板中按住鼠标左键并拖曳创建1个白色的圆，在“属性”面板中设置圆的各项参数，如图6-72所示。

图6-71　形状蒙版和“图层”面板

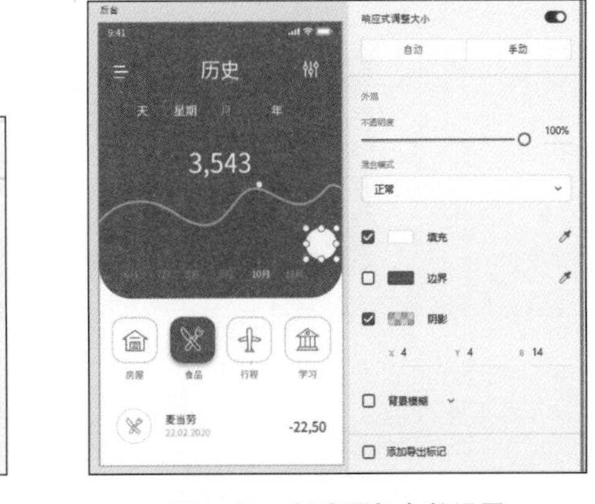

图6-72　创建圆与参数设置

提 示

在“图层”面板中，按住【Shift】键不放的同时连续单击图层，可以选中相连的多个图层；按住【Ctrl】键不放的同时连续单击图层，可以选中不相连的多个图层。读者也可以在“图层”面板中按住鼠标左键并拖曳包围多个图层，松开鼠标左键后，即可选中被包围的多个图层。

（5）选择工具栏中的“选择”工具，将鼠标指针移至“后台”画板的名称处，按住【Alt】键不放并向右拖曳复制画板，得到名称为“后台-1”的画板，如图6-73所示。

（6）双击“后台-1”画板中紫色的形状蒙版，调整蒙版的大小和摆放位置；选中白色的形状蒙版，调整蒙版的大小和摆放位置，效果如图6-74所示。

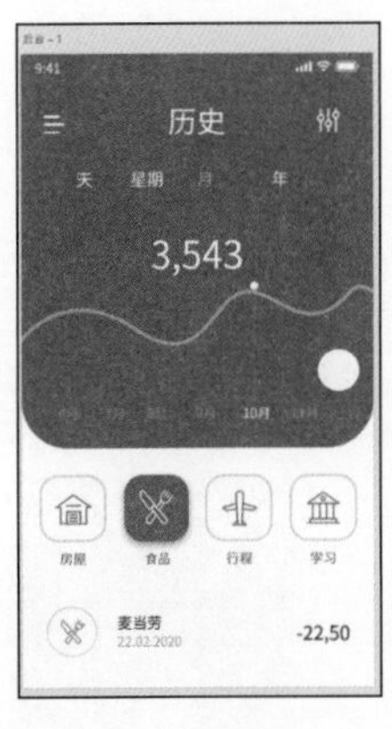

图6-73　复制画板1

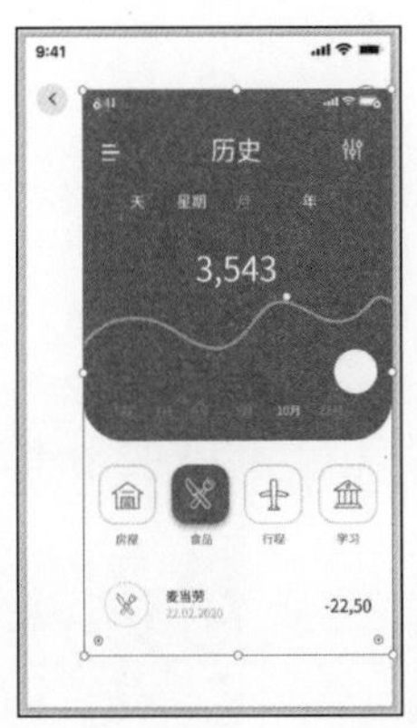

图6-74　调整形状蒙版的大小和位置

（7）将鼠标指针移至“后台-1”画板的名称处，按住【Alt】键不放并使用“选择”工具向右拖曳复制“后台-2”画板，画板效果如图6-75所示。

（8）双击“后台-2”画板中的紫色形状蒙版，使用“选择”工具向右平移蒙版位置，单击白色的形状蒙版，调整蒙版的大小和摆放位置，蒙版效果如图6-76所示。

（9）使用“选择”工具复制2个“后台-2”画板，得到“后台-3”和“后台-4”画板，删除“后台-4”画板中的紫色形状蒙版，画板效果如图6-77所示。

（10）使用步骤（2）～步骤（9）的绘制方法，完成“后台-5”“后台-6”“后台-7”画板的内容制作，画板效果如图6-78所示。

图6-75　复制画板2

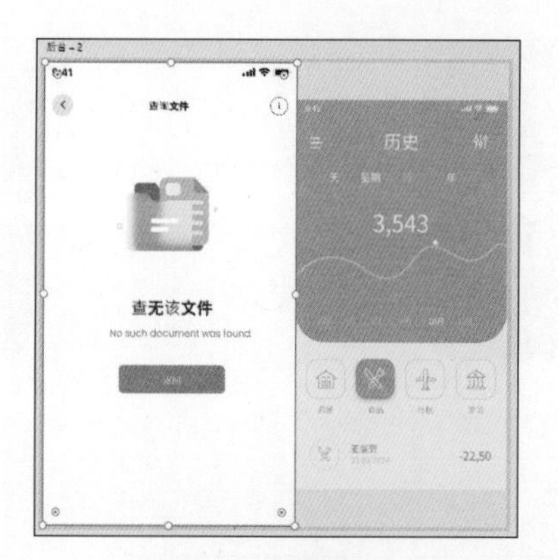

图6-76　蒙版效果

图6-77　复制画板3

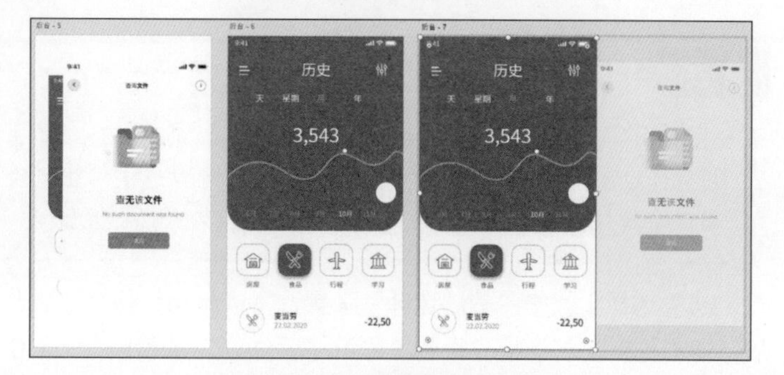

图6-78　完成画板的内容制作

（11）所有画板创建完成后，单击“模式栏”中的“原型”选项，保持工具栏中“选择”工具的选中状态，单击“后台”画板的名称将其选中，单击画板左上角的“主页”按钮，将画板设置为第1屏界面，如图6-79所示。

（12）单击“后台”画板中的圆控件，控件右侧边线中间出现连接器，将鼠标指针置于连接器上，按住鼠标左键并拖曳连接器到“后台-1”画板上，松开鼠标左键为控件与画板建立连接，如图6-80所示。

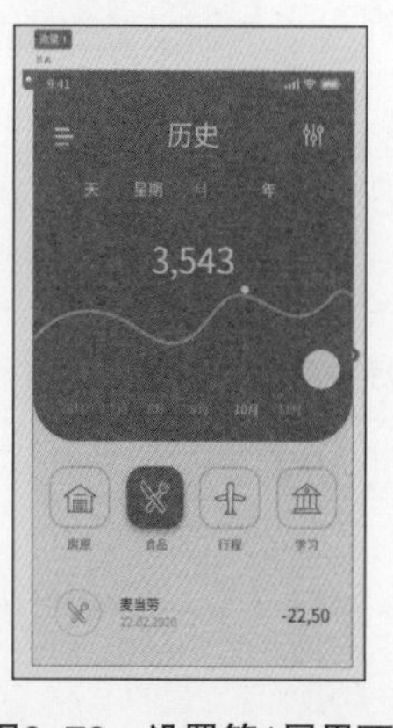

图6-79　设置第1屏界面

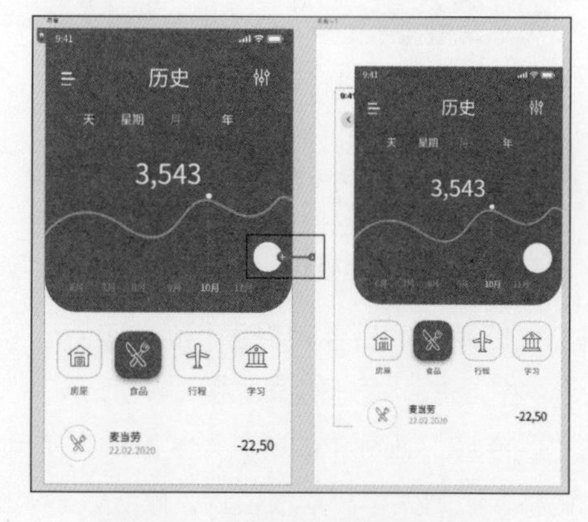

图6-80　为控件与画板建立连接

（13）建立连接后，在工作界面右侧的“属性”面板中设置触发、类型、缓动和持续时间等交互参数，如图6-81所示。

（14）使用“选择”工具双击“后台-1”画板中的白色形状蒙版将其选中，将鼠标指针置于形状蒙版右侧边线中间的连接器上，按住鼠标左键并拖曳连接器到“后台-2”画板上，为形状蒙版与画板建立连接，如图6-82所示。

图6-81 设置交互参数

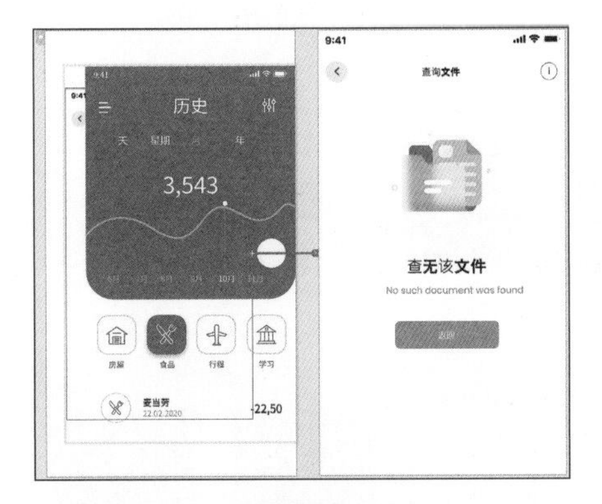

图6-82 为形状蒙版与画板建立连接

（15）单击“后台-2”画板名称将其选中，将鼠标指针置于画板的连接器上，按住鼠标左键并拖曳连接器到“后台-3”画板上，松开鼠标左键为2个画板建立连接，如图6-83所示。

（16）建立连接后，在工作界面右侧的“属性”面板中设置触发、延迟、类型、缓动和持续时间等交互参数，各项参数设置如图6-84所示。

图6-83 为2个画板建立连接1

图6-84 设置各项参数

（17）选中“后台-3”画板，使用“选择”工具为“后台-3”画板与“后台-4”画板建立连接，效果如图6-85所示。使用步骤（12）～步骤（16）的绘制方法，为“后台-4”“后台-5”“后台-6”“后台-7”画板建立相应的连接，连接效果如图6-86所示。

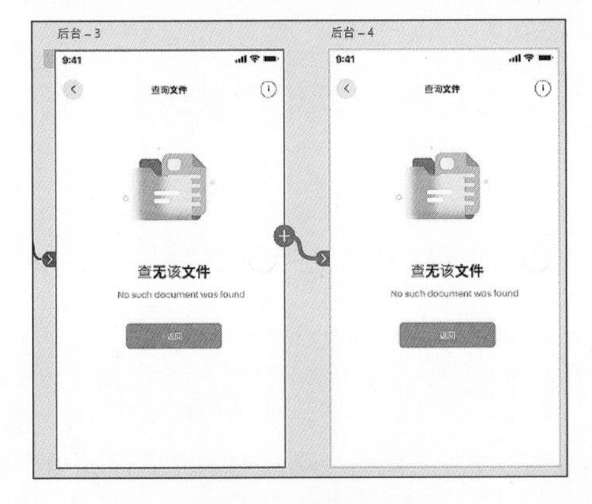

图6-85 连接效果

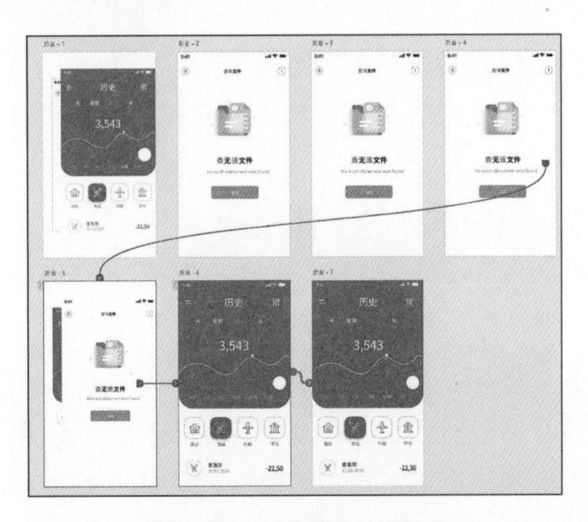

图6-86 为画板建立连接

（18）使用“选择”工具为“后台-7”画板与“后台”画板建立连接，如图6-87所示。所有连接建立完成后，单击“模式栏”右侧的“桌面预览”按钮，弹出“预览”对话框，查看后台程序的交互效果，如图6-88所示。

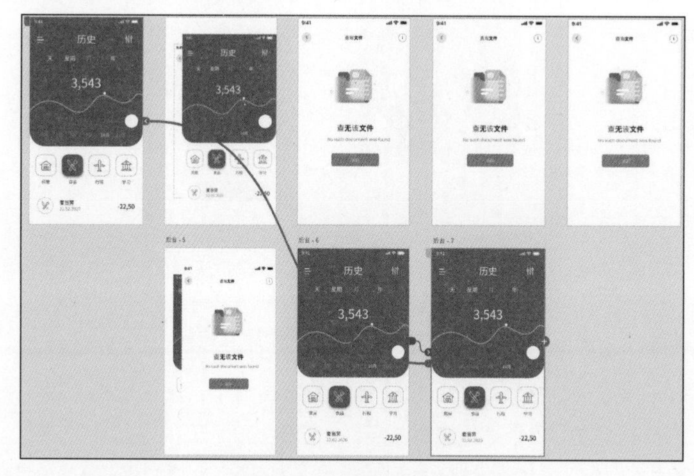

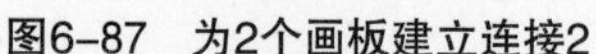

图6-87 为2个画板建立连接2

图6-88 查看后台程序的交互效果

6.5.5 传递信息深度

动态交互效果除了可以表现元素在界面上的位置和大小的变化外，还可以表现元素之间的层级关系。陀螺仪和加速度传感器能让界面元素之间产生微小的位移，从而产生视差效果，这样可以将不同层级的元素区分开来。

6.6 交互设计需要遵循的习惯

在为移动UI设计交互时，读者可以充分发挥个人的想象力，使界面在方便操作的前提下更加美观和易用。但是无论怎么设计都要遵循用户的一些习惯，例如地域文化、操作习惯和心理认知等，因此，设计师将自己当作用户，找到用户的习惯是非常重要的。

接下来分析哪些方面要遵循用户的习惯。

1. 尊重用户的文化背景

一个群体或民族的习惯是需要尊重的。如果违反了这种习惯，产品不但不会被接受，还可能使产品形象大打折扣。

2. 用户群体的人体机能

不同用户群体的人体机能也不相同，例如老人一般视力下降，需要使用较大的字体；盲人看不到东西，要在触觉和听觉上着重设计。不考虑用户群体的特定需求，任何一款产品都注定会失败。

3. 坚持以用户为中心

设计师设计出来的产品通常是被其他人使用的，所以在设计时，要坚持以用户为中心，充分考虑用户的需求，而不是以设计师本人的喜好为主。将自己模拟为用户，融入整个产品设计中，摒弃个人的一切想法，这样才可以设计出被广大用户接受的产品。

4．遵循用户的浏览习惯

用户在浏览App界面的过程中，通常都会形成一种特定的浏览习惯，例如首先会横向浏览，然后下移一段距离后再横向浏览，最后会在界面的左侧快速纵向浏览。这种已形成的习惯一般不会更改，设计师在设计时最好先遵循用户的这一习惯，再从细节上进行改进。

越来越多的App开始使用对话框或者气泡的设计形式来呈现信息，这种设计形式可以很好地避免打断用户的操作，并且更加符合用户的行为习惯，如图6-89所示。

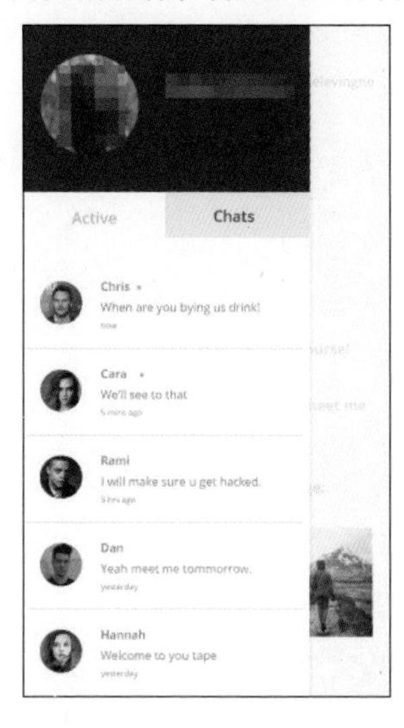

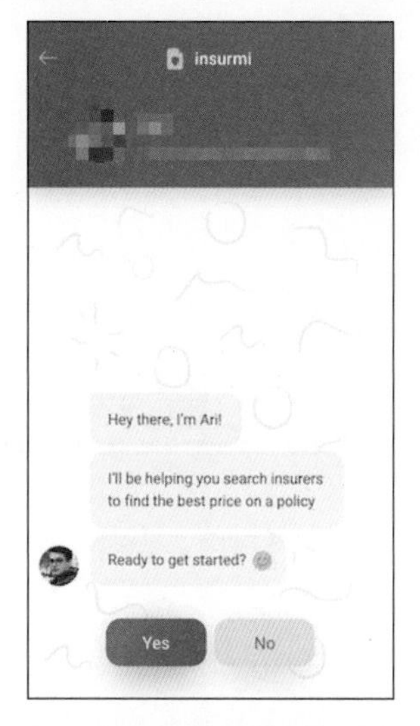

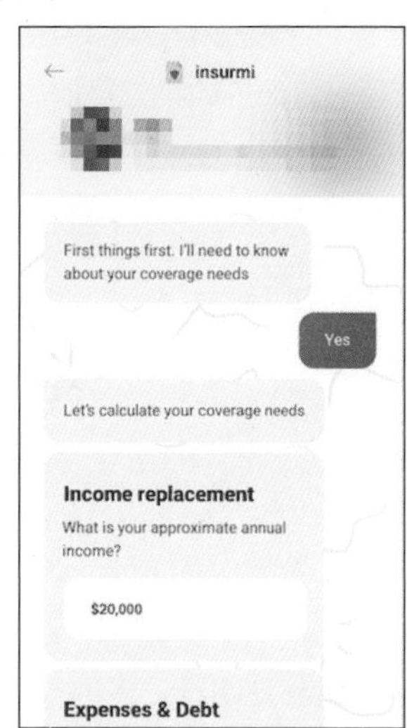

图6-89　对话框和气泡形式

6.7 本章小结

本章向读者介绍了移动App交互设计的相关知识。通过对本章内容的学习，读者能够理解什么是交互设计、交互设计的类型和作用，还能够了解可以使用哪些软件来制作交互设计，以及基础的动效有哪些。

适配与输出移动UI设计

完成一个移动App项目需要整个团队的共同努力，因此设计师完成UI设计后，需要对设计稿进行标注操作，以方便团队中的其他成员对移动App项目进行开发和完善。

由于移动端设备的分辨率不同，因此设计师需要将完成的移动App的UI设计图稿适配到不同设备中，使移动App的UI设计可以在不同系统和不同分辨率的设备中正确显示。

本章德育目标：具备精益求精的匠心精神。

7.1 标注的重要性

在开发工程师按照UI设计稿进行开发的过程中，会遇到元素间距、字体大小和元素颜色等无法确定的问题，此时，开发工程师可以根据标注设计稿中的距离、尺寸、色值和字体来完成工作内容。设计师对移动UI设计稿进行标注，就是为App项目团队中的UI设计师与开发工程师建立一种交流载体。

一份合格的UI设计稿需不需要标注其实并不重要，重要的是UI设计师如何才能与开发工程师来一场高效、通畅、和谐和相互理解的沟通。基于此目的，设计师在完成移动App项目的视觉设计后，可以与团队中的开发工程师进行有效沟通，了解并记住开发工程师需要的标注数据，再对完成的UI设计稿进行标注，使标注UI设计稿成为一座自由、高效沟通和交付的“桥梁”。

7.2 常见的标注软件

PxCook和Assistor PS都是界面切图与标注软件。PxCook是一个独立运行的软件，而Assistor PS虽然也可以单独运行，但通常需要与Adobe Photoshop一起配合使用。两款软件的操作方法也不相同，读者可以根据个人的喜好进行选择。

7.2.1 PxCook

PxCook被称为“像素大厨”，其主要功能是帮助设计师完成设计稿的标注和切图工作。PxCook软件可以对Adobe Photoshop、Sketch和Adobe XD完成的设计稿中的元素尺寸、元素距离进行标注，并支持在dp与px单位之间快速转换，而且其所有标尺数值都可以手动设置。读者可以根据自己的具体需求进行设置，以提高UI设计的工作效率。

PxCook软件同时兼容Windows操作系统和macOS，可以与Adobe Photoshop、Sketch和Adobe XD 软件配合，完成精确的切图操作。图7-1所示为PxCook的软件图标和工作界面。

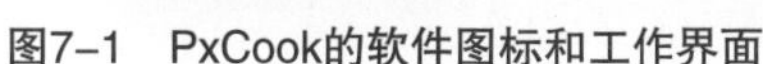
图7-1　PxCook的软件图标和工作界面

> **提 示**
>
> 在使用PxCook 之前，需要在设备上安装Adobe AIR，否则PxCook软件将不能正常安装使用。用户可以下载并安装Adobe Creative Cloud，然后安装Adobe AIR。

7.2.2　Assistor PS

Assistor PS 是一款功能强大的Adobe Photoshop辅助工具，它具有切图、标注坐标、标注尺寸、文字样式注释和画参考线等功能，可以为设计师节省很多时间。Assistor PS 不是扩展插件，而是一款独立运行的软件。

Assistor PS 同时兼容Windows操作系统和macOS。在Adobe Photoshop 中选择一个图层后，即可使用Assistor PS的功能。图7-2所示为Assistor PS的启动图标和工作界面。

图7-2　Assistor PS的启动图标和工作界面

7.3 标注移动UI

标注对App界面开发者来说是非常重要的，开发者能不能完美地还原设计稿，很大一部分取决于UI设计的标注是否准确、完整。

7.3.1　移动App标注的内容

UI设计师不需要将每一张效果图都进行标注，多个页面中相同的地方可以只标一次，例如导航栏文字大小与颜色、左右边距等。标注的页面能保证开发者顺利地进行开发工作即可。图7-3所示为完成的页面标注效果。

一般情况下，移动App 的UI设计需要标注以下几项内容。

- 文字：字体类型、字体大小、字体颜色。
- 段落文字：字体大小、字体颜色、行距。
- 布局控件属性：控件宽高、背景色、透明度、描边、圆角大小。
- 列表：列表高度、列表颜色、列表内容上下间距和左右间距。
- 间距：控件之间的距离、左右边距。

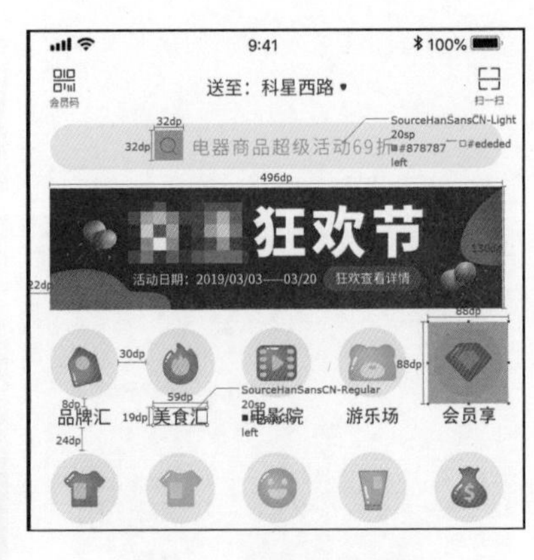

图7-3　页面标注效果

7.3.2　操作案例——标注iOS App界面

源文件：资源包\源文件\第7章\7-3-2.xd

视　频：资源包\视频\第7章\7-3-2.mp4

（1）启动Adobe XD软件，单击主页界面左侧的“您的计算机上”按钮，在弹出的对话框中选择XD选项，选择“7-3-2.xd”文件后，单击对话框右下角的“打开”按钮，文件效果如图7-4所示。

（2）执行“文件>导出>PxCook”命令，弹出“导入到项目”对话框，单击对话框中的“新建项目”按钮，弹出“创建项目”对话框，各项参数设置如图7-5所示。

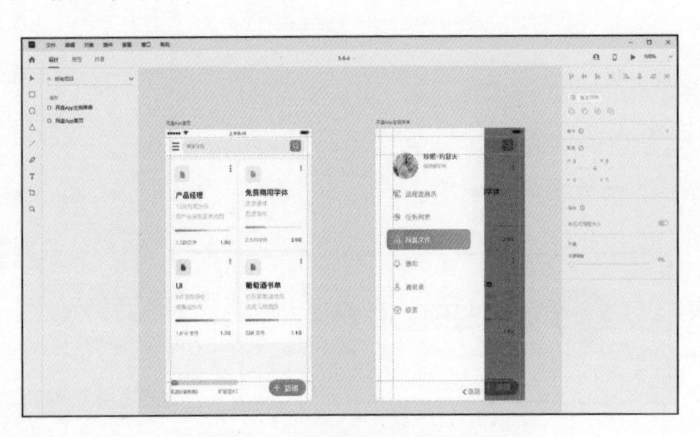

图7-4　打开XD格式文件

图7-5　创建项目

（3）设置完成后，单击对话框中的“创建项目”按钮，弹出“导入画板”对话框，参数设置如图7-6所示。单击“导入”按钮，将“网盘App首页”画板导入PxCook中，双击缩略图进入网盘App首页标注界面，效果如图7-7所示。

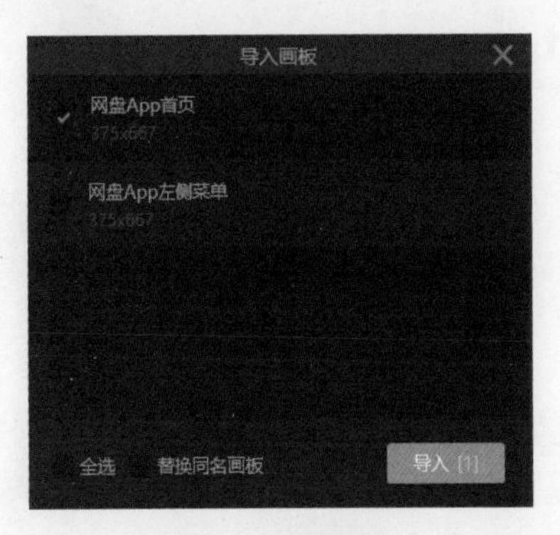

图7-6　设置参数

图7-7　进入网盘App首页标注界面

（4）在软件顶部的标签栏中设置标注的各项参数，如图7-8所示。

图7-8　设置各项参数

（5）选择首页标题栏左侧的菜单按钮，单击左侧工具箱中的“生成尺寸标注”按钮，生成的标注效果如图7-9所示。选择搜索框右侧的搜索图标，单击左侧工具箱中的“生成区域标注”按钮，生成的标注效果如图7-10所示。

图7-9　生成尺寸标注

图7-10　生成区域标注

（6）选择工具箱中的“距离标注”工具，将鼠标指针移至首页界面中的卡片边缘处，按住鼠标左键并向左拖曳，标注App界面的全局边距，标注效果如图7-11所示。

（7）使用“距离标注”工具在画板中2个卡片之间进行标注，标注App界面的内容间距，标注效果如图7-12所示。

图7-11　标注全局边距

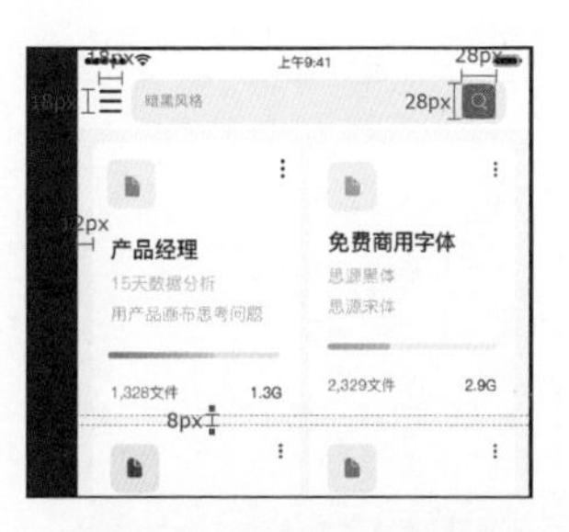

图7-12　标注内容间距

（8）使用相同的方法，标注图标之间和图标与文字之间的间距，标注效果如图7-13所示。选择文本内容，单击工具箱中的“生成文本样式标注”按钮，生成的文本标注效果如图7-14所示。

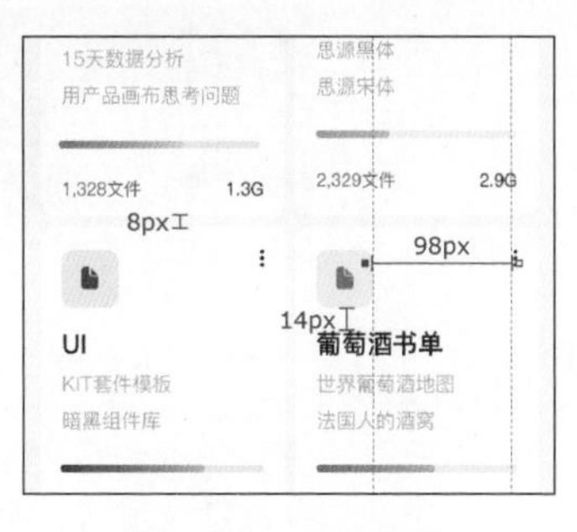

图7-13　标注间距

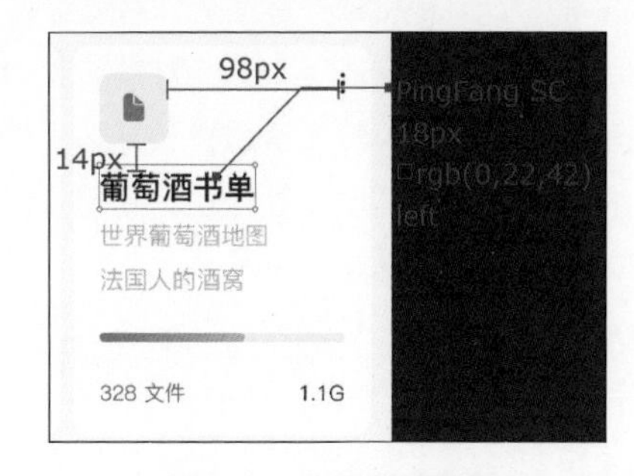

图7-14　文本标注效果

（9）在软件顶部的标签栏中修改需要标注的内容，如图7-15所示。完成后，使用“智能标注”工具拖曳调整文本标注的位置，标注效果如图7-16所示。

（10）使用步骤（2）～步骤（8）的绘制方法，将界面中的尺寸属性、文本属性和间距标注出来，标注效果如图7-17所示。

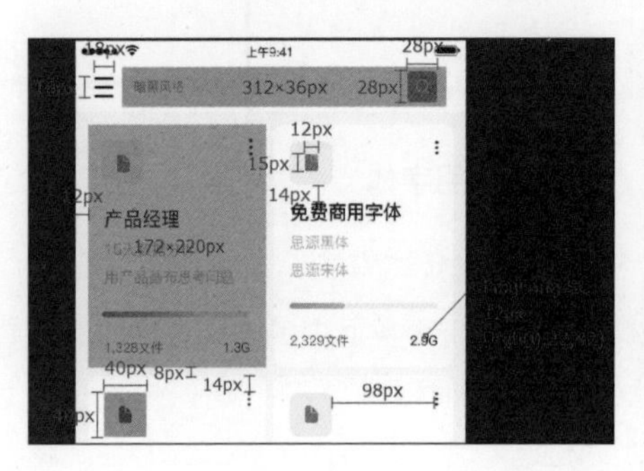

图7-15　修改标注内容

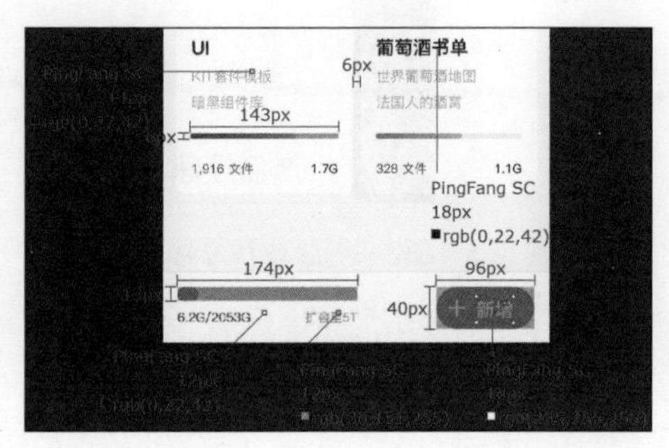

图7-16　调整标注位置

图7-17　页面标注效果

提　示

为了便于开发者使用导出的素材，设计师需要对导出的素材进行重命名操作。重命名操作会增加额外的工作量。设计师在导出元素前，可以在"图层"面板中对导出对象进行重命名，或者在设计与制作时就使用正确的名称，这样可以极大减少后期的工作量。

7.3.3　标注的声明文档

完美标注的设计稿其实就像一张准确的工程图纸，能够让开发者进行像素级还原，所以源文件本身必须经过规范、标准的操作。页面从整体到局部细节，每个元件的摆放位置、大小尺寸、色彩都遵循一定标准，做到有规律、有章法、有延续性。

移动App项目中的通用元素（例如背景、基本主色和线条等）和常用的模块（例如状态栏和标签栏的属性样式）都会在每个页面中反反复复出现，它们只需被统一声明一次，以后就不用重复声明了。

下面选择一个具有代表性的移动App的UI设计进行说明，如图7-18所示。

设计师将声明写成一个文档、一份表格或者一张图的形式，如图7-19所示。将图交给开发者，就能解决页面中的许多问题。声明中罗列的信息越详细，后面需要标注的内容就越少。

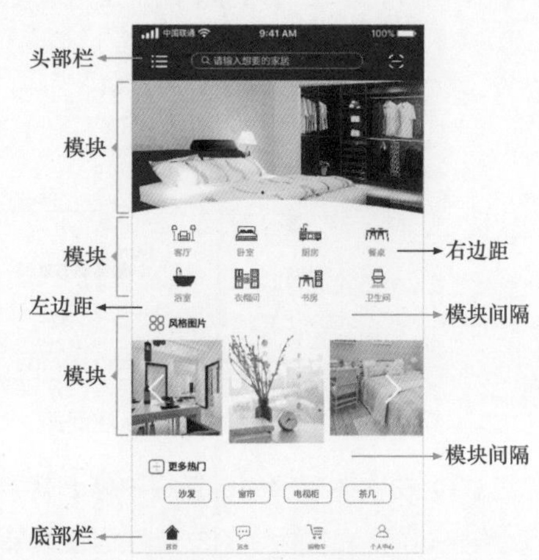

图7-18　标注总表配图

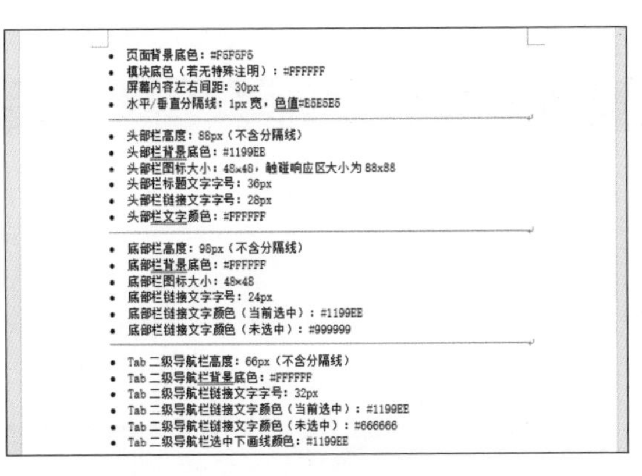

- 页面背景底色：#F5F5F5
- 模块底色（若无特殊注明）：#FFFFFF
- 屏幕内容左右间距：30px
- 水平/垂直分隔线：1px 宽，色值#E5E5E5

- 头部栏高度：88px（不含分隔线）
- 头部栏背景底色：#1199EE
- 头部栏图标大小：48x48，触碰响应区大小为 88x88
- 头部栏标题文字字号：36px
- 头部栏链接文字字号：28px
- 头部栏文字颜色：#FFFFFF

- 底部栏高度：98px（不含分隔线）
- 底部栏背景底色：#FFFFFF
- 底部栏图标大小：48×48
- 底部栏链接文字字号：24px
- 底部栏链接文字颜色（当前选中）：#1199EE
- 底部栏链接文字颜色（未选中）：#999999

- Tab 二级导航栏高度：66px（不含分隔线）
- Tab 二级导航栏背景底色：#FFFFFF
- Tab 二级导航栏链接文字字号：32px
- Tab 二级导航栏链接文字颜色（当前选中）：#1199EE
- Tab 二级导航栏链接文字颜色（未选中）：#666666
- Tab 二级导航栏选中下画线颜色：#1199EE

图7-19　声明文档

7.3.4　操作案例——标注Android系统App界面

源文件：资源包\源文件\第7章\7-3-4.xd

视　频：资源包\视频\第7章\7-3-4.mp4

（1）启动Adobe XD软件，将“7-3-4.xd”文件打开，文件效果如图7-20所示。执行“文件>导出>PxCook”命令，弹出“导入到项目”对话框，单击对话框中的“新建项目”按钮，弹出“创建项目”对话框，各项参数设置如图7-21所示。

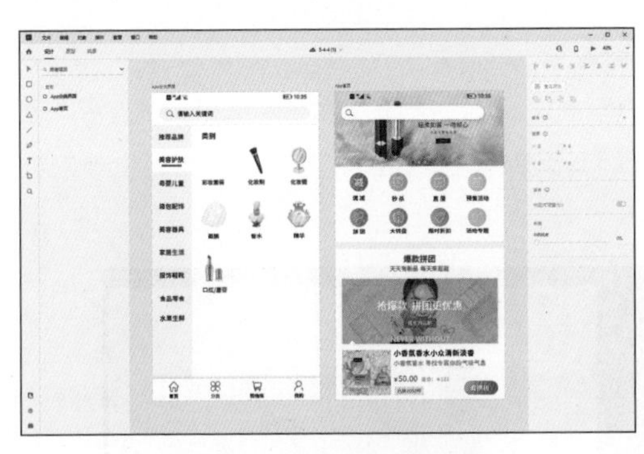

图7-20　打开XD格式文件

图7-21　设置各项参数

（2）设置完成后，单击对话框中的“创建项目”按钮，弹出“导入画板”对话框，参数设置如图7-22所示。单击“导入”按钮，将“App首页”画板导入PxCook中，双击缩略图进入App首页标注界面，如图7-23所示。

图7-22　设置参数

图7-23　进入标注界面

（3）在软件顶部的标签栏中设置标注的各项参数，如图7–24所示。

图7–24　设置标注参数

（4）选择工具箱中的“智能标注”工具，选中画板标题栏右侧的图标，单击工具箱中的“生成尺寸标注”按钮，生成的标注效果如图7–25所示。

（5）选择工具箱中的“距离标注”工具，将鼠标指针置于画板顶部，按住鼠标左键并将其向下拖曳，将搜索框到画板顶部的距离标注出来，效果如图7–26所示。

图7–25　尺寸标注效果

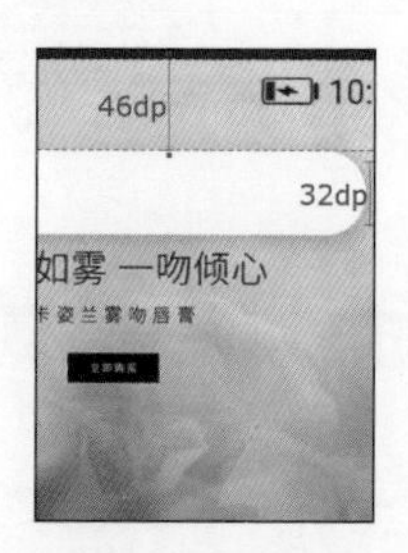

图7–26　标注距离

提 示

如果想要对编组对象中的某一个对象进行标注，则在该组上右击，在弹出的快捷菜单中选择要标注的对象进行标注即可。

（6）使用“距离标注”工具将App首页的全局边距标注出来，效果如图7–27所示。使用“智能标注”工具选择画板顶部的Banner图，单击工具箱中的“生成尺寸标注”按钮，生成的标注效果如图7–28所示。

图7–27　标注全局边距

图7–28　标注尺寸

（7）使用“智能标注”工具选择画板中的文本，单击工具箱中的“生成文本样式标注”按钮，拖曳调整文本标注的位置，并在顶部标签栏中修改需要标注的内容，文本标注效果如图7–29所示。

（8）使用“智能标注”工具选择画板中的功能图标，单击工具箱中的“生成区域标注”按钮，生成的标注效果如图7–30所示。

（9）使用“距离标注”工具在画板中的图标之间和图标与文字之间进行标注，间距标注效果如图7–31所示。使用“智能标注”工具选择拼团广告图，单击工具箱中的“生成尺寸标注”按钮，生成的尺寸标注如图7–32所示。

（10）使用步骤（2）～步骤（9）的绘制方法，完成“App首页”画板中的其余标注，标注效果如图7–33所示。执行“项目>导出标注图>当前画板”命令，导出当前画板。

图7-29　文本标注效果

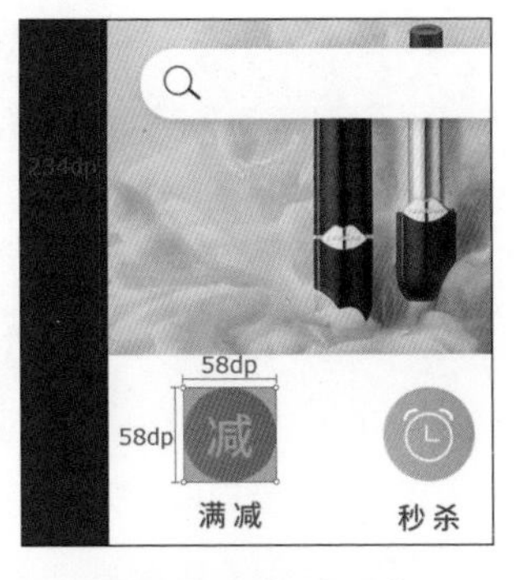

图7-30　标注区域

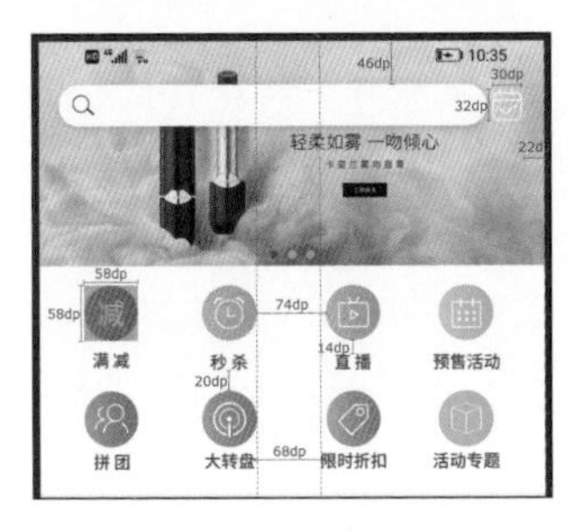

图7-31　间距标注

图7-32　生成尺寸标注

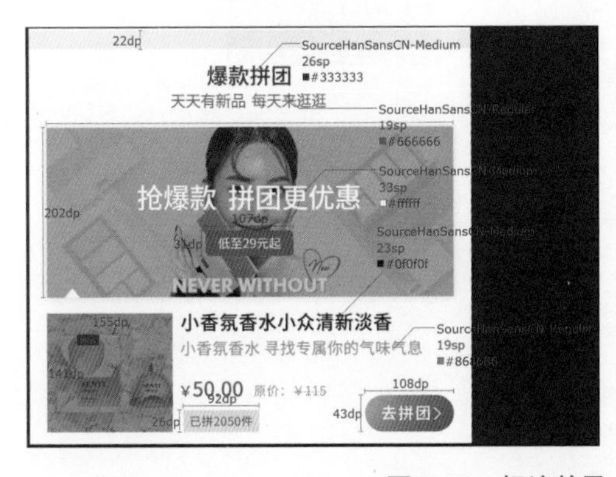

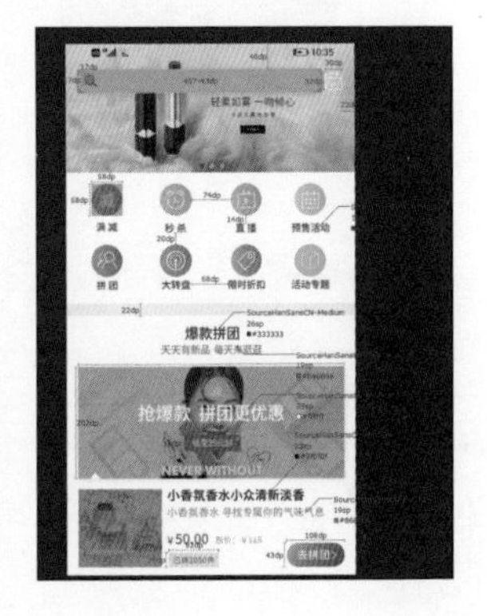

图7-33　标注效果

7.4 移动UI标注规范

设计师在为移动App的UI设计进行标注时也需要遵循一定的标注规范，以使完成后的所有标注都成为有效标注，从而提高开发者的工作效率。

7.4.1　位置与尺寸的标注规范

元素的位置标注，只需要标注这个元素在它的父级容器的相对位置，而不是标注它在整个页面中的全局位置。图7-34所示为错误的标注方式。正确的标注方式通常是先把大模块划分好，再标注里面的子元素，如图7-35所示。

图7-34　错误的标注　　　　图7-35　正确的标注

由于屏幕规格的多样性，因此位置与尺寸并不是固定的值。设计师要会剖析自己的设计稿，了解每个模块的构成。

在垂直维度上，图标、文字和栏目容器等大多数页面元素并不会发生变化，页面总高度的增加会让之前无法看全的内容显示出来。所以垂直高度和垂直距离只用直接标注数值，如图7-36所示。

但有一种情况例外，那就是页面中含有可变图片（如广告Banner、内容配图等）。当图片宽度拉伸的时候，为了保持图像比例不变，高度也会同步拉伸，从而撑高其父级容器的高度。所以通常不用标注容器的高度，只用标注内部元素之间的垂直间距，如图7-37所示。也就是说，容器的高度由页面的内容来决定。

图7-36　标注垂直高度　　　　图7-37　标注内部元素

在水平维度上，页面元素的宽度拉伸适配情况较为复杂，比较常见的有等分适配、百分比伸缩适配和固定一边适配，如图7-38所示。

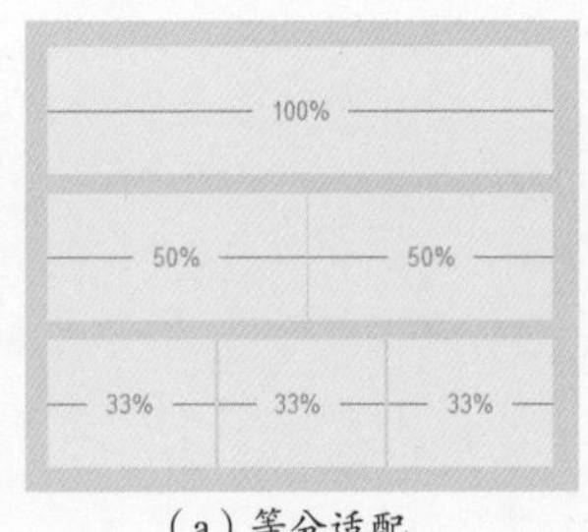

（a）等分适配

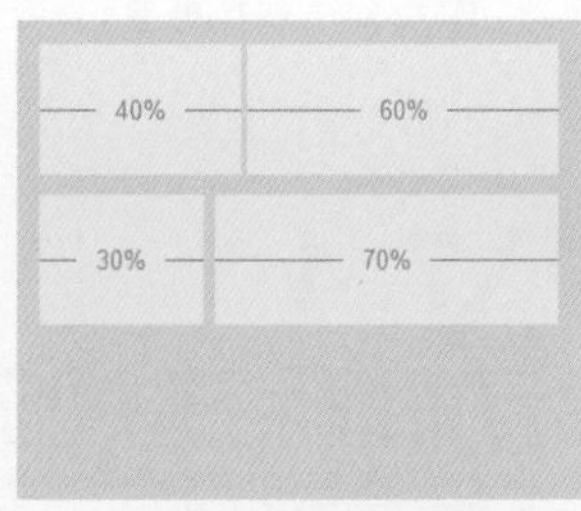

（b）百分比伸缩适配

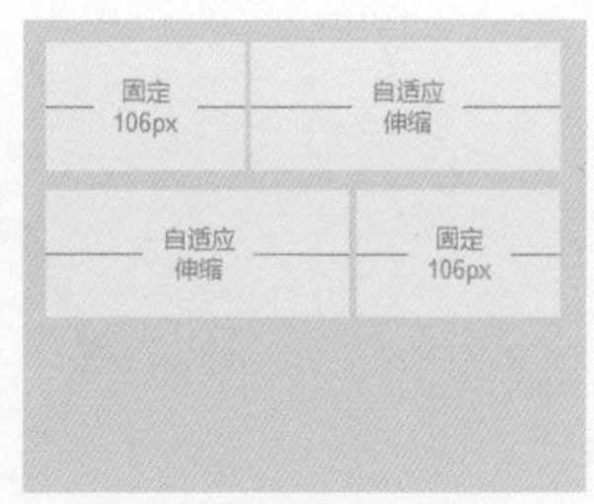

（c）固定一边适配

图7-38　宽度适配情况

在标注横向宽度之前，设计师需要弄清楚设计稿采用哪种分割结构，然后开始标注工作。由于手机屏幕空间有限，因此从交互体验上来讲，不会出现比上述更复杂的结构划分方式了。如果有，那一定是这个UI设计得过于复杂，设计师需要好好反思与优化设计。

在划分完大的模块结构后，接下来开始标注内部的元素。元素在垂直方向上通常都是“居顶”，水平方向上就只有“居左”“居中”“居右”这几种情况。居左的元素只需标注与父级容器的左边距，居右的元素标右边距，居中的元素只需注明“居中”，如图7-39所示。

提示

所有标注值必须使用偶数，这是为了保证设计效果，避免出现0.5像素的虚边。

7.4.2 色彩和文字的标注规范

标注的色彩值使用Hex值（如#fffff）表示；文字字号单位使用像素（px）。如果是多行文本，需要将行高参数标注出来。

标注所用的文字和线条色彩要与背景图像有较大反差，设计师可以为标注添加描边或外发光效果，便于区分。对于比较复杂的设计稿，设计师可以将其拆分为两份标注页面：一份专门标注位置和尺寸；另一份专门标注色彩与字号。这样做的好处是让色彩与文字标注信息互不干扰，便于阅读。

图7-39 标注内部元素

提示

界面标注的作用是给开发者提供参考，因此设计师在标注之前需要和开发者进行沟通，了解他们的工作方式，而在标注完成之后要讲明注意事项，以便更快捷、更高效地完成工作，并且最大限度地完成视觉效果的还原。

7.4.3 切图资源的尺寸必须是偶数

因为移动设备的屏幕大小都是偶数值，所以在切图操作中所有切图尺寸必须为偶数。例如，通常使用的iOS设计稿iPhone 6的屏幕分辨率为750px×1334px。

切图资源尺寸必须为偶数，是为了保证切图资源在程序员开发时能高清显示。因为1px是移动设备能够识别的最小单位，也就是说1px不能在智能手机上被分为两份，所以如果切图尺寸是奇数，手机系统将自动拉伸切图，从而导致切图资源的边缘模糊，使开发后的App界面效果与原设计效果存在差别。图7-40所示为切图尺寸为偶数和奇数的效果对比。

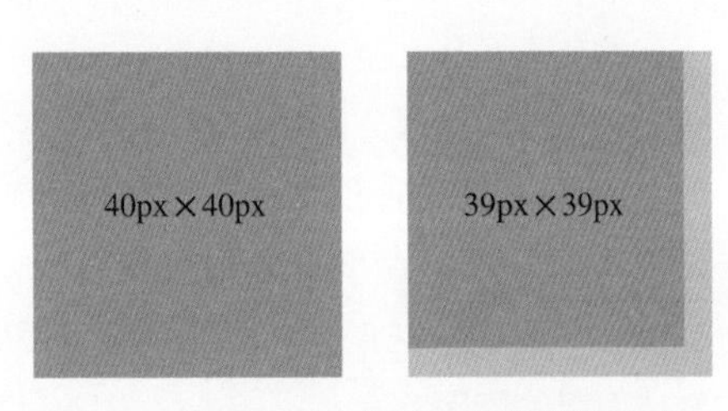

图7-40 切图尺寸为偶数和奇数的效果对比

7.5 输出与适配iOS UI设计

目前iOS的主流移动设备有iPhone 6/7/8/SE、iPhone 6/7/8 Plus、iPhone XR/XS Max/11、iPhone X/XS/11Pro、iPhone 12/12 Pro和iPhone 12 Pro Max，这些设备的尺寸各不相同。如何让一款App能同时在多个不同尺寸的设备上正确显示是设计师要着重考虑的问题。

在实际移动App的UI设计工作中，设计师通常只需要设计一套基准设计图，然后适配多个分辨率的设备即可。设计师可以选择iPhone 6/7/8的尺寸750px × 1334px作为中间尺寸和基准，向下适配iPhone SE（640px × 1136px），向上适配iPhone 6/7/8 Plus（1242px × 2208px）和iPhone 12（1170px × 2532px），如图7-41所示。

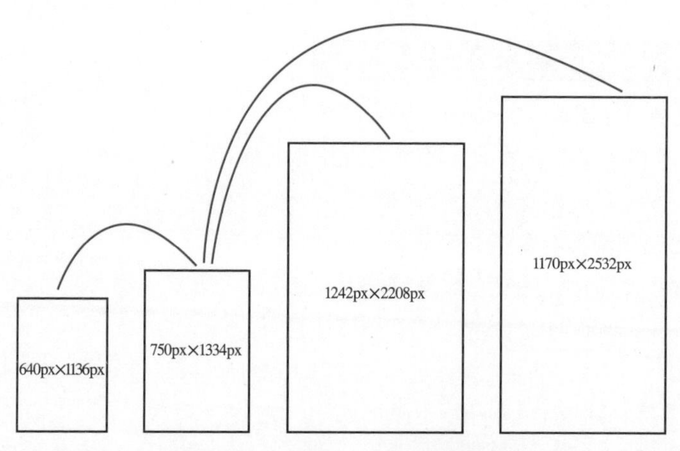

图7-41　适配多个分辨率的设备

7.5.1　向上适配与向下适配

750px × 1334px和640px × 1136px两个尺寸的界面都使用2倍的像素倍率，所以它们的切片大小是完全相同的，即系统图标、文字和高度都无须适配，只需要适配宽度。

打开一款移动App的UI设计稿，其设计尺寸为750px × 1134px，如图7-42所示。调整画板大小为640px × 1136px，如图7-43所示。

图7-42　原设计尺寸

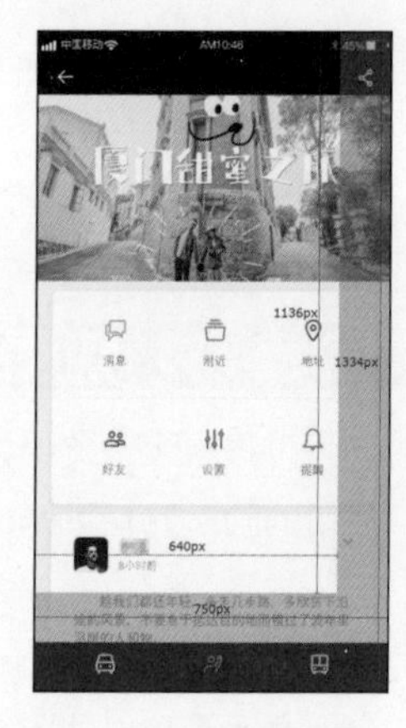

图7-43　调整画板大小

改变画板大小后，设计稿的右边和下边都被裁切，蓝色蒙版部分即为被裁切部分。

状态栏和导航栏中的内容重新居中，效果如图7-44所示。由于750px/640px的比值为1.17，因此Banner图的高度除以1.17后居中，宽度为640px，如图7-45所示。如果App界面中包含入口图标，需要将其向左移动，保持两侧边距一致，并使图标的间距等宽。

图7-44　适配导航栏

图7-45　适配Banner图

使用相同的方法对设计稿剩余部分的图片和文字进行适配，适配完成对比效果如图7-46所示。

（a）750px×1334px （b）640px×1136px

图7-46 适配iPhone SE的前后对比效果

向上适配需要适配两种尺寸，即iPhone 6/7/8 Plus和iPhone12，本小节主要讲解iPhone 12的适配。

iPhone 12的尺寸为1170px×2532px，为3倍的像素倍率，也就是说1170px×2532px界面上所有元素的尺寸都是750px×1334px界面上元素的1.5倍；在进行适配时，直接将该界面的图像大小变为原来的1.5倍，再调整画板大小为1170px×2532px，最后调整界面图标和元素的横向间距的大小即可完成适配。

首先将750px×1334px的画板尺寸调整为150%，也就是1125px×2001px，设计稿中的图片跟随画板尺寸变化，即增大为原尺寸的150%。调整前后对比效果如图7-47所示。

接下来将1.5倍的1125px×2001px画板尺寸调整为1170px×2532px。

状态栏和导航栏内容居中，由于1170px/750px的比值为1.56，因此Banner图的高度除以1.56后居中，宽度为1170px。中间的内容向右移动，保持两侧边距一致，并使图标的间距等宽，适配对比效果如图7-48所示。同时需要注意页面中的装饰线和分割线还保持1px。

（a）750px×1334px （b）1125px×2001px

图7-47 图像大小调整为1.5倍的前后对比效果

（a）750px×1334px （b）1170px×2532px

图7-48 适配iPhone 12的前后对比效果

7.5.2 适配切片命名规范

对移动App的UI项目来说，产品的优化迭代是必经过程。遇到突发情况，例如完成设计后要改动某个图标时，在众多的切片资源中寻找一张图片非常麻烦。因此，养成良好的命名习惯很重要，这样既方便产品的修改与迭代，又方便设计团队人员之间的沟通。

通常输出的切片都会以英文命名，其命名规范有以下3个原则。

（1）较短的单词可通过去掉“元音”形成缩写。

（2）较长的单词可取单词的头几个字母形成缩写。

（3）可以运用一些约定俗成的英文单词缩写。

下面提供3种命名规则供读者参考使用。但是在实际的设计工作中，命名方式还是要通过与团队成员沟通、协调来决定。

- 产品模块_类别_功能_状态.png。

例如，发现_图标_搜索_点击状态.png可以命名为found_icon_search_pre.png。

- 场景_模块_状态.png。

例如，登录_按钮_默认状态.png可以命名为login_btn_nor.png。

- 产品模块_场景_二级场景_状态.png。

例如，按钮_个人_设置_默认状态.png可以命名为btn_personal_set_nor.png。

输出的切片资源基本命名规范如表7-1所示。

表7-1　输出的切片资源基本命名规范

分类	命名	解释	分类	命名	解释
名词命名	bg（background）	背景	名词命名	login	登录
	nav（navbar）	导航栏		register	注册
	tab（tabbar）	标签栏		refresh	刷新
	btn（button）	按钮		banner	广告
	img（image）	图片		link	链接
	del（delete）	删除		user	用户
	msg（message）	信息		note	注释
	icon	图标		bar	进度条
	content	内容		profile	个人资料
	left/center/right	左/中/右		ranked	排名
	logo	标识		error	错误
操作命名	close	关闭	操作命名	play	播放
	back	返回		pause	暂停
	edit	编辑		pop	弹出
	download	下载		audio	音频
	collect	收藏		video	视频
	comment	评论		—	—
状态命名	selected	选中	状态命名	normal	一般
	disabled	无法点击		pressed	按下
	highlight	点击时高亮显示		slide	滑动
	default	默认		—	—

7.5.3 操作案例——导出iOS App界面切图资源

源文件：资源包\源文件\第7章\7-5-3.xd

视　频：资源包\视频\第7章\7-5-3.mp4

（1）启动Adobe XD软件，打开“7-5-3.xd”文件，效果如图7-49所示。使用“选择”工具选择“网盘App首页”画板左上角的菜单图标，勾选“属性”面板底部的“添加导出标记”复选框，如图7-50所示。

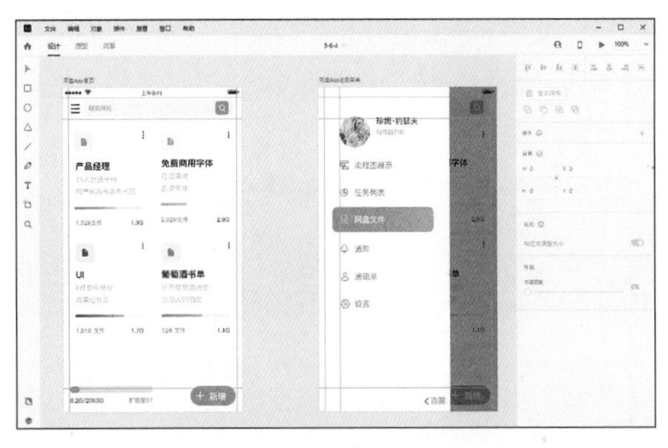

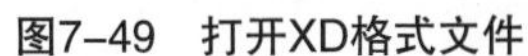

图7-49　打开XD格式文件

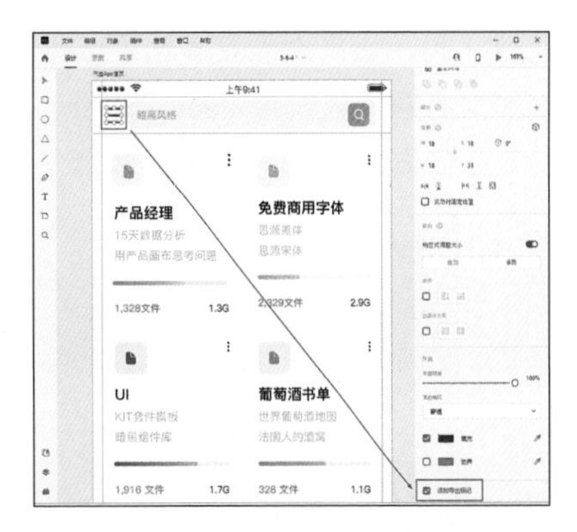

图7-50　添加导出标记1

（2）将画板搜索框右侧的圆角矩形和放大镜图形编为1组，图层组将作为一个元素被导出，编组效果如图7-51所示。选择图层组，勾选“属性”面板底部的“添加导出标记”复选框，如图7-52所示。

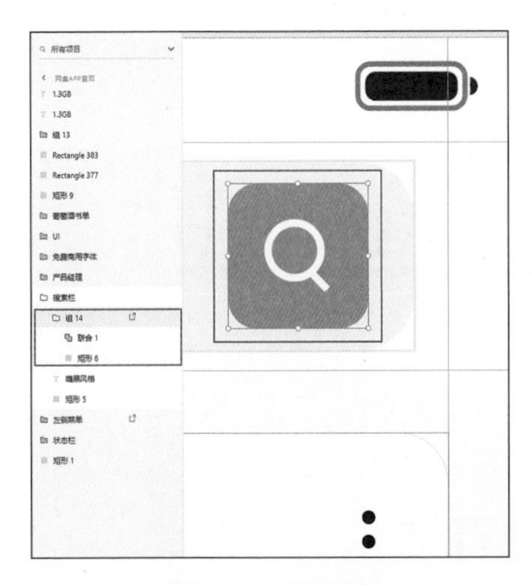

图7-51　编组效果

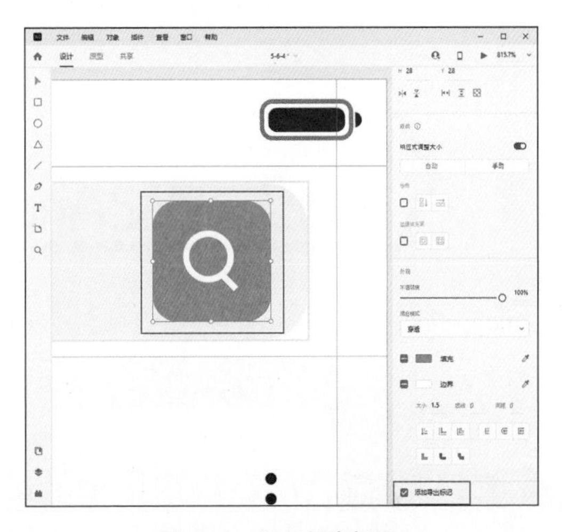

图7-52　添加导出标记2

（3）使用步骤（1）、步骤（2）的绘制方法，为“网盘App首页”画板中的其余导出元素添加导出标记，如图7-53所示。使用相同的绘制方法，为“网盘App左侧菜单”画板中需要导出的元素添加导出标记，效果如图7-54所示。

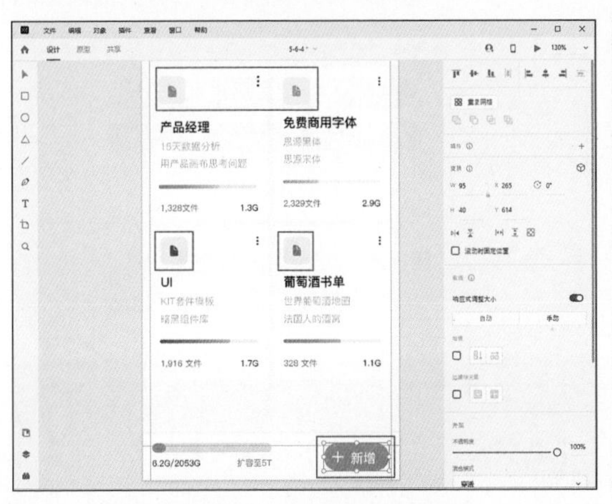

图7-53　添加导出标记3

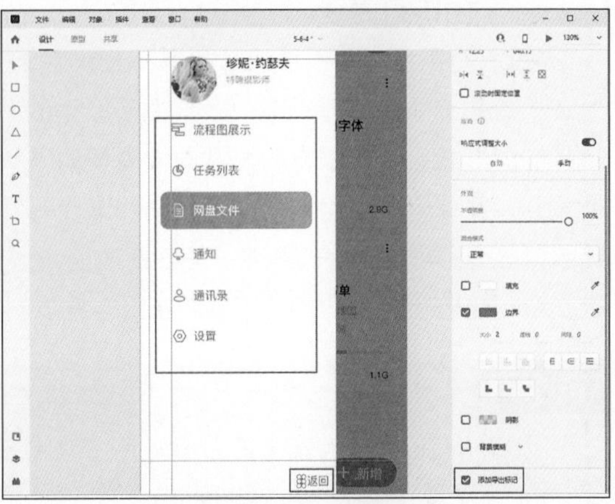

图7-54　添加导出标记4

（4）为所有界面元素添加导出标记后，执行“文件>导出>批处理”命令，弹出“导出资源”对话框，各项参数设置如图7-55所示。完成后单击“导出”按钮，即可导出3种尺寸的界面元素，以适配不同屏幕分辨率的设备，如图7-56所示。

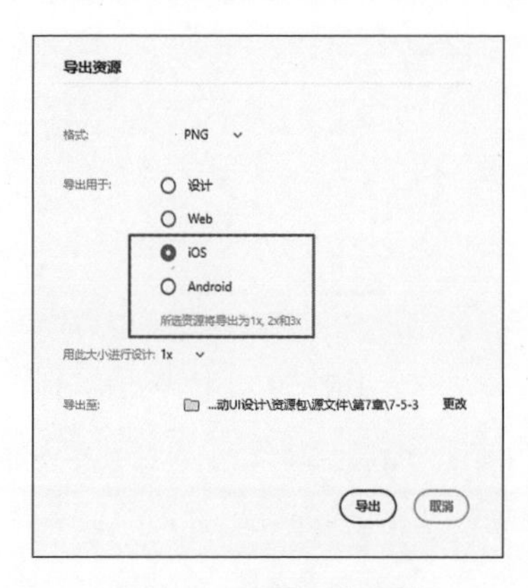

图7-55　设置导出参数

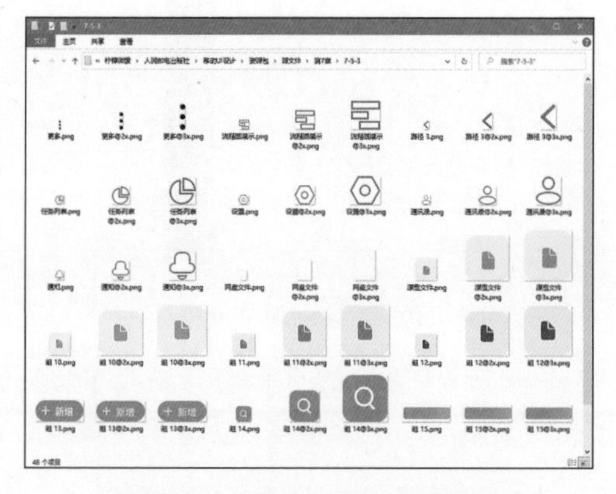

图7-56　导出3种尺寸的界面元素

7.6 输出与适配Android系统UI设计

Android系统的设备种类繁多，设计师完成移动App的UI设计后，需要保证界面能够在每个设备上正确显示。要想实现这种效果，就需要开发者做好不同设备的适配工作，设计师则要完成输出不同尺寸切片资源的工作。

7.6.1 Android系统中的“点9”切图

“点9”是针对Android开发而产生的一种特殊的切图。“点9”这个名称的由来是点9切图的命名后缀为“.9.png”，例如top_button.9.png。

1. 点9切图方式

Android平台包含多种尺寸的屏幕分辨率，“点9”就是为了适配分辨率的多样性而诞生的一种切图方式。它可以将切片纵向或者横向不断拉伸，并保留像素的精密度、质感和渐变等元素，丝毫不影响切片的细节。图7-57所示为社交App聊天气泡应用点9切图的效果。

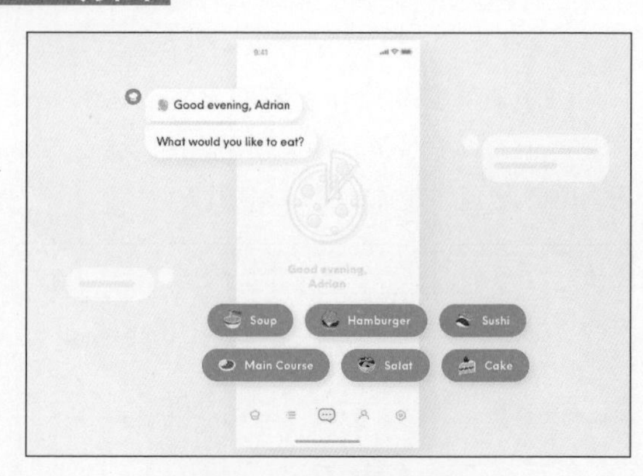

图7-57　点9切图的应用

提 示

点9切图只是在技术端进行像素点的拉伸，既能将图片完美地显示在不同分辨率的屏幕上，又能减少不必要的图片资源。

当切片资源中包含内容，而切片大小需要根据内容多少来确定尺寸时，就可以使用点9切图输出切片。例如切片里有文字，切片的大小会根据文字的多少进行扩展，那么这个切片就可以使用点9切图来做。

图7-58所示为对话气泡，气泡的尺寸随着内容而改变。它的上边和左边有两个黑色的小点，代表切片的上边和左边为拉伸区域。图片的右边和下边有两条黑色的线，用来表示填充内容的区域。气泡右侧的三角形内不能有文字，因此右边的黑线虽然包含了三角形，但是填充区域不包含三角形，填充区域如图7-59所示。

操作: 绘制一个1px×1px的黑点
位置: 位于切片左边和上边外部的1像素处

图7-58　上边和左边为拉伸区域

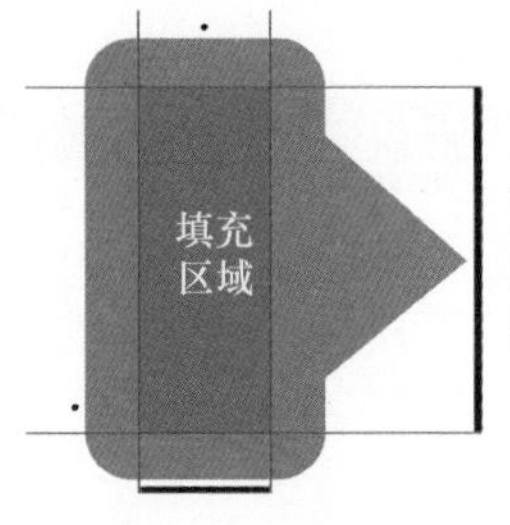

操作: 绘制一条高1px、宽自定义的黑色线
位置: 位于切片右边和下边外部的1像素处

图7-59　填充区域

点9切片图中添加内容后，效果如图7-60所示。

如果希望图片上下拉伸，可在切片左边外绘制一个黑点，设置拉伸点的位置，代表该对话框可以在垂直方向拉伸该区域至想要的尺寸大小，如图7-61所示。黑点位置纵向高度低于右边的三角形时，说明该对话框将垂直向下进行单方向的拉伸。

如果希望图片左右拉伸，可在切片上边外绘制一个黑点，设置拉伸点的位置，代表该对话框可以在水平方向拉伸该区域至想要的尺寸大小，如图7-62所示。

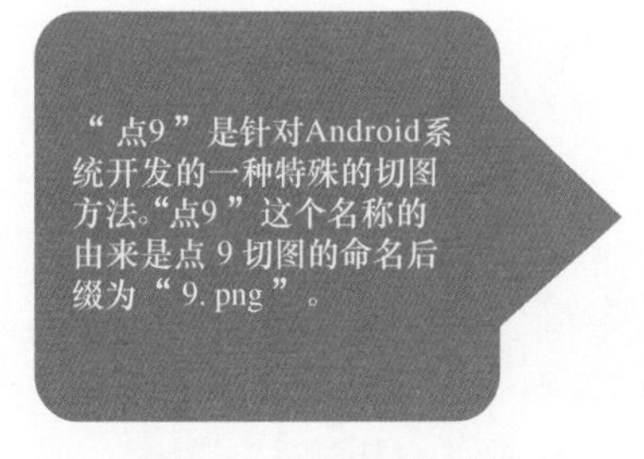

图7-60　添加内容效果

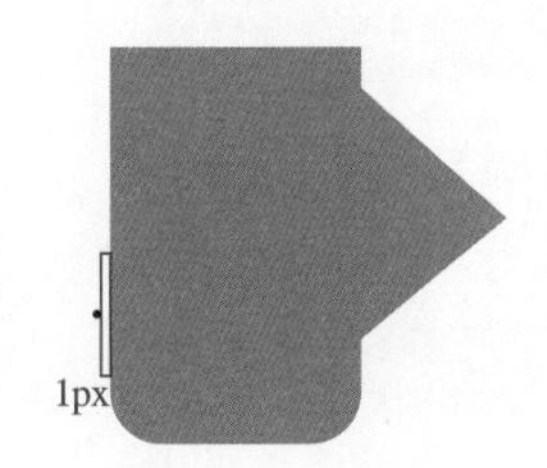

图7-61　上下拉伸

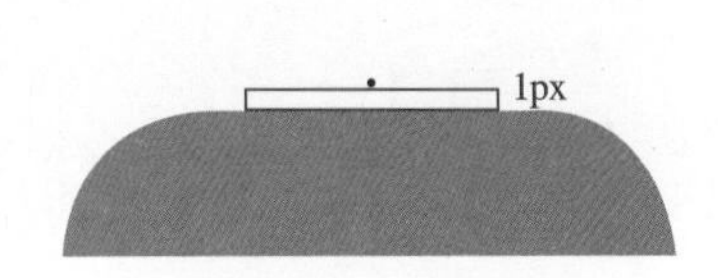

图7-62　左右拉伸

如果想要图片对称拉伸，且三角形在切片图片顶部，可以在顶部三角两侧都添加一个黑点（见图7-63），则图片拉伸效果如图7-64所示。若三角形在切片图片右侧，则可以在右侧三角形的上下两端都添加一个黑点，并且两个黑点与三角形的距离相同。

点9切图在Android系统中的应用方式非常多，图7-65所示为应用点9切图完成的标签文本框。

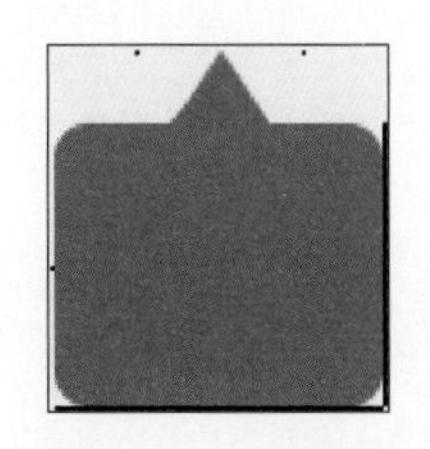

图7-63　添加黑点

图7-64　拉伸效果

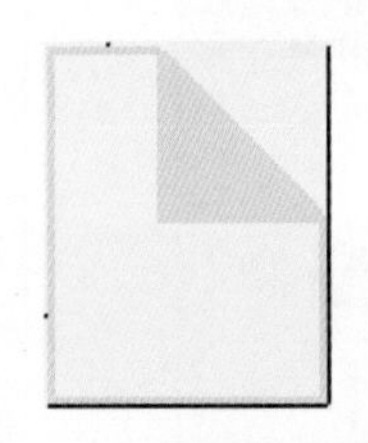

图7-65　应用点9切图完成的标签文本框

提示

点9切图是后期拉伸的，因此文件越小越好。在制作点9切图时，设计师要与开发工程师多沟通，多尝试。

2. 制作点9切片图

制作点9切片图是一件非常麻烦的事情，此处向读者推荐一个优秀的Android设计切图工具，使用该工具可以在线自动生成点9切片图。首先在浏览器地址栏中输入相应网址，进入网站页面，如图7-66所示。

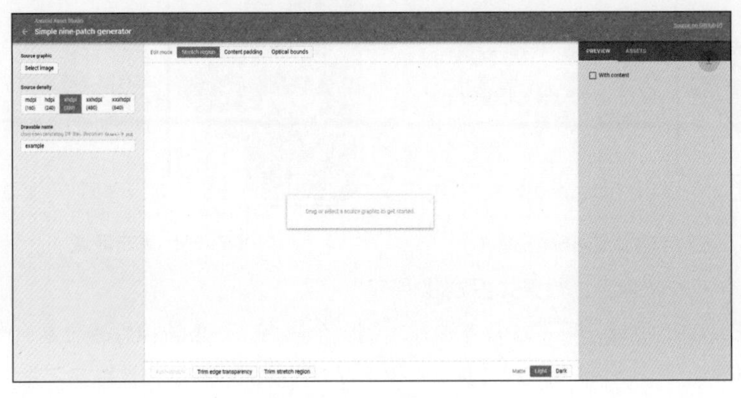

图7-66　进入网站页面

单击页面左上角的“Select image”按钮，选择要制作的图片文件，如图7-67所示。然后在“Source density”选项下选择屏幕标准，如图7-68所示。

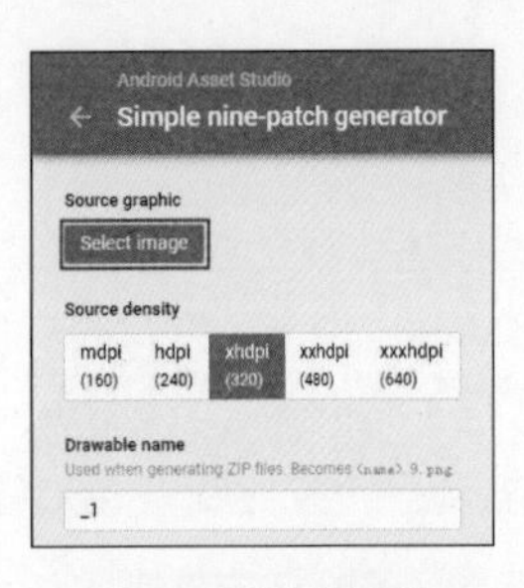

图7-67　选择图片

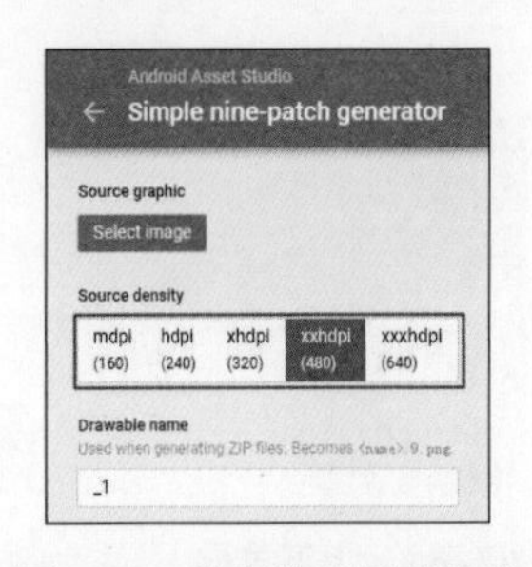

图7-68　选择输出屏幕标准

在“Drawable name”选项下的文本框中输入文件名，如图7-69所示。在“Stretch region”选项卡中单击“Auto-stretch”（自动伸缩）按钮，效果如图7-70所示。

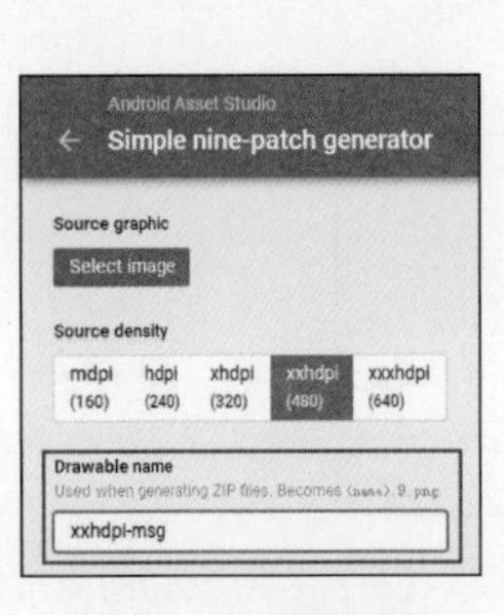

图7-69　设置名称

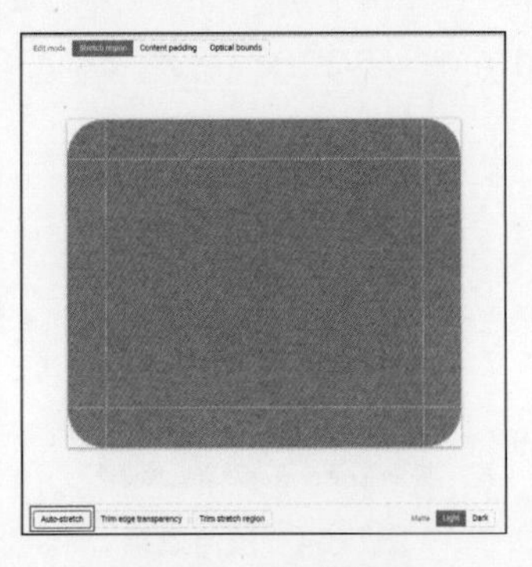

图7-70　自动伸缩

读者可以尝试单击下方的“Trim edge transparency”和“Trim stretch region”按钮，实现对修剪边缘透明度和修剪拉伸区域的操作，如图7-71所示。

读者还可以尝试单击顶部的“Content padding”和“Optical bounds”按钮，实现对图片的内容填充和光学边界的设置，如图7-72所示。

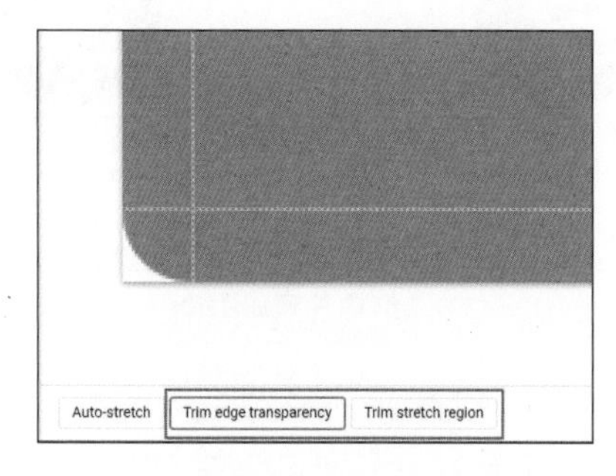

图7-71　修剪边缘透明度和拉伸区域

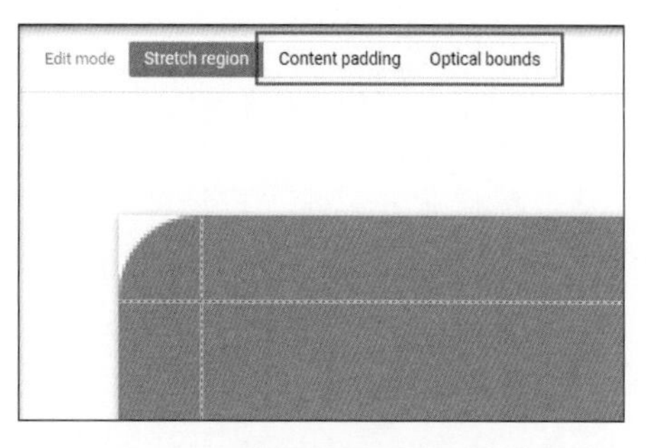

图7-72　设置内容填充和光学边界

在页面右侧的PREVIEW面板中，勾选“With content”复选框，可以预览填充内容的效果，如图7-73所示。单击右上角的“Download ZIP”按钮，即可下载转换后的图片文件，如图7-74所示。

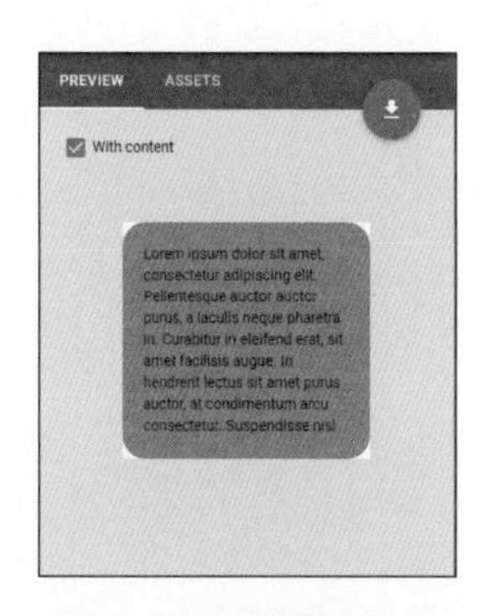

图7-73　预览填充内容

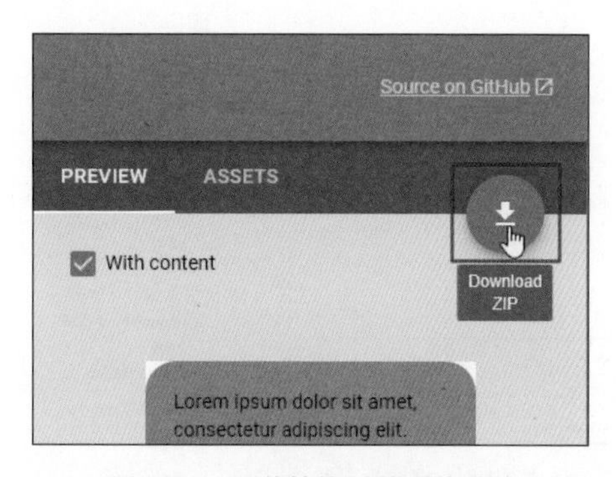

图7-74　下载转换后的图片文件

下载的文件是一个格式为ZIP的压缩包，解压后可以看到生成的内容，如图7-75所示。每个文件夹中存放着对应的点9切片图资源，如图7-76所示。

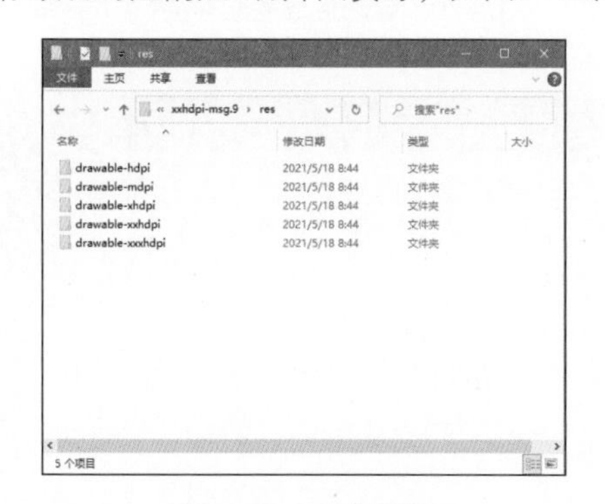

图7-75　生成内容

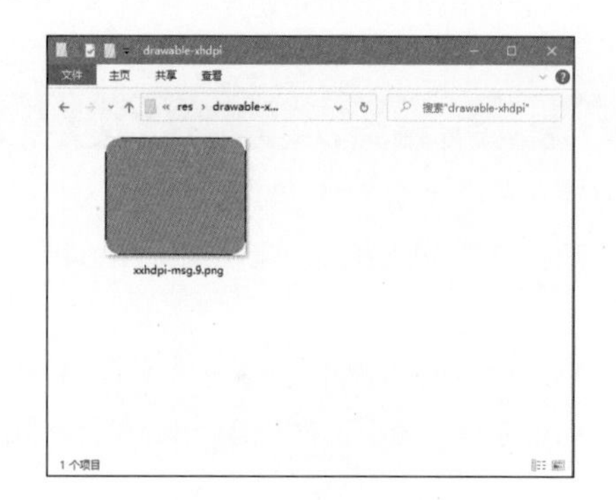

图7-76　点9切片图文件

7.6.2　输出与适配的一稿两用

一稿两用，指的是设计师只需要设计iOS的移动App UI设计稿，然后可以将iOS的设计稿适配到Android系统设备中。

在iOS中，通常采用750px×1334px的设计尺寸作为基准尺寸，此设计尺寸的屏幕密度已经达到Android系统下xdpi级别的屏幕密度。750px×1334px的@3x切片资源正好是Android系统下xxhdpi（1080px×1920px）的切片资源，图7-77所示为iOS @3x与Android xxhdpi下图标切片的对比。

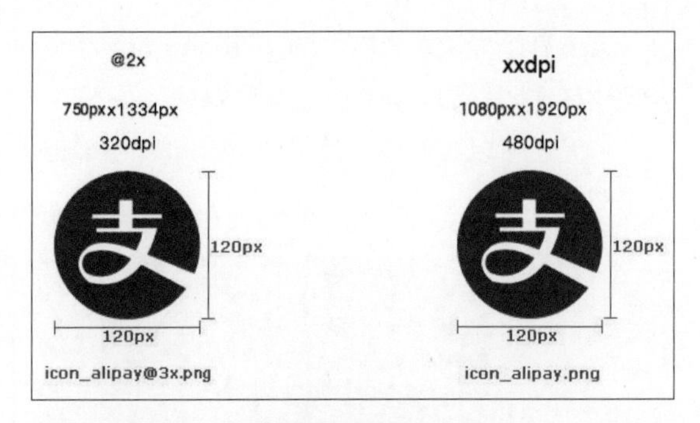

图7-77　iOS @3x的切片资源大小=Android　xxhdpi的切片资源大小

与开发工程师充分沟通，设计师将制作的iOS的UI设计稿进行换算后，即可用作Android系统开发。设计师也可以将iOS下750px×1334px的设计稿等比例调整尺寸到Android系统的1080px×1920px尺寸下，并对各个控件进行调整，重新标注。也就是说，设计师需要提供两套标注：一套用在iOS；另一套用在Android系统。

如果设计师使用Adobe XD导出Android切片资源（见图7-78），会自动生成6个drawable文件夹，如图7-79所示。设计师可以轻松、快速地找到相应级别的切图资源。

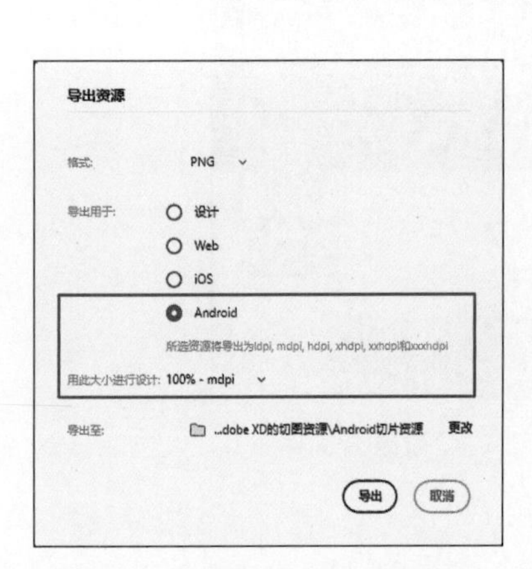

图7-78　使用Adobe XD导出切片

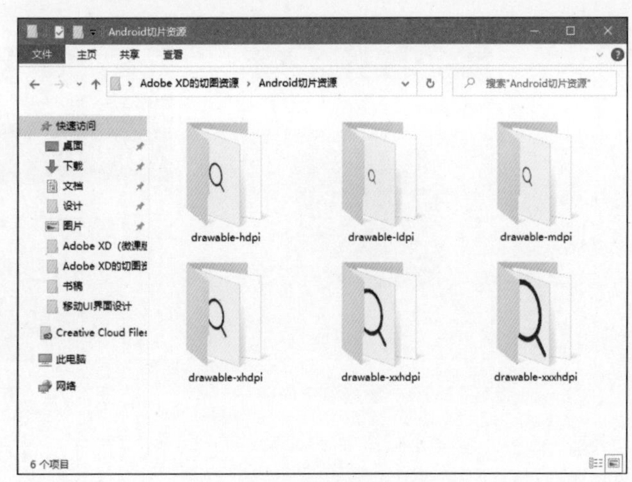

图7-79　自动生成的文件夹

7.6.3　操作案例——导出Android系统App切图资源

源文件：资源包\源文件\第7章\7-6-3.xd

视　频：资源包\视频\第7章\7-6-3.mp4

（1）启动Adobe XD软件，打开“7-6-3.xd”文件，文件效果如图7-80所示。使用“选择”工具选择“App首页”画板顶部的Banner图片，勾选“属性”面板底部的“添加导出标记”复选框，如图7-81所示。

（2）将画板搜索框右侧的圆角矩形、多条直线和对钩图形编为1组，图层组将作为一个元素被导出，编组效果如图7-82所示。选择图层组，勾选“属性”面板底部的“添加导出标记”复选框，如图7-83所示。

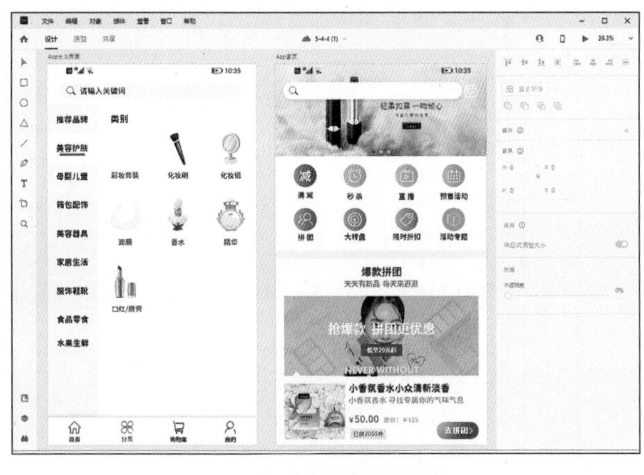
图7-80　打开XD格式文件

图7-81　添加导出标记1

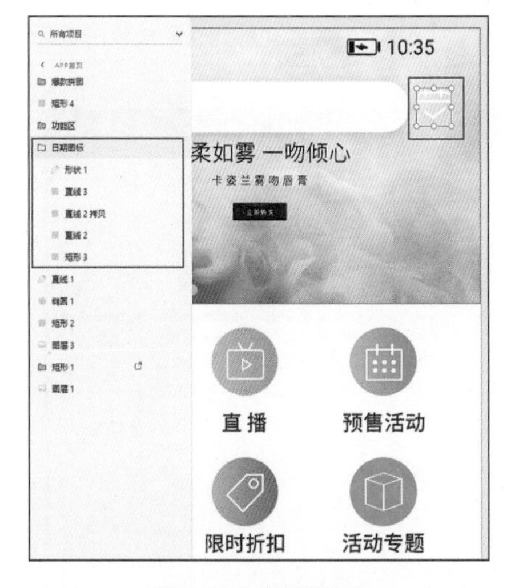
图7-82　编组图层

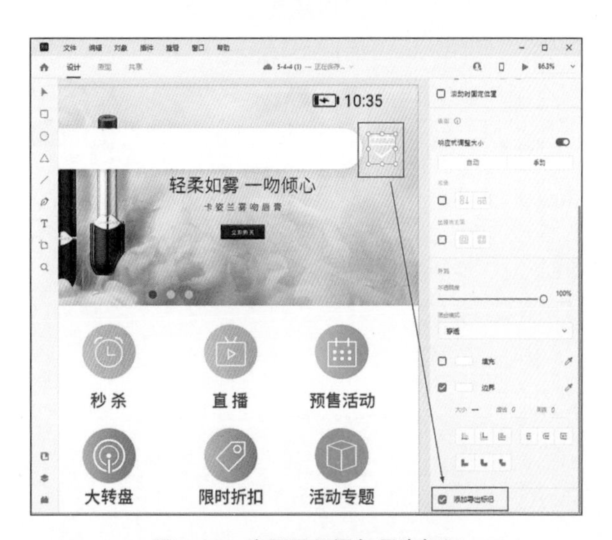
图7-83　为图层组添加导出标记1

提 示

因为“App首页”画板中的图标元素是单独绘制并已经完成导出操作的切图资源，所以步骤中不用再次导出。

（3）使用步骤（1）、步骤（2）的绘制方法，为“App首页”画板中的其余导出元素添加导出标记，如图7-84所示。使用相同的绘制方法，为“App分类界面”画板中需要导出的元素添加导出标记，效果如图7-85所示。

（4）为所有界面元素添加导出标记后，执行“文件>导出>批处理”命令，弹出“导出资源”对话框，各项参数设置如图7-86所示。完成后单击“导出”按钮，即可导出6种尺寸的界面元素，以适配不同屏幕分辨率的设备，如图7-87所示。

图7-84　添加导出标记2

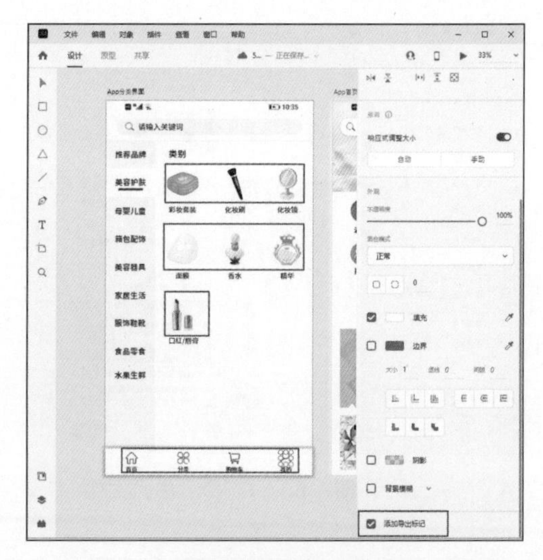

图7-85　为其他画板中的元素添加导出标记

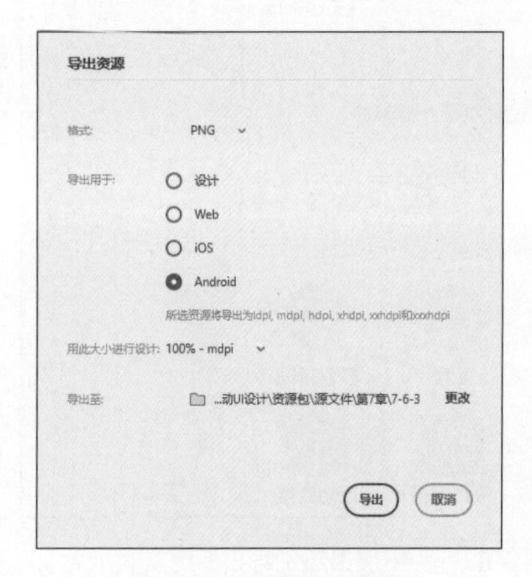

图7-86　设置导出参数

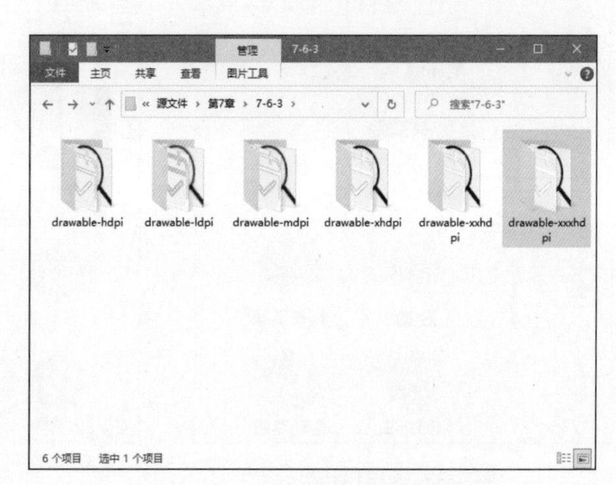

图7-87　导出6种尺寸的界面元素

7.7 本章小结

本章主要介绍了标注的重要性、常见的标注软件、标注移动UI和移动UI标注规范及输出UI切片资源等内容。学习完本章内容后，读者能够理解标注移动UI和输出切片资源的作用与条件，从而完成标注和导出移动App UI的操作，最终完成移动App UI项目的工作流程。

第8章 设计与制作移动App项目

经过前面章节的学习，相信读者已经熟练掌握移动UI的设计方法和制作技巧了。本章将通过设计与制作两个移动UI项目，帮助读者巩固前面所学的知识，同时加深读者对移动UI设计规范的理解。

本章德育目标：学会对具体问题进行具体分析，培养求实创新的精神，进一步激发爱岗敬业的热情。

8.1 设计与制作美妆电商App项目

本案例将设计与制作一款美妆电商App项目，内容包括美妆电商App的首页界面、个人界面、商品详情界面和商品购买界面。

为了便于读者学习和理解，本案例将通过项目背景、草图原型、颜色系统、图标组、UI设计、交互设计、界面标注和切图资源等工作流程对iOS下的UI设计进行讲解。美妆电商App项目的完成效果如图8-1所示。

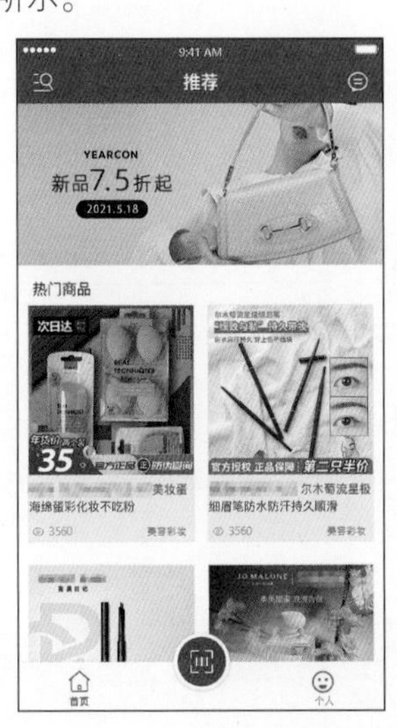

图8-1　美妆电商App项目的完成效果

8.1.1　分析美妆电商App的项目背景

面对电子商务行业激烈竞争的状况，如果想要获得成功，项目的背景尤为重要。

电子商务模式已经深入人心，大众已经习惯了在互联网上从事各种活动。相比传统的电子商务平台，本案例将人们日常生活中需要的某类产品整合起来，推出了以销售服务类产品为主的App，将社交与购物完美结合，成功地避开了产品销售电子商务的“红海”，开辟了一个全新的电子商务方向。

用户可以在选择一种产品的同时选择与这种产品相关的商品。例如，用户想要选择美妆中的口红，就可以选择一款专门的美妆电商App来浏览相关商品。因此，App项目团队可以通过图8-2所示的项目背景进行App的搭建。

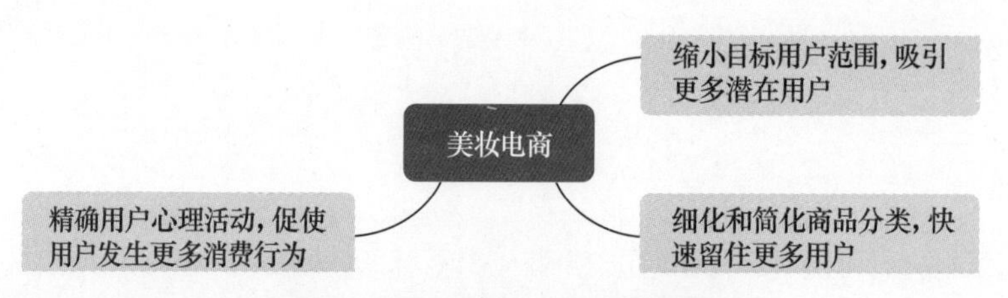

图8-2　美妆电商App的项目背景

8.1.2　制作美妆电商App界面的草图原型

为了确保最后完成的App界面与产品经理策划的一致，在开始设计与制作之前，设计师可以按照策划书的内容，将App界面的草图制作出来，并得到产品经理和开发者的认可。

1. 案例分析

本案例将使用Adobe XD完成美妆电商App"首页"界面、"个人"界面和"详情页"界面的草图原型制作，完成的App草图效果如图8-3所示。

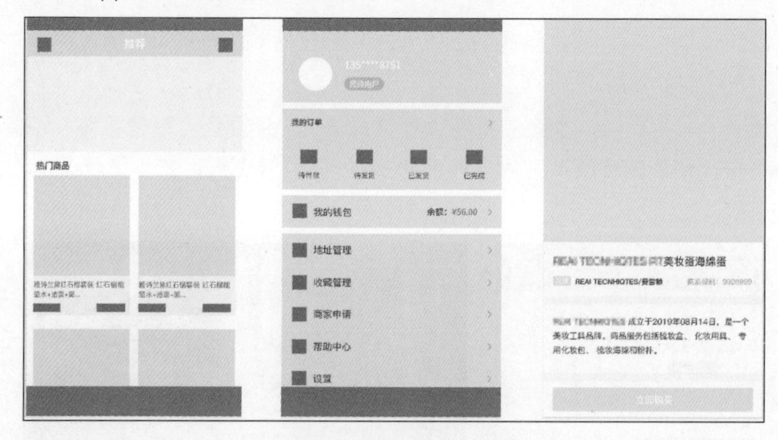

图8-3　完成的App草图效果

2. 制作步骤

源文件：资源包\源文件\第8章\8-1-2.xd

视　频：资源包\视频\第8章\8-1-2.mp4

（1）启动Adobe XD软件，弹出Adobe XD的主页界面，单击主页界面中的"iPhone 6、7、8"预设选项。进入工作界面，修改画板名称为"首页"，效果如图8-4所示。使用"矩形"工具在画板中绘制1个矩形，完成App首页草图原型中标题栏的制作，效果如图8-5所示。

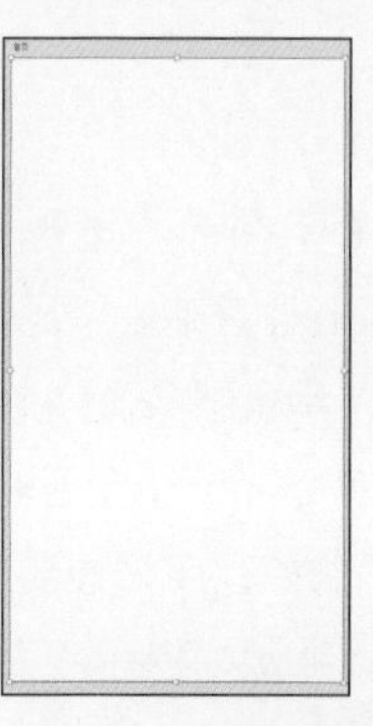

图8-4　新建文件并修改画板名称

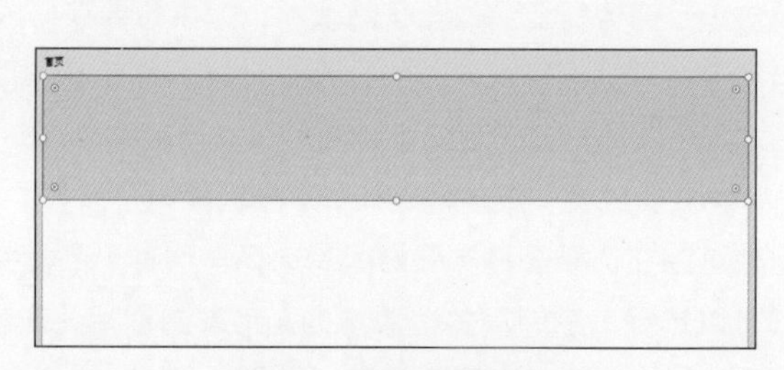

图8-5　绘制1个矩形

（2）使用“矩形”工具在画板中绘制1个矩形和2个正方形，完成App首页草图原型中的状态栏和标题栏图标的制作，效果如图8-6所示。使用“文本”工具在画板中添加文本内容，效果如图8-7所示。

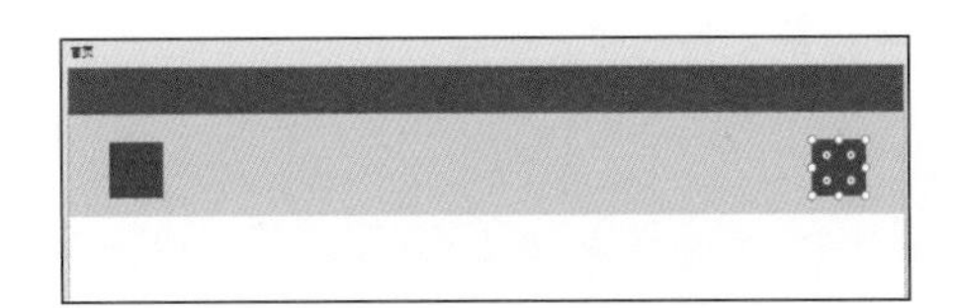

图8-6　绘制矩形和正方形

图8-7　添加文本内容1

（3）使用“矩形”工具在画板中绘制1个矩形，完成App首页草图原型中Banner广告图的制作，效果如图8-8所示。使用“文本”工具在画板中添加文本内容，效果如图8-9所示。

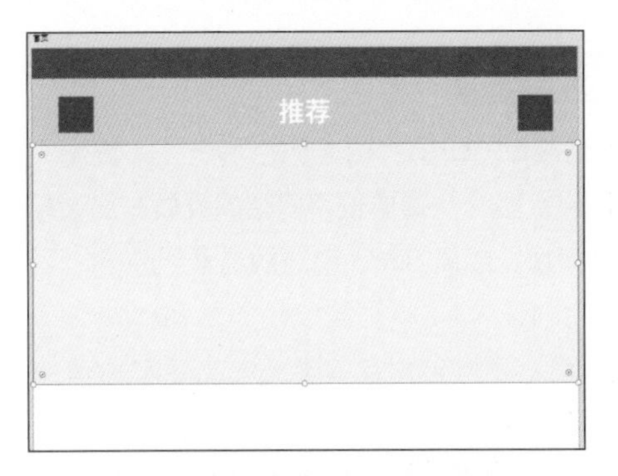

图8-8　完成Banner广告图的制作

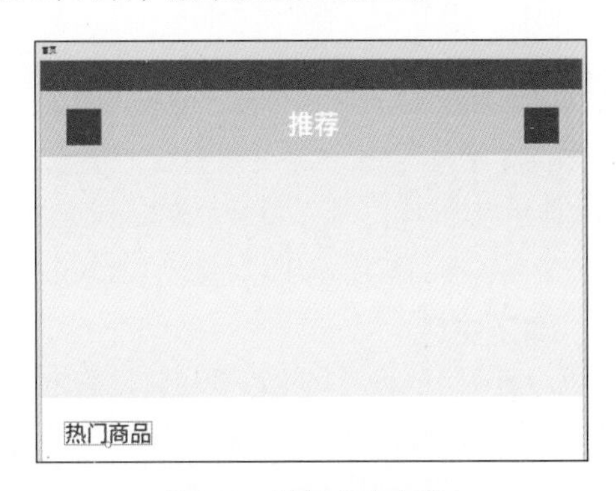

图8-9　添加文本内容2

（4）使用“矩形”工具在画板中绘制4个矩形，使用“文本”工具在画板中添加文本内容，完成App首页草图原型的商品展示内容的制作，效果如图8-10所示。

（5）同时选择“商品展示”模块的所有内容，按【Ctrl+G】组合键将其编为1组，按住【Alt】键和鼠标左键不放并向下或向右拖曳，复制商品展示模块，效果如图8-11所示。

图8-10　完成商品展示内容制作

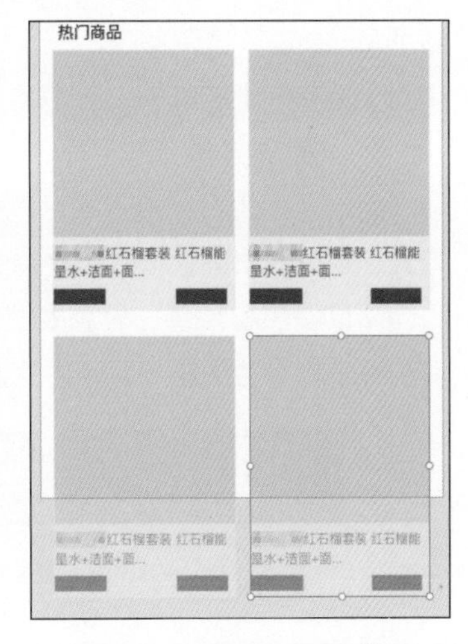

图8-11　复制商品展示模块

（6）使用“矩形”工具在画板底部绘制1个矩形，完成App首页原型标签栏的制作，效果如图8-12所示。使用步骤（2）～步骤（6）的绘制方法，完成个人界面草图原型和详情页界面草图原型的制作，效果如图8-13所示。

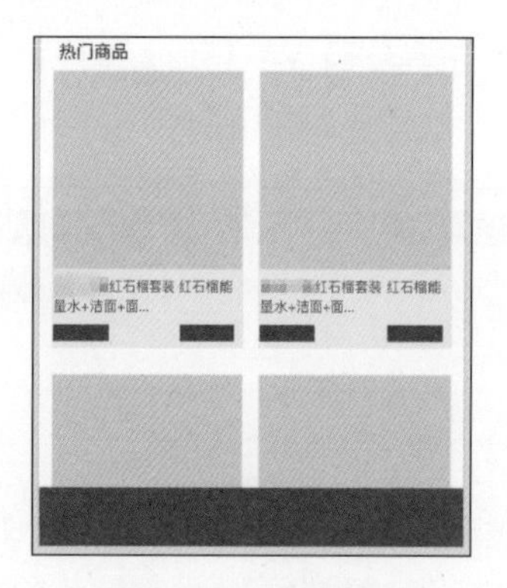

图8-12　绘制矩形

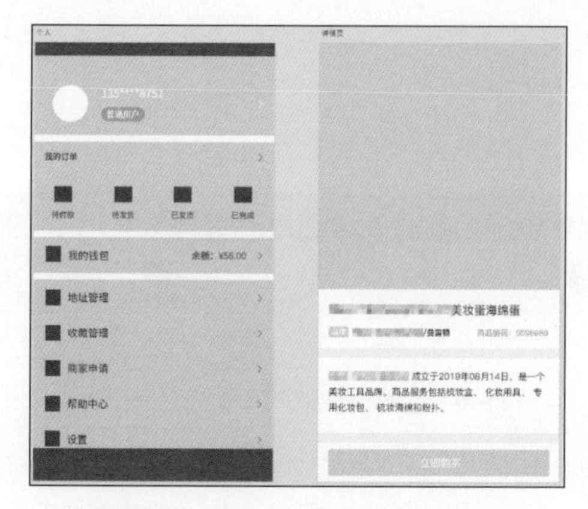

图8-13　完成其余界面原型的制作

8.1.3　构建美妆电商App的颜色系统

绘制完美妆电商App的草图原型后，就可以开始为App的UI项目构建颜色系统了。首先，需要确定App项目的设计风格。由于美妆电商App项目中包含大量图片，需要使用简洁的界面布局让用户能够清晰地查看各种商品图片，因此，美妆电商App项目采用视觉效果简单、整洁的扁平化风格。

1. 确定主色

根据App项目的设计风格和项目背景确定App界面需要为用户留下美观、简洁和热情的心理印象，因此，使用图8-14所示的暖色系色彩表现App界面。

图8-14　暖色系色彩

黄色能给人积极、甜美的感觉，但与此美妆电商App主题并不相符。而橙色和洋红色虽然能给人带来温暖和梦幻的感受，但对一个全新的App来说，这两种颜色无法让用户拥有购物的热情。因此本案例采用了具有张扬感染力、能增加用户热情的红色作为主色，如图8-15所示。

图8-15　确定主色

2. 确定辅色

确定了主色后，接下来可以根据主色来确定辅色。为了将美妆电商App的青春活力和张扬热情最大化地呈现出来，该界面采用邻近色的搭配方式。

尽量使用粉红色、橙色的图标和图片，需要突出或着重说明的地方可以使用主色作为强调色，以使整个界面色调统一、内容突出，如图8-16所示。

（a）辅色　　　　（b）强调色

图8-16　确定App的辅色和强调色

3. 确定文本色

美妆电商App界面中的文字内容并不多，但是文本的颜色会影响界面的友好性和易读性。所以通常情况下，App界面中文字的颜色都会设置为深灰色、浅黑色和白色等中性色。这样做既能够保证用户阅读，又能够很好地避免多个颜色带来的杂乱感影响App界面的整体效果。

对于一些需要着重突出的文本，最简单的方式就是直接使用主色，如图8–17所示。

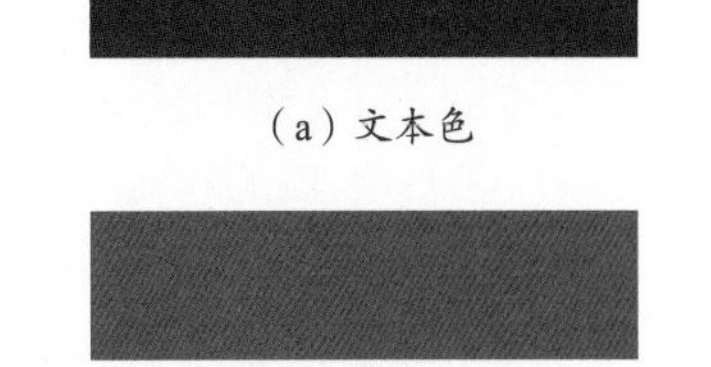

（a）文本色

（b）突出文本色

图8–17　确定界面文本色

8.1.4　设计与制作美妆电商App的图标组

一款App项目最能吸引用户的就是精美的图标和优美的广告图片。在一个App界面中，用户体验良好的图标、符合产品特色的图片和准确描述产品功能的文字是一个高品质App界面的基本元素。

1. 案例分析

本案例将使用Adobe XD设计完成一组美妆电商App的图标组。图标组有系统图标和工具图标两种，本案例共包括4个系统图标和10个工具图标。本案例图标采用了扁平化风格，简单、直接地将分类的属性通过图标的形式展现出来。完成的图标组效果如图8–18所示。

图8–18　图标组效果

2. 制作步骤

源文件：资源包\源文件\第8章\8–1–4.xd

视　频：资源包\视频\第8章\8–1–4.mp4

（1）启动Adobe XD软件，打开“8–1–4.xd”文件。使用工具栏中的“画板”工具，在工作区域单击添加1个画板，修改画板名称为“图标组”，效果如图8–19所示。

（2）使用“矩形”工具在画板中绘制1个圆角矩形，在“属性”面板中设置填充颜色为无、边界颜色为深灰，效果如图8–20所示。

（3）使用“矩形”工具在画板中绘制1个圆角矩形，在“属性”面板中设置圆角矩形的圆角值和边界颜色，调整圆角矩形的层叠顺序，效果如图8–21所示。

（4）使用“椭圆”工具在画板中绘制1个圆，效果如图8–22所示。选择所有相关图层，按【Ctrl+G】组合键编为1组。

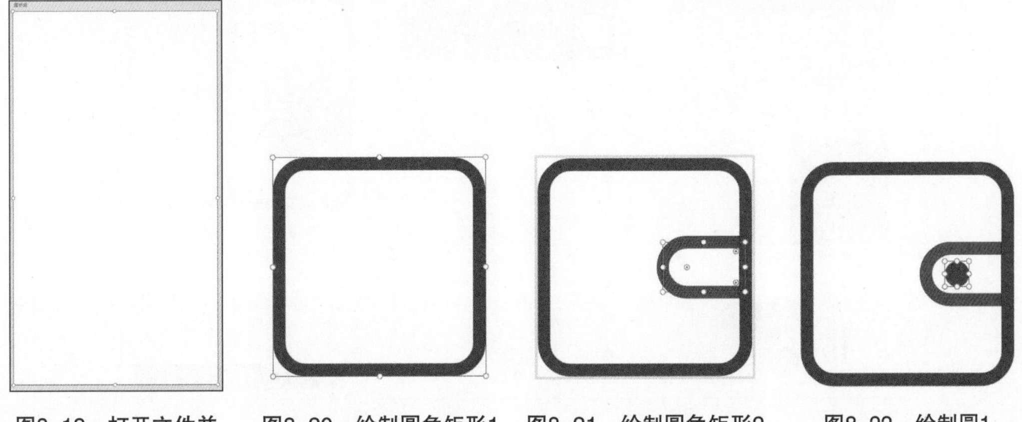

图8–19　打开文件并添加画板　　图8–20　绘制圆角矩形1　　图8–21　绘制圆角矩形2　　图8–22　绘制圆1

（5）使用步骤（2）～步骤（4）的绘制方法，完成其余3个相似系统图标的制作，效果如图8-23所示。使用“椭圆”工具在画板中绘制1个圆，使用“矩形”工具在画板中绘制1个圆角矩形，按住【Alt】键和鼠标左键不放并向下或向右拖曳，复制多个圆角矩形，效果如图8-24所示。

（6）选择圆和所有圆角矩形，单击“属性”面板顶部的“添加”按钮，将所有选中形状合并为一个整体，效果如图8-25所示。

（7）使用“椭圆”工具在画板中绘制1个圆，选择整体形状和圆并将其编为1组，效果如图8-26所示。

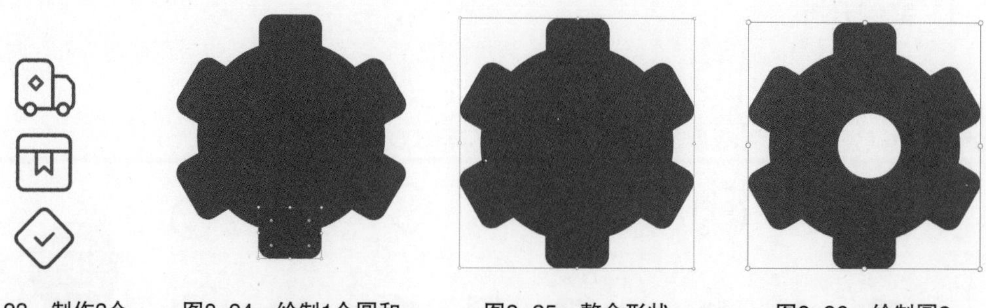

图8-23　制作3个系统图标　　图8-24　绘制1个圆和多个圆角矩形　　图8-25　整合形状　　图8-26　绘制圆2

（8）使用步骤（5）～步骤（7）的绘制方法，完成App界面中的工具图标和系统图标的制作，完成后的效果如图8-27所示。

图8-27　完成图标的制作

8.1.5　完成美妆电商App的UI设计

完成图标组的制作后，接下来开始制作美妆电商App的“首页”界面。App的界面风格要与图标的风格保持一致，都采用极简化的设计风格，否则很难给用户留下统一的印象。

1．案例分析

本案例将使用Adobe XD软件设计与制作一款美妆电商App界面。“首页”界面共分为广告、导航和内容展示3个部分，使读者在熟悉美妆电商App制作流程的同时，熟悉Adobe XD的基本界面和操作方法。完成的美妆电商App界面效果如图8-28所示。

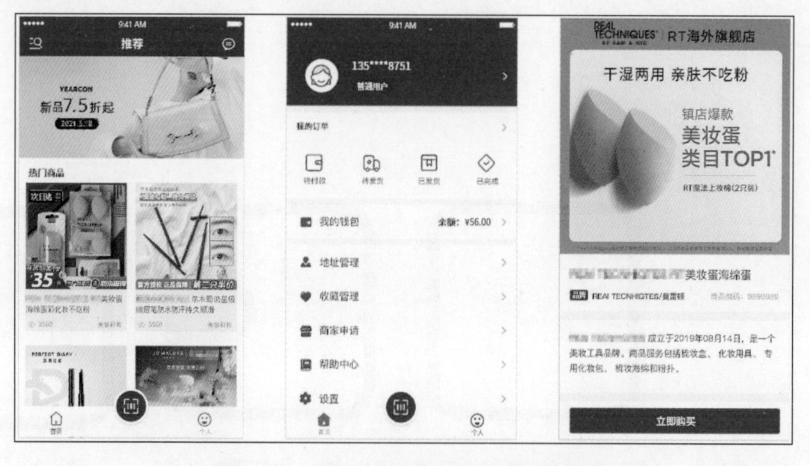

图8-28　完成的美妆电商App界面效果

2. 制作步骤

源文件：资源包\源文件\第8章\8-1-5.xd

视　频：资源包\视频\第8章\8-1-5.mp4

（1）启动Adobe XD软件，打开“8-1-5.xd”文件。使用“移动”工具选择“首页”画板顶部的矩形，按【Delete】键删除。选择标题栏矩形，在“属性”面板中设置矩形的填充颜色，效果如图8-29所示。

（2）打开“状态栏模板.xd”文件，将iPhone 6的状态栏图标复制并粘贴到状态栏中，在“属性”面板中修改图标的填充颜色，效果如图8-30所示。

图8-29　删除矩形并修改矩形的颜色

图8-30　复制并粘贴状态栏图标

（3）使用“直线”工具在画板中绘制3条直线，效果如图8-31所示。

（4）使用“椭圆”工具在画板中绘制圆环，并使用“直线”工具在画板中绘制直线，完成搜索图标的制作，如图8-32所示。选择搜索图标的相关图层，按【Ctrl+G】组合键将其编为1组，并重命名为“搜索图标”。

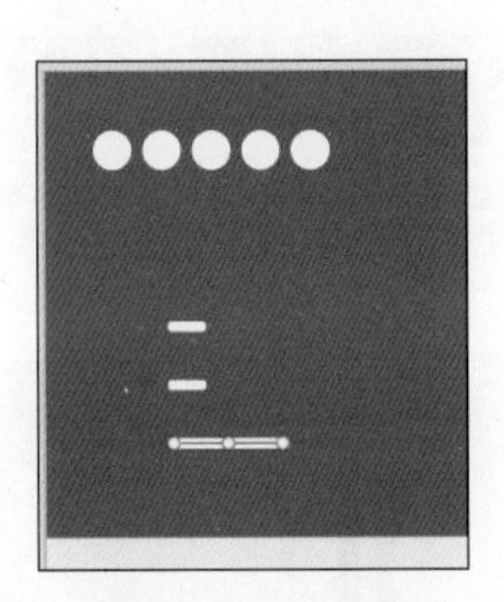

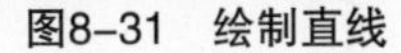

图8-31　绘制直线

图8-32　完成搜索图标的制作

（5）使用“椭圆”工具、“直线”工具和“多边形”工具在画板中完成消息图标的制作，效果如图8-33所示。将外部素材图片拖曳到矩形上，完成Banner广告图的制作，效果如图8-34所示。

（6）将多个外部素材图像拖曳到矩形上，完成多个商品展示图片的制作，效果如图8-35所示。使用“钢笔”工具在画板中绘制不规则图形，使用“椭圆”工具在画板中绘制圆环，完成可见性图标的制作，效果如图8-36所示。

（7）使用“矩形”工具在画板中绘制1个矩形，使用“文本”工具在画板中添加文本内容，效果如图8-37所示。使用相同方法，完成其余商品展示内容的制作，效果如图8-38所示。

图8-33　绘制消息图标

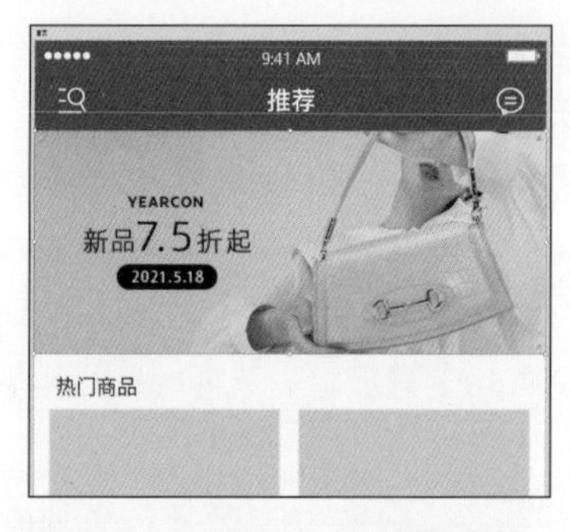

图8-34　完成Banner广告图的制作

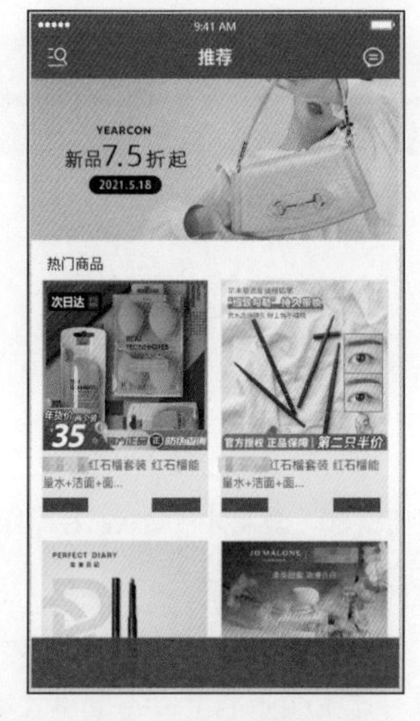

图8-35　制作商品展示图片

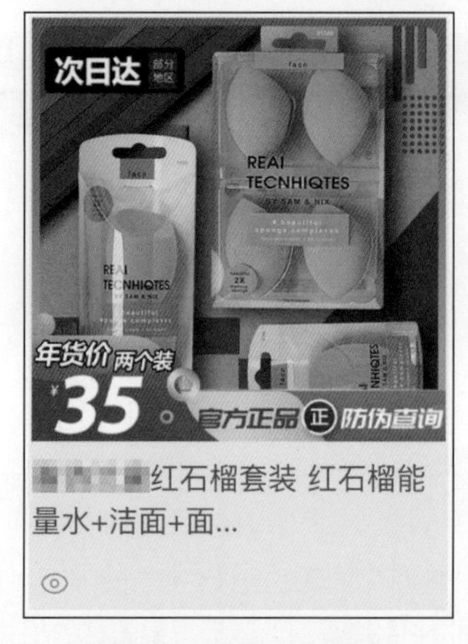

图8-36　制作可见性图标

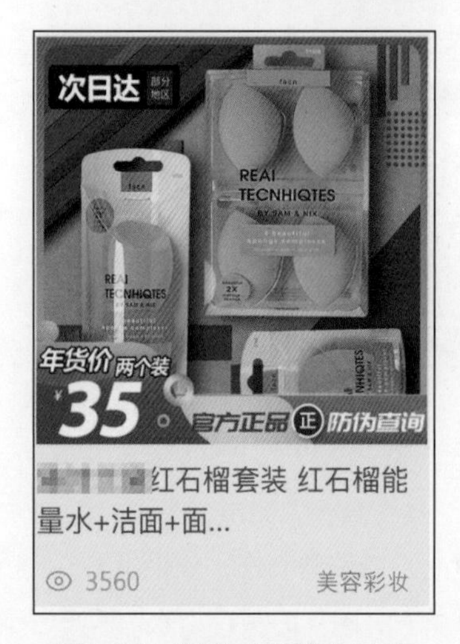

图8-37　绘制矩形并添加文本

图8-38　制作相似内容

（8）同时复制“图标组”画板中的系统图标，并将其拖入“首页”画板中，使用“文本”工具在画板中输入文本内容，效果如图8-39所示。

（9）使用步骤（2）～步骤（8）的绘制方法，完成App个人界面和详情页的制作，界面效果如图8-40所示。

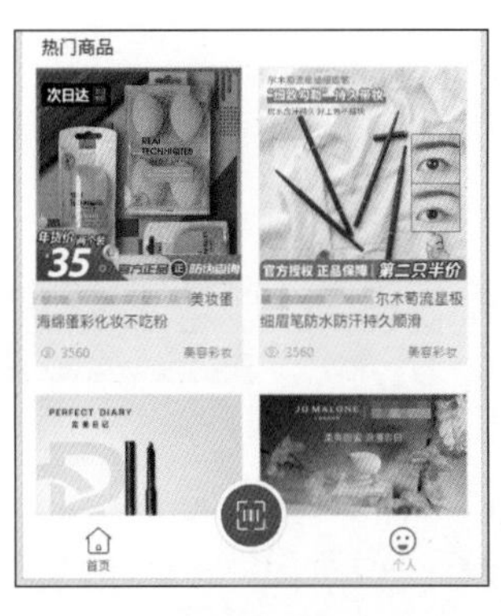

图8-39　复制图标并添加文本

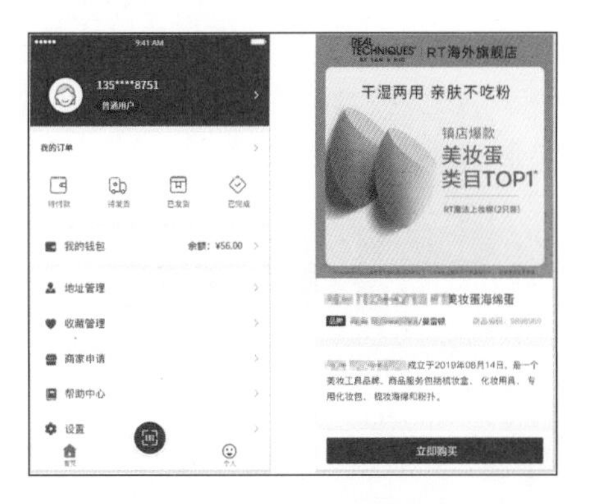

图8-40　完成App界面制作

8.1.6　完成美妆电商App的交互设计

UI设计、制作完成后，接下来要为界面添加一些与交互相关的内容，以确保能够引导用户正确浏览并使用该界面。美妆电商App界面中图片较多，为了避免页面效果过于杂乱，应尽量减少交互动画的效果，只做简单的交互。

1. 案例分析

在本案例中，当用户点击商品图片时，会进入相应的商品详情页，体现简单的交互效果。当用户点击不同页面时，也可进入相应的界面。设计师要将交互效果在界面中清晰地展示出来，完成效果如图8-41所示。

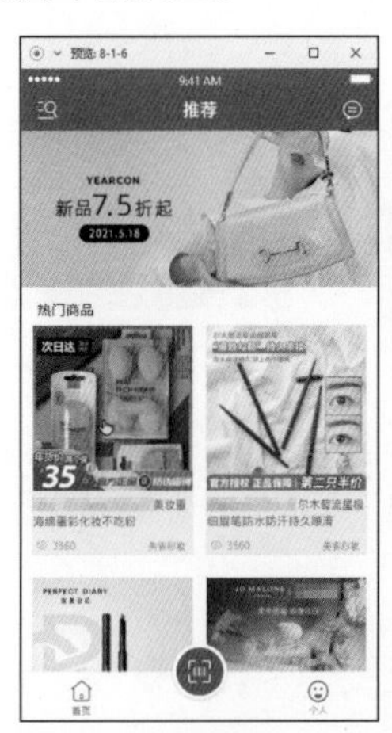

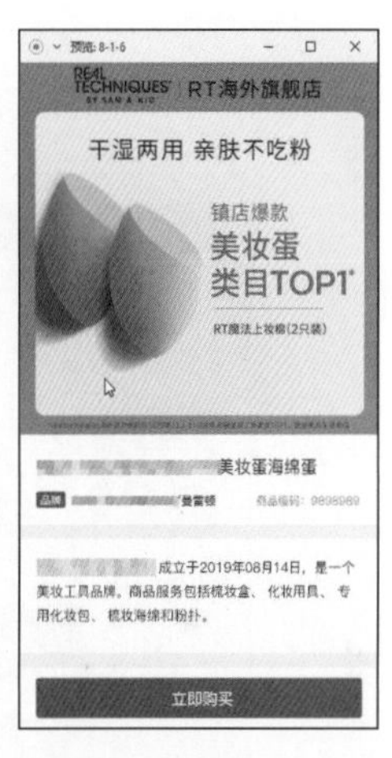

图8-41　交互设计的完成效果

2. 制作步骤

源文件：资源包\源文件\第8章\8-1-6.xd

视　频：资源包\视频\第8章\8-1-6.mp4

（1）启动Adobe XD软件，打开“8-1-6.xd”文件，效果如图8-42所示。切换到“原型”模式，使用“选择”工具单击“首页”画板的名称，单击“画板”左上角的灰色主页图标，将“首页”画板设置为第1屏界面，效果如图8-43所示。

图8-42　打开XD格式文件

图8-43　设置主页界面

（2）使用“选择”工具选择“首页”画板底部的“个人”图标元素，拖曳连接线到“个人”画板上，为图标与画板建立连接，效果如图8-44所示。

（3）使用相同的方法，为“个人”画板底部标签栏中的“首页”图标元素与“首页”画板建立连接，效果如图8-45所示。

图8-44　为图标与画板建立连接

图8-45　建立连接

（4）选择“首页”画板中的第1个商品展示大图模块，拖曳连接线到“详情页”画板上，为商品大图模块与画板建立连接，效果如图8-46所示。

（5）所有连接建立完成后，选择“首页”画板，单击“模式栏”右侧的“桌面预览”按钮，弹出“预览”对话框，交互效果如图8-47所示。

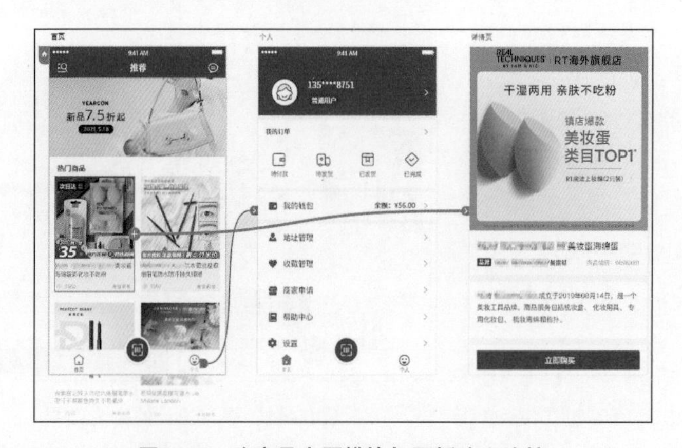

图8-46　为商品大图模块与画板建立连接

图8-47　预览交互效果

8.1.7　完成美妆电商App的界面标注

交互设计完成后，设计师要向开发者提供各种图片素材；为了确保开发效果与设计效果一致，对界面进行标注成为必要的工作。

1. 案例分析

完成美妆电商App界面的图标组和UI设计后，需要开发者编码完成最终的App项目。为了便于开发者制作出与设计稿完全相同的界面，设计人员要将最终完成的设计稿标注并切片输出。本案例将使用PxCook完成界面的标注，完成的标注效果如图8-48所示。

2. 制作步骤

源文件：资源包\源文件\第8章\8-1-7.xd

视　频：资源包\视频\第8章\8-1-7.mp4

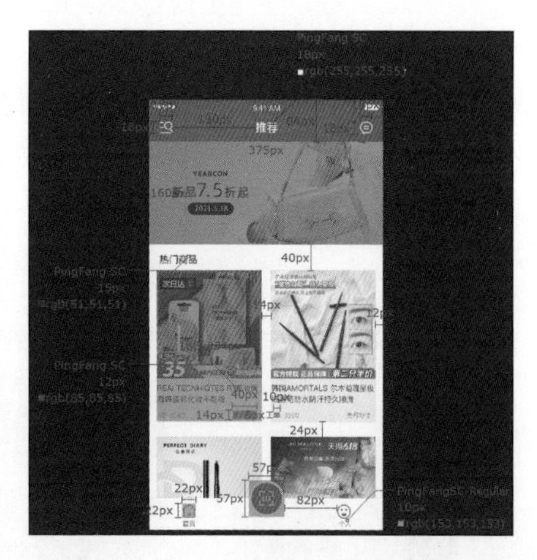

图8-48　完成的标注效果

（1）启动Adobe XD 软件，将“8-1-7.xd”文件打开。执行“文件>导出>PxCook”命令，弹出“导入到项目”对话框，单击对话框中的“新建项目”按钮，弹出“创建项目”对话框，各项参数设置如图8-49所示。

（2）设置完成后，单击对话框中的“创建项目”按钮，弹出“导入画板”对话框，参数设置如图8-50所示。

图8-49　创建项目

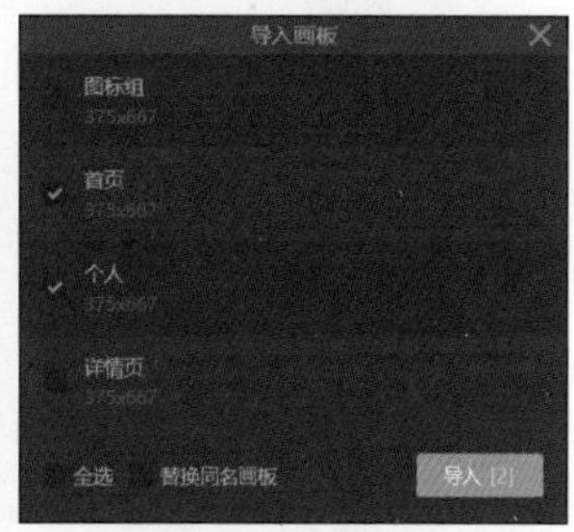

图8-50　设置参数

（3）单击“导入”按钮，将“App首页”画板导入PxCook中，双击缩略图进入App首页标注界面，如图8-51所示。

（4）选择“标题栏”中的搜索图标，单击工具栏上的“生成尺寸标注”按钮，添加尺寸标注，效果如图8-52所示。

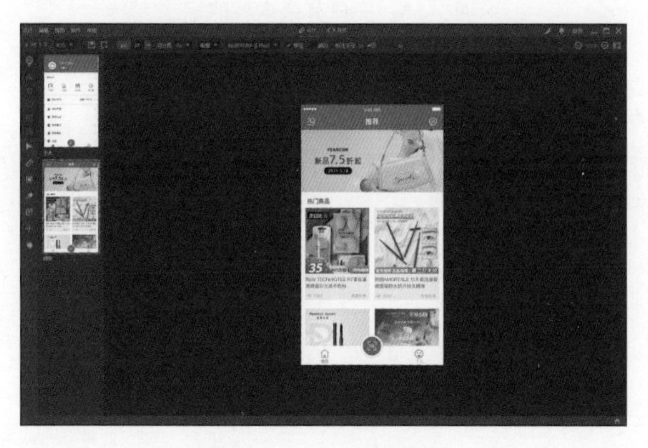

图8-51　进入标注界面

图8-52　生成尺寸标注

提示

PxCook软件的默认标注颜色为红色，与本案例App界面中的主色属于同色系的颜色。为了便于读者更加清晰地学习与浏览，本案例将标注颜色修改为蓝色。

（5）选择画板顶部的Banner广告图，单击工具栏中的“生成区域标注”按钮，即可为该Banner广告图创建区域标注，效果如图8-53所示。

（6）选择标题栏中的标题文本，单击工具栏上的“生成文本样式标注”按钮，添加文本样式标注。拖曳标注内容的蓝点，可以改变标注的位置，效果如图8-54所示。

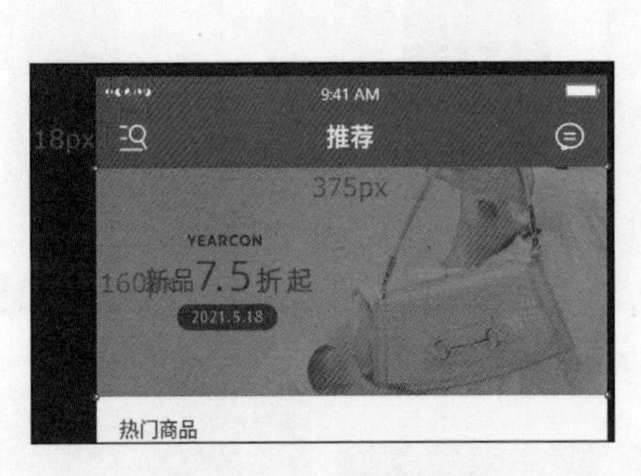

图8-53　生成区域标注

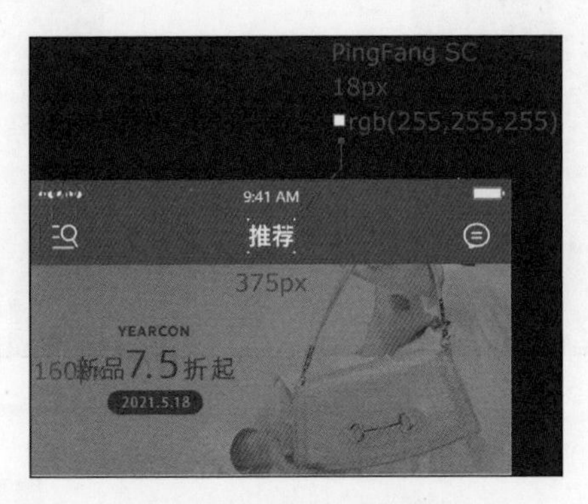

图8-54　生成文本样式标注

（7）使用工具栏中的“距离标注”工具，在Banner广告图片与商品大图模块之间拖曳，完成距离标注，效果如图8-55所示。使用步骤（3）~步骤（6）的绘制方法，完成“首页”界面中其余内容和“个人”界面中内容的标注，效果如图8-56所示。

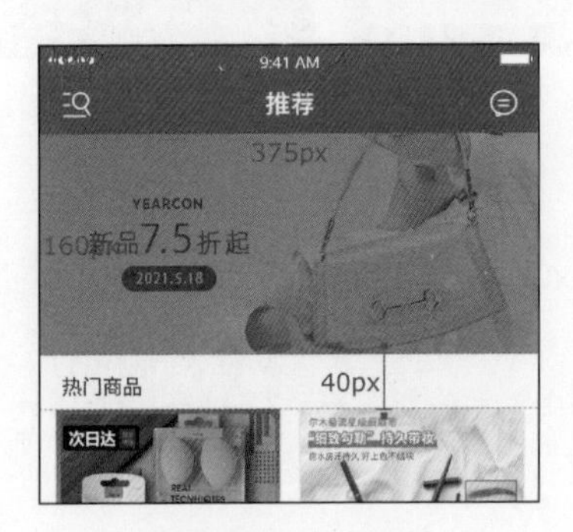

图8-55　标注距离

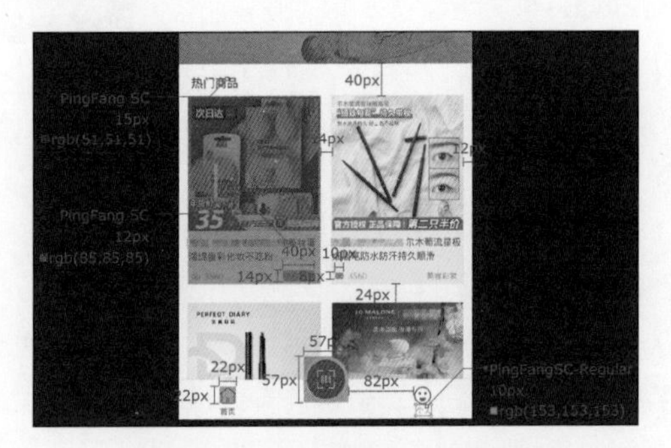

图8-56　完成其余内容的标注

8.1.8　导出美妆电商App的切图资源

导出App切片资源是实现设计效果的重要环节，开发者在实现界面效果的过程中需要计算好各个元素的位置和排列方式，再通过调用设计师输出的切片图像进行填充。符合规范的切片能够帮助开发者提高产品的开发效率。

1. 案例分析

完成界面标注后，设计师需要将界面中的图标和图像等元素输出为单独文件，以供开发者开发程序时直接调用。本案例为iOS App界面，将导出3种尺寸的切图资源，效果如图8-57所示。

2. 制作步骤

源文件：资源包\源文件\第8章\8-1-8.xd

视　频：资源包\视频\第8章\8-1-8.mp4

（1）启动Adobe XD软件，打开“8-1-8.xd”文件。选择“图标组”画板中的第1个工具图标，勾选“属性”面板底部的“添加导出标记”复选框，如图8-58所示。

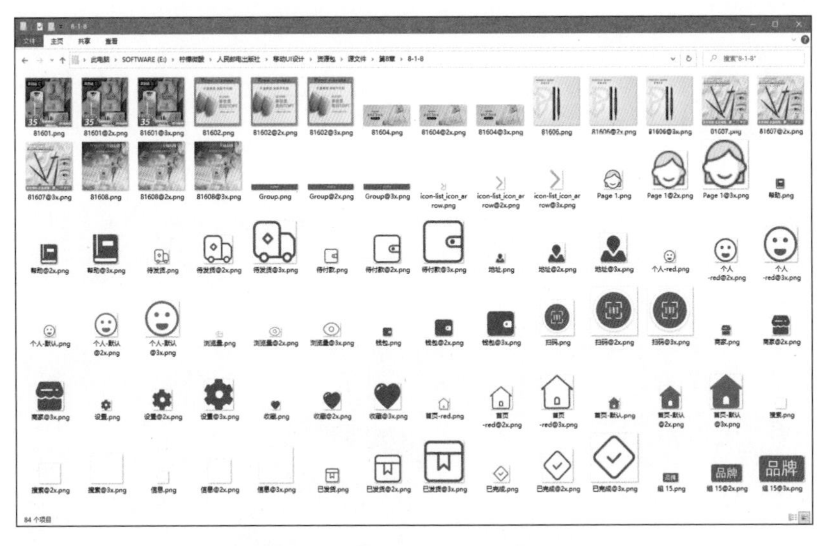

图8-57　导出3种尺寸的切图资源

（2）为“图标组”“首页”“个人”“详情页”画板中的所有图标添加导出标记，并为“首页”画板中的Banner广告图和商品展示图添加导出标记，如图8-59所示。

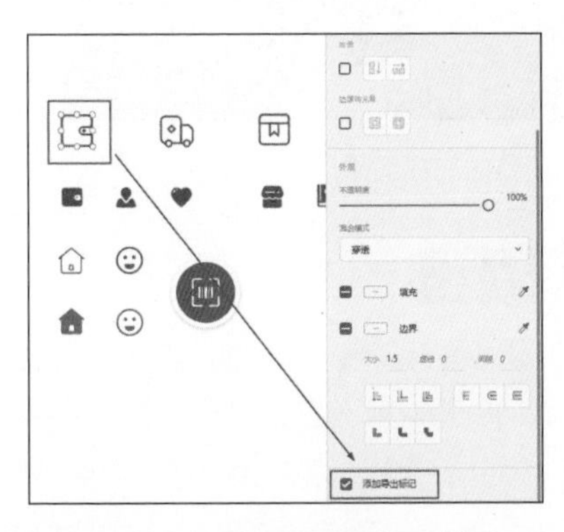

图8-58　为工具图标添加导出标记

图8-59　为所有导出元素添加标记

（3）添加完成后，执行“文件>导出>批处理”命令，弹出“导出资源”对话框，各项参数设置如图8-60所示。

（4）设置完成后，单击“导出”按钮，即可完成导出操作。所导出的3种尺寸的切图资源如图8-61所示。

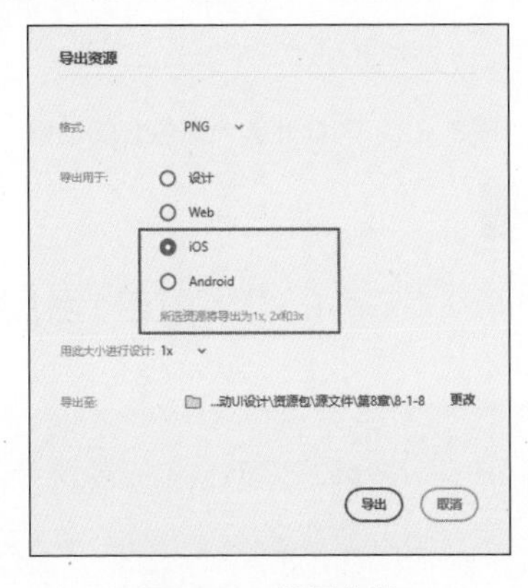

图8-60　设置参数

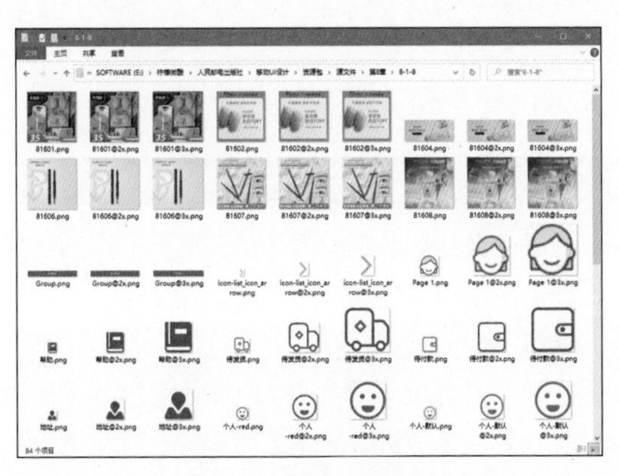

图8-61　导出切图资源

8.2 设计与制作美食外卖App项目

本案例将设计与制作一款美食外卖App项目，其主要包括App的“首页”界面和“我的”界面。本案例将通过展示App项目的全部工作流程向读者讲解Android系统下App UI设计的规则和技巧。美食外卖App项目的完成效果如图8-62所示。

图8-62　美食外卖App项目的完成效果

8.2.1　分析美食外卖App的项目背景

在日常生活中，朋友聚会、家庭聚餐等日常活动都离不开美食。因此，在互联网发达的今天，美食App就有了存在的必要性。

科技飞速发展的当下，人们的生活节奏也随之日益加快，快节奏的生活使人们对排队或享受美食等活动逐渐失去耐心，因此，绝大多数美食App中都添加了外送这一功能，这样用户可以通过美食App预定餐位或足不出户就享受美食。

美食外卖App不但为用户提供了便捷，而且将分享、优惠的功能融合在一起。用户可以对餐厅装潢、用餐环境、用餐服务及菜品进行评价。经营者可以通过美食外卖App不定时地将餐厅的优惠信息和最新菜单通过智能终端传播给更多的用户。美食外卖App一般包含的功能如图8-63所示。

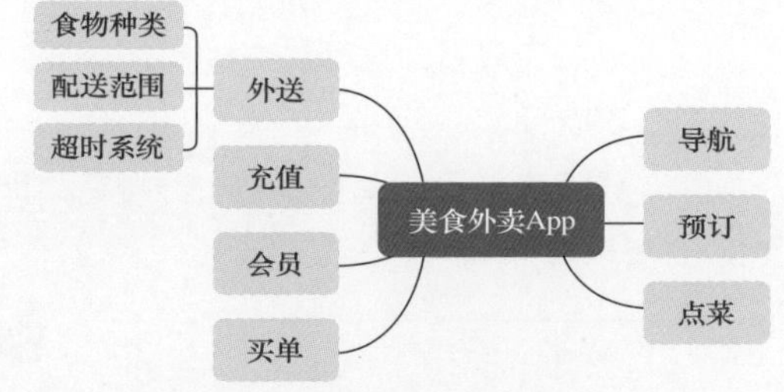

图8-63　美食外卖App包含的功能

8.2.2　制作美食外卖App的草图原型

在确定了项目的背景后，为了保证最终完成的效果与设计效果一致，UI设计师通常会首先完成产品草图的制作。

1. 案例分析

本案例将使用Axure RP 10完成美食外卖App中“首页”界面“我的”界面草图。草图的制作可以帮助设计师更好地理解产品策划内容，设计出符合项目要求和产品定位的App界面。完成的产品草图效果如图8-64所示。

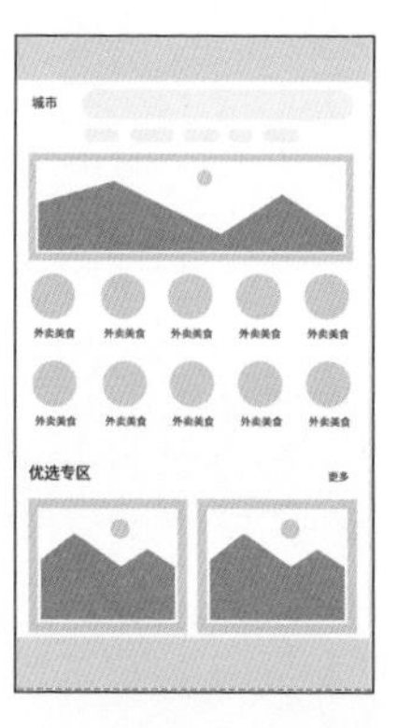

图8-64 美食外卖App草图原型

2. 制作步骤

源文件：资源包\源文件\第8章\8-2-2.rp

视 频：资源包\视频\第8章\8-2-2.mp4

（1）启动Axure RP 10软件，弹出“欢迎使用Axure RP 10”界面，单击界面右下角的“新建文件”按钮，如图8-65所示，进入工作界面。在“样式”面板的“页面尺寸”下拉列表框中选择“自定义设备”选项，设置页面尺寸为1080px×1920px，如图8-66所示。

图8-65 新建文件

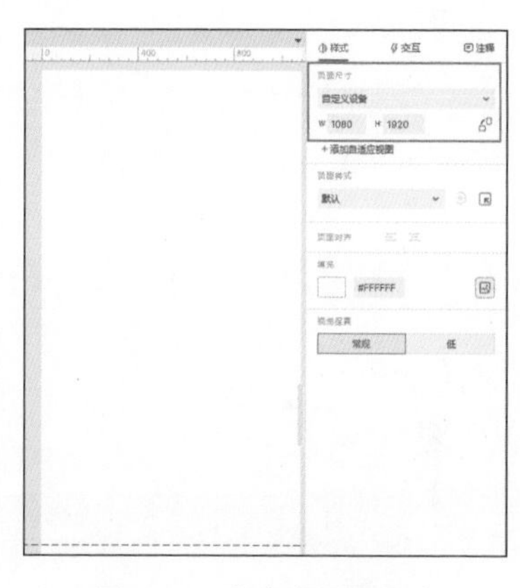

图8-66 自定义页面尺寸

（2）单击“页面”面板中的page1页面，修改页面名称为“首页”，如图8-67所示。将“矩形3”元件从“元件库”面板中拖曳到页面中，在“样式”面板中修改元件大小，完成App首页界面中状态栏和标签栏的原型制作，效果如图8-68所示。

（3）将“一级标题”元件从“元件库”面板中拖曳到页面中，修改元件中的文字内容，在“样式”面板中设置字体的类型和大小等参数，效果如图8-69所示。

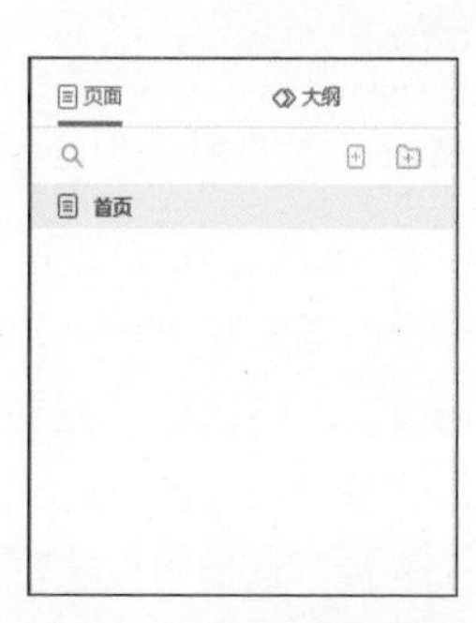

图8-67 修改页面名称

图8-68 添加“矩形3”元件

（4）将“矩形2”元件从“元件库”面板中拖曳到页面中，并在“样式”面板中调整各个元件的大小和圆角值，完成App首页界面搜索框的原型制作，效果如图8-70所示。

图8-69　添加“一级标题”元件

图8-70　完成搜索框的绘制

提 示

读者制作App首页原型中的搜索框时，可以在页面中添加两个不同大小的“矩形2”元件，完成搜索框和最近搜索文本的制作，然后通过复制多个面积较小的“矩形2”元件，完成多个搜索框的制作。

（5）将“图片”元件从“元件库”面板中拖曳到页面中，并调整图片的大小和位置，完成App首页界面中Banner广告图的原型制作，效果如图8-71所示。

（6）分别将“圆形”元件和“二级标题”元件从“元件库”面板中拖曳到页面中，并在“样式”面板中设置圆形和文本的大小，完成App首页界面中功能图标的原型制作，效果如图8-72所示。

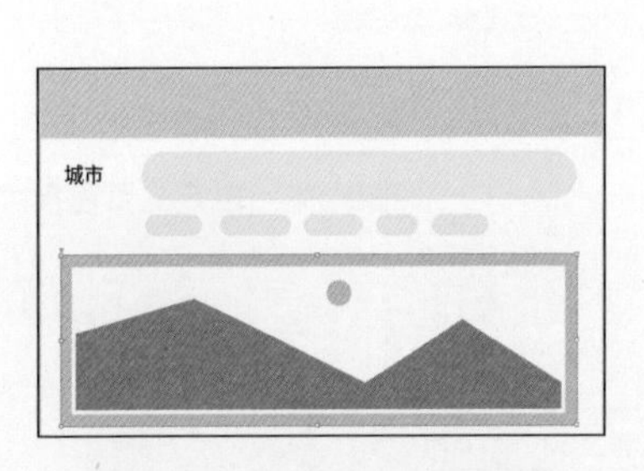

图8-71　绘制Banner广告图

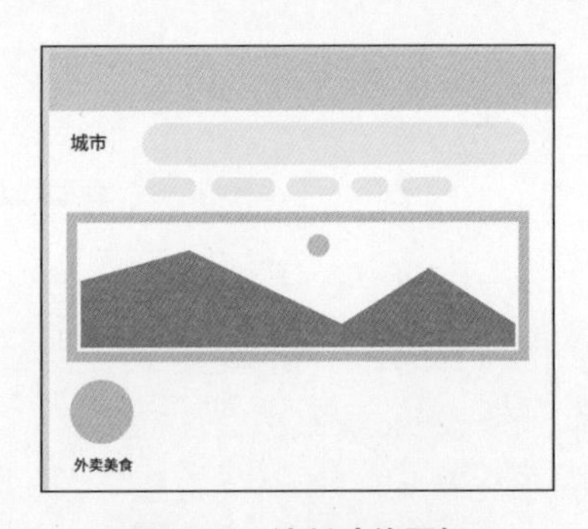

图8-72　绘制功能图标

（7）同时选择页面中的原型和文本，按住【Ctrl】键和鼠标左键不放的同时向右和向下拖曳以复制功能图标，连续复制多个，App首页原型中的功能图标组效果如图8-73所示。

（8）分别将“一级标题”元件和“标签”元件从“元件库”面板中拖曳到页面中，逐一修改元件中的文本内容，并在“样式”面板中设置各个文本的字体类型和字号等参数，效果如图8-74所示。

（9）将“图片”元件从“元件库”面板中拖曳到页面中，调整图片的大小和位置。复制图片内容向右移动，完成App首页原型中不同模块的商品展示内容的制作，效果如图8-75所示。

（10）使用步骤（2）～步骤（9）的绘制方法，完成美食外卖App“我的”界面原型的制作。“我的”界面原型效果如图8-76所示。

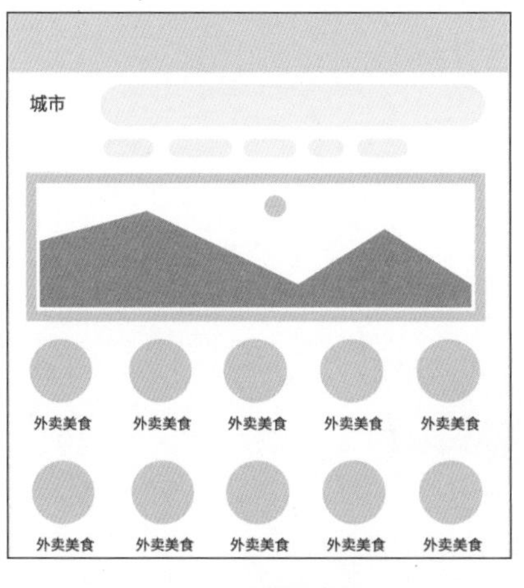

图8–73　完成功能图标组的制作

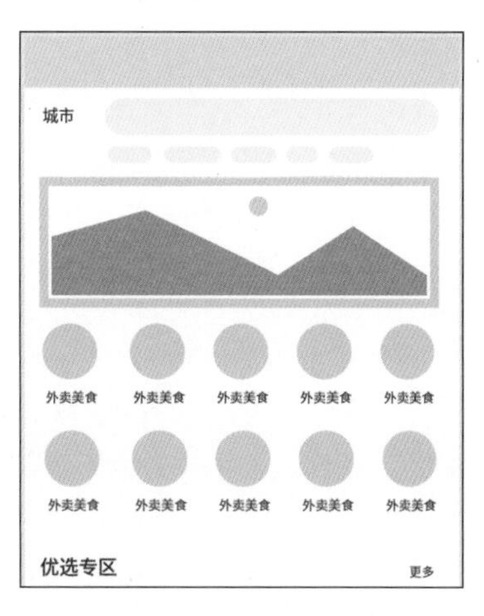

图8–74　添加文本内容

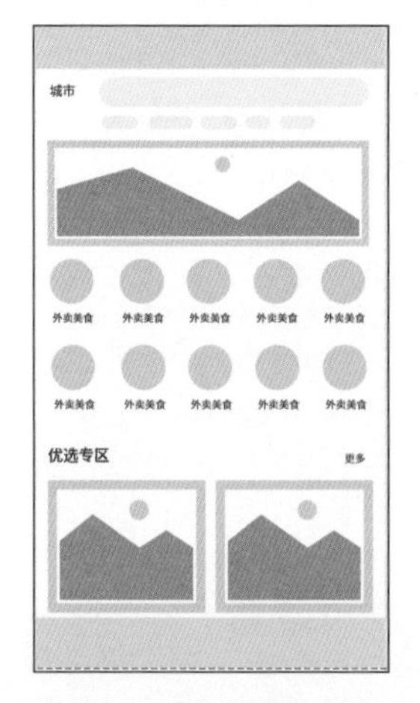

图8–75　添加“图片”元件

图8–76　完成“我的”界面原型

8.2.3　创建美食外卖App的颜色系统

绘制完美食外卖App的草图原型后，就可以开始为App的UI项目构建颜色系统了。首先，需要确定App项目的设计风格。由于美食外卖App项目中拥有大量食物图片，需要使用干净、简单的界面布局让用户能够清楚、明白地浏览各种食物图片，因此，美食外卖App项目采用视觉效果简单、整洁的扁平化风格。

1．确定主色

根据App项目的设计风格和项目背景确定App界面需要为用户留下美观、简洁和热情的心理印象，因此，使用图8–77所示的符合美食主题的色彩表现App界面。

图8–77　符合美食主题的色彩

图8–78　确定主色

橙色能给人活力、青春的感觉，但与美食外卖App主题并不相符。而红色和绿色虽然能给人带来热情和健康的感受，但对一个全新的App来说，这两种颜色无法让用户产生信任感。因此，本案例采用了具有温暖氛围感、能增加用户食欲的中等明度的黄色作为主色，如图8–78所示。

2. 确定辅色

确定了主色后，接下来可以根据主色来确定辅色。为了将食物的健康和色、香、味最大化地呈现出来，该界面采用类似色调的搭配方式。

尽量使用能够表达健康和生命力的绿色及能够表达活力的橙色，来完成图标和图片的设置。需要突出或着重说明的地方可以使用主色作为强调色，以使整个界面色调统一、内容突出，如图8-79所示。

（a）辅色　　（b）强调色

图8-79　确定App的辅色和强调色

3. 确定文本色

美食外卖App界面中的文字内容不是很多，但文本的颜色依旧会影响界面的易读性和美观度。因此，美食外卖App界面的文字颜色设置为中性色中的深灰色，而不是黑色。这样做既能够保证用户阅读，又能够很好地避免黑色的低沉和沉闷感影响App界面的整体效果。

对于一些需要着重突出的文本，最简单的方式就是直接使用主色，如图8-80所示。

（a）文本色　　（b）突出文本色

图8-80　确定界面文本色

8.2.4　设计与制作美食外卖App的图标组

App界面中的图标通常会被编为一个组统一进行设计与制作。本案例将使用Adobe Photoshop完成美食外卖App界面图标组的设计与制作，以便在设计与制作美食外卖App界面时直接使用。

1. 案例分析

在美食外卖App项目中，App首页中的功能图标采用面性风格进行设计与制作，如图8-81所示。而界面中的标签栏图标和“我的”界面中的所有工具图标均采用线性风格进行设计与制作，如图8-82所示。图标与界面极简的设计风格相符，也便于用户在界面中快速找到相关功能并进行点击。

图8-81　美食外卖App界面中的功能图标组　　图8-82　美食外卖App界面中的工具图标组

2. 制作步骤

源文件：资源包\源文件\第8章\8-2-4.psd

视　频：资源包\视频\第8章\8-2-4.mp4

（1）启动Adobe Photoshop CC软件，单击主页界面中的“新建”按钮，弹出“新建文档”对话框，各项参数设置如图8-83所示。设置完成后单击“创建”按钮，进入工作界面。

（2）打开“图层”面板，修改画板名称为“图标组”，如图8-84所示。

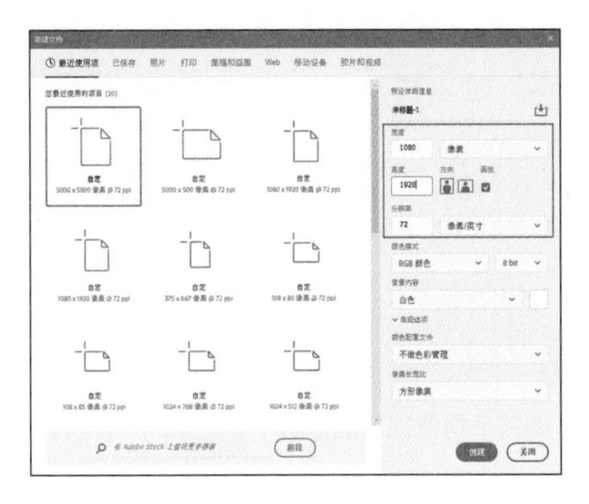

图8-83　设置参数1

图8-84　修改画板名称

（3）单击工具箱中的“椭圆工具”，在画板中按住鼠标左键并拖曳创建1个圆，完成功能图标的底框制作，效果如图8-85所示。

（4）使用“椭圆工具”在画板中绘制1个白色圆形，按住【Alt】键和鼠标左键不放并使用“矩形工具”在圆下方创建矩形，创建完成后圆将减去与矩形重叠的部分，效果如图8-86所示。

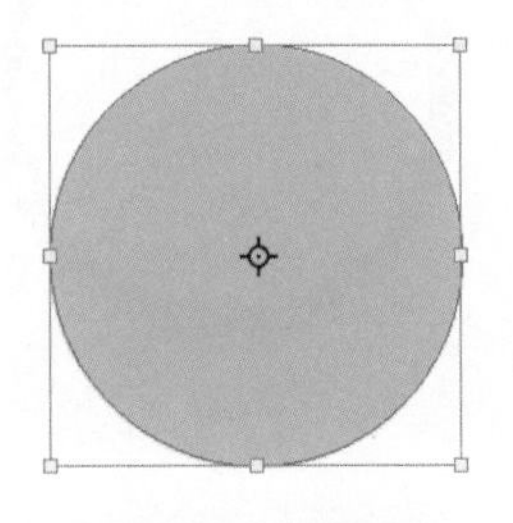

图8-85　创建圆

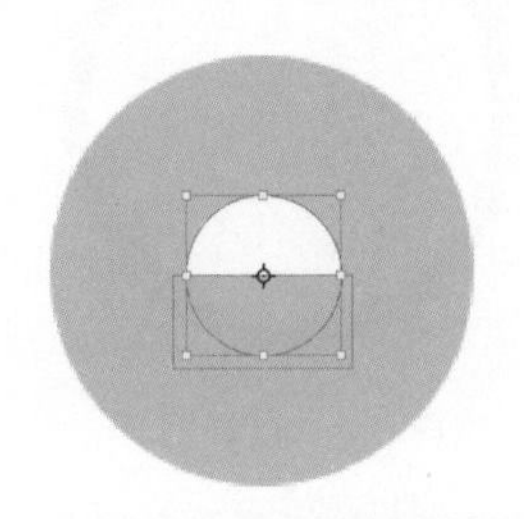

图8-86　创建相减图形

（5）使用“矩形工具”在画板中绘制1个圆角矩形，调整圆角矩形的摆放位置，效果如图8-87所示。使用“椭圆工具”在画板中绘制圆，设置圆的填充颜色为无、描边颜色为白色，效果如图8-88所示。

图8-87　绘制圆角矩形

图8-88　绘制白色圆环

（6）单击工具箱中的“钢笔工具”，在画板中按住鼠标左键并拖曳创建曲线，单击“选项栏”中“描边”选项右侧的按钮，参数设置如图8-89所示。设置曲线填充颜色为无，描边颜色与图标底框颜色相同，设置完成后，功能图标效果如图8-90所示。

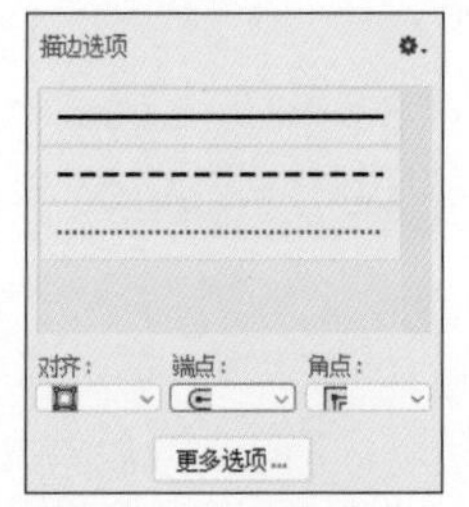

图8-89　设置参数2

图8-90　功能图标

（7）使用步骤（3）～步骤（6）的绘制方法，完成App界面中其余功能图标的制作，效果如图8-91所示。

图8-91　完成其余功能图标的制作

（8）使用“椭圆工具”在画板中绘制1个圆，按住【Alt】键和鼠标左键不放并使用“椭圆工具”绘制圆，完成后2个圆相减得到1个圆环，效果如图8-92所示。设置“路径操作”为“减去顶层形状”选项，使用工具箱中的“钢笔工具”，在画布中绘制倾斜的长方形，如图8-93所示，完成后2个图形相交的区域会被减去。

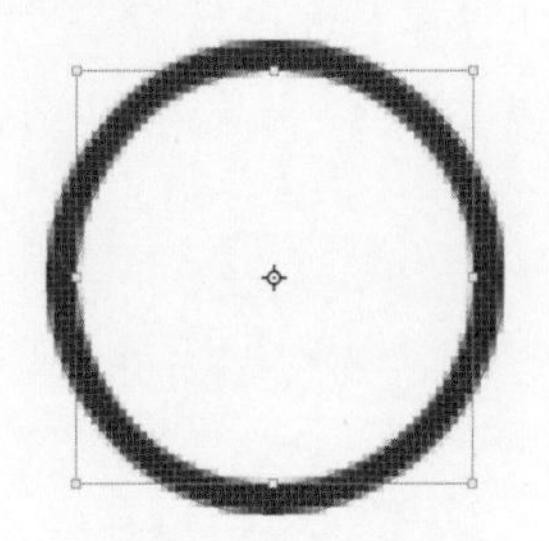

图8-92　绘制圆环

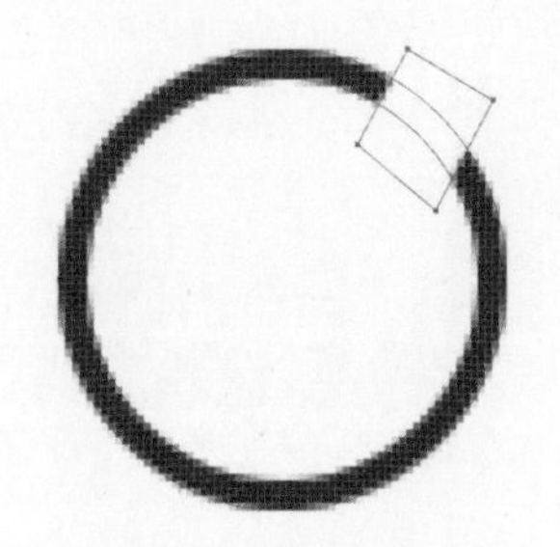

图8-93　减去倾斜的长方形

（9）单击工具箱中的“椭圆工具”，按住【Shift】键不放并使用“椭圆工具”绘制圆，可以得到圆环与圆叠加的区域，效果如图8-94所示。使用“直接选择工具”和“路径选择工具”调整倾斜长方形的大小和圆的位置，效果如图8-95所示。

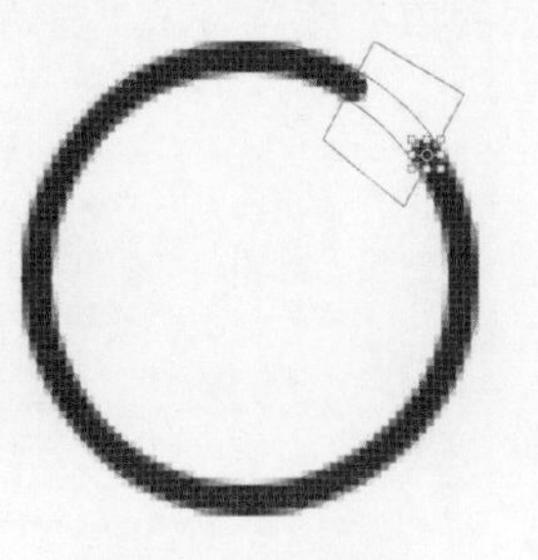

图8-94　绘制圆

图8-95　调整大小和位置

（10）使用“钢笔工具”在画板中绘制心形，设置心形的填充颜色为无，描边颜色与圆环颜色相同，效果如图8-96所示。

（11）打开“图层”面板，将“心形”图层拖曳到“创建新图层”按钮上方复制图层，向下调整图层顺序，设置填充颜色为黄色、描边颜色为无，效果如图8-97所示。

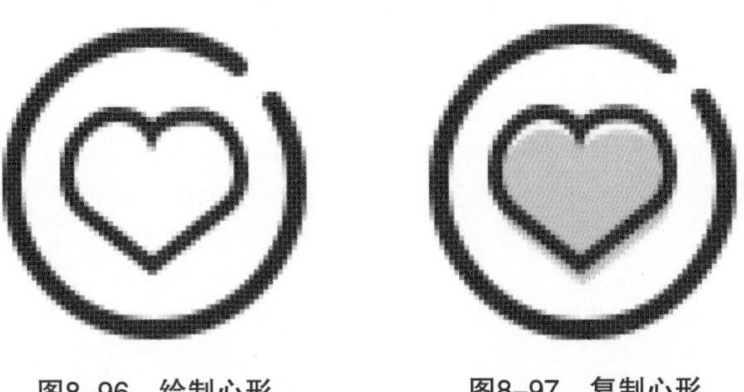

图8-96　绘制心形　　　　**图8-97　复制心形**

（12）使用步骤（8）～步骤（11）的绘制方法，完成美食外卖App界面中其余工具图标的制作，绘制完成后的效果如图8-98所示。

图8-98　完成其余工具图标的制作

8.2.5　完成美食外卖App的UI设计

完成图标组的制作后，接下来开始制作美食外卖App的“首页”界面和“我的”界面。App界面的风格要与图标的风格保持一致，因此都采用极简化的设计风格。

1. 案例分析

本案例将使用Adobe Photoshop CC软件设计与制作一款美食外卖App的界面。该App的“首页”界面共分为广告、导航和内容展示3个部分，“我的”界面共分为用户信息、我的钱包和更多推荐3个部分，完成的美食外卖App界面效果如图8-99所示。

图8-99　美食外卖App界面效果

2. 制作步骤

源文件：资源包\源文件\第8章\8-2-5.psd

视　频：资源包\视频\第8章\8-2-5.mp4

（1）启动Adobe Photoshop CC软件，将“8-2-5.psd”文件打开。使用“移动工具”单击画板名称，单击画板右侧的“添加”按钮，添加1个画板，修改画板名称为“首页”，效果如图8-100所示。将鼠标指针移动到工作界面的顶部或左侧，向下或向右拖曳创建参考线，如图8-101所示。

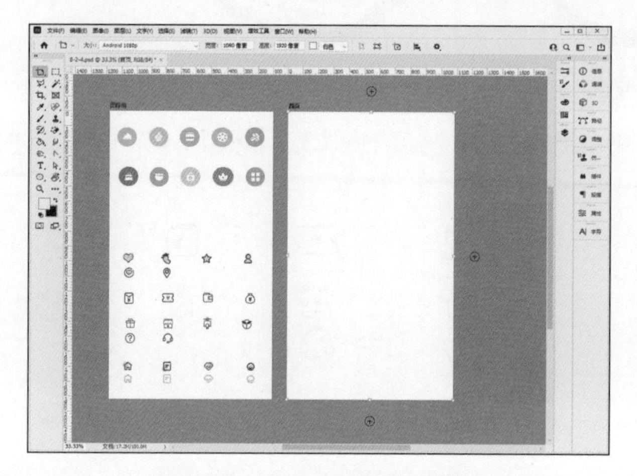

图8-100　打开文件并添加画板

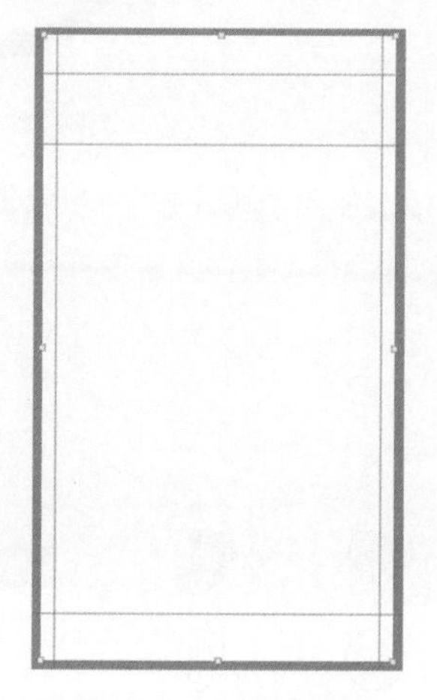

图8-101　创建参考线

提 示

设计师对本案例中移动App UI项目的状态栏、标题栏和标签栏进行了调整，因此在水平方向的124px、236px和1777px位置上添加参考线，在垂直方向的40px和1040px位置上添加参考线。

（2）执行“文件>打开”命令，打开素材图像“8-2-5-1.png”，将其拖曳到设计文档中，效果如图8-102所示。使用“横排文字工具”在画板中输入文本内容，并在“字符”面板中设置各项参数，文本效果如图8-103所示。

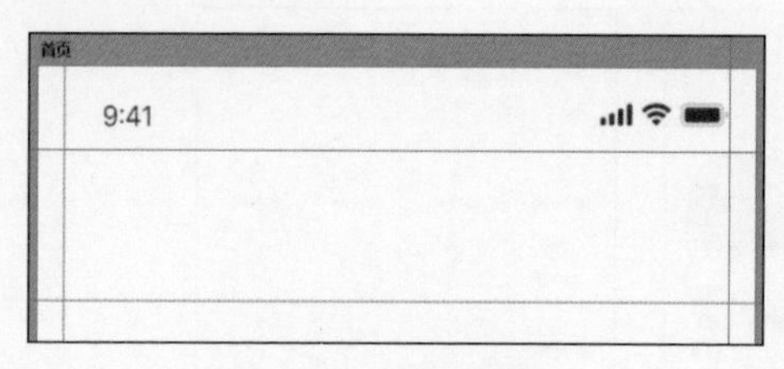

图8-102　添加图像1

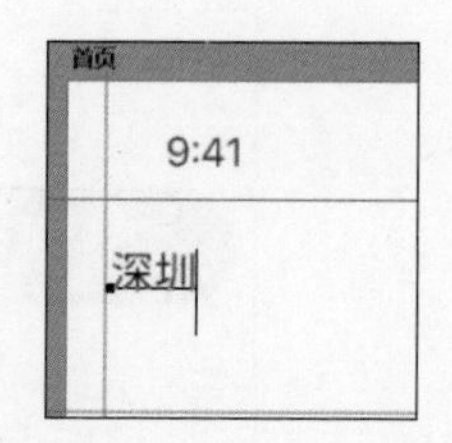

图8-103　添加文本内容1

（3）使用“钢笔工具”在画板中创建展开图标，设置图标的填充为无、描边为黑色，图标效果如图8-104所示。使用“矩形工具”在画板中绘制1个圆角矩形，设置圆角值和填充颜色，效果如图8-105所示。

（4）使用“椭圆工具”和“矩形工具”在画板中绘制圆环和圆角矩形，完成搜索图标的绘制，效果如图8-106所示。使用“横排文字工具”在画板中输入文本内容，完成搜索框的制作。使用相同方法，完成最近搜索提示内容的制作，效果如图8-107所示。

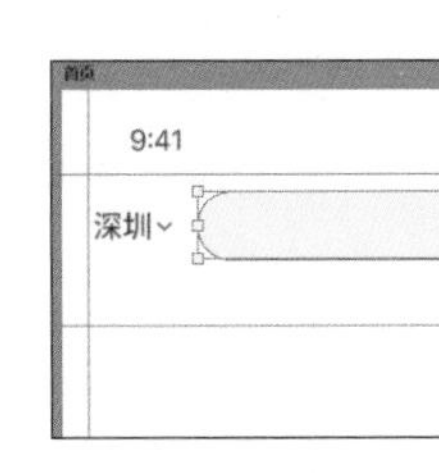

图8-104　绘制展开图标　　　　图8-105　绘制圆角矩形1

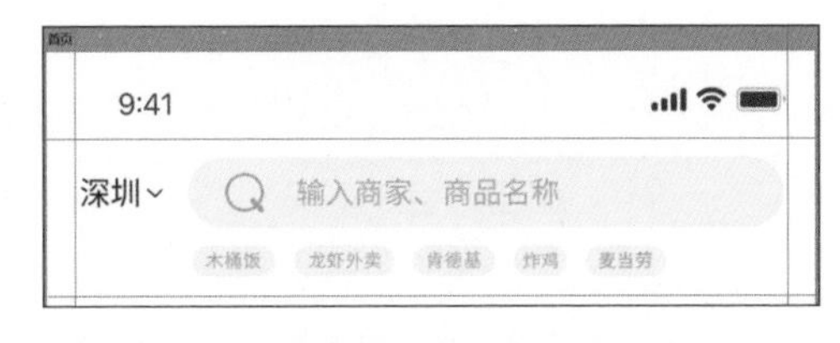

图8-106　完成搜索图标的制作　　　　图8-107　完成搜索框和最近搜索提示内容的制作

（5）打开素材图像“8-2-5-2.png”，将其拖曳到设计文档中，摆放在合适位置，完成Banner广告的制作，效果如图8-108所示。将“图标组”画板中的功能图标拖曳并复制到“首页”画板中，调整摆放位置，如图8-109所示。

图8-108　添加图像2　　　　图8-109　使用图标

（6）使用“横排文字工具”在画板中添加文本内容，文本效果如图8-110所示。使用“横排文本工具”在画板中输入文本，使用“钢笔工具”在画板中绘制展开图标，完成后的效果如图8-111所示。

图8-110　添加文本内容2　　　　图8-111　输入文本并绘制图标

（7）使用“矩形工具”在画板中绘制圆角矩形，完成商品展示底框的制作，效果如图8-112所示。打开素材图像“8-2-5-3.png”，并将其拖曳到设计文档中，执行“图层>创建剪贴蒙版”命令，商品展示效果如图8-113所示。

图8-112　绘制圆角矩形2

图8-113　添加图像并创建剪贴蒙版

（8）使用“矩形工具”绘制1个圆角矩形，在“属性”面板中设置填充颜色为线性渐变，左下角和右下角的圆角值设置为0，不透明度设置为90%，效果如图8-114所示。使用相同方法，绘制多个圆角矩形，效果如图8-115所示。

图8-114　绘制圆角矩形3

图8-115　绘制多个圆角矩形

（9）使用“横排文字工具”在画板中添加文字内容，完成“限时秒杀”商品内容的制作，效果如图8-116所示。使用“限时秒杀”商品内容的绘制方法，完成“夜宵爆款”商品内容的制作，完成后的效果如图8-117所示。

图8-116　添加文字内容3

图8-117　完成“夜宵爆款”商品内容的制作

（10）将“图标组”画板中的图标拖曳复制到“首页”画板中，适当调整图标的位置，并为图标添加文本内容，“首页”界面的标签栏效果如图8-118所示。使用步骤（2）～步骤（10）的绘制方法，完成美食外卖App的“我的”界面制作，完成后的效果如图8-119所示。

图8-118　标签栏效果

图8-119　完成“我的”界面制作

8.2.6　完成美食外卖App的交互设计

为了帮助用户快速找到想要的内容，设计师在设计App界面时通常会通过加粗、改变颜色和添加动画等方法来进行设计，引导用户点击。当用户点击时，App界面又会出现新的提示，引导用户朝着运营者事先设计好的路径访问，这就是交互为App项目带来的好处。

图8-120　添加搜索框交互

1. 案例分析

本案例首先为搜索框添加简单的交互，即用户将光标置于搜索框上方时，搜索框会自动变换形式，方便用户识别区域功能，如图8-120所示。

在App界面底部标签栏的图标上，通过为按钮设置不同状态下的颜色，向用户展示当前所访问的页面，如图8-121所示。

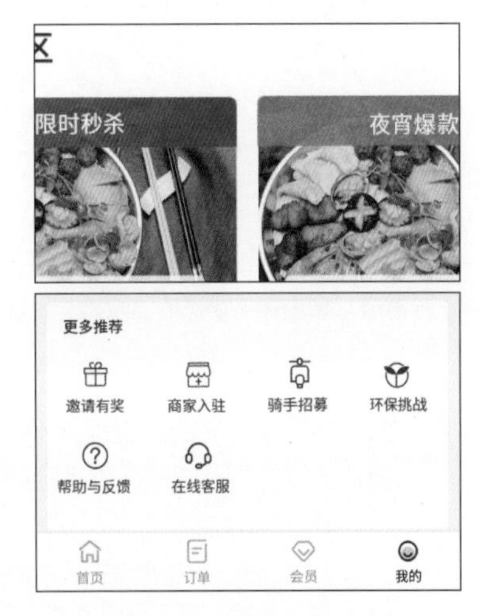

图8-121　展示访问页面

2. 制作步骤

源文件：资源包\源文件\第8章\8-2-6.xd

视　频：资源包\视频\第8章\8-2-6.mp4

（1）启动Adobe XD软件，打开“8-2-6.xd”文件，效果如图8-122所示。打开“图层”面板，同时选择搜索底框、搜索图标和提示文本等内容，按【Ctrl+G】组合键并将其编为1组，重命名为“搜索框”，如图8-123所示。

（2）打开“资源”面板，单击“组件”选项后面的“添加”按钮，将搜索框创建为组件资源，如图8-124所示。单击“属性”面板中“组件”分组下“默认状态”旁边的“添加状态”按钮，为组件1新建悬停状态，如图8-125所示。

（3）添加状态后，逐一对搜索底框、搜索图标和提示文本进行调整，状态效果如图8-126所示，设置搜索框为默认状态。单击“模式栏”中的“原型”选项，选择“首页”画板底部的图标，为图标与“我的”画板建立连接，如图8-127所示。

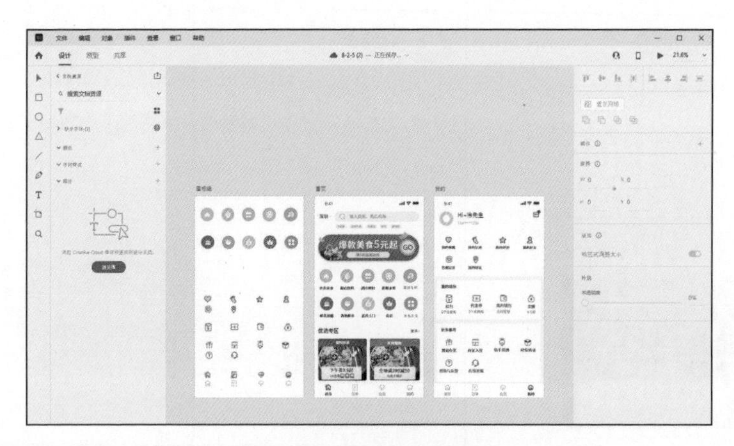

图8-122　打开XD格式文件

图8-123　编组图层

图8-124　创建组件资源

图8-125　添加状态

（4）单击“我的”画板标签栏中的“首页”图标，为图标与“首页”画板建立连接，如图8-128所示。所有连接建立完成后，选择“首页”画板，单击“模式栏”右侧的“桌面预览”按钮，弹出“预览”对话框，交互效果如图8-129所示。

图8-126　状态效果

图8-127　为图标与画板建立连接1

图8-128 为图标与画板建立连接2

图8-129 预览交互效果

8.2.7 完成美食外卖App的界面标注

当UI设计定稿之后，设计师需要对界面进行标注，以方便开发者在还原界面时进行参考。

图8-130 完成标注的“首页”界面

1. 案例分析

本案例将使用PxCook软件完成“首页”界面的标注操作。在PxCook中可以对文本、区域、颜色、距离等内容进行标注。标注准确的界面，可以使开发者更好地了解设计师所设计产品的参数和策划理念，有利于更快完成项目的开发工作，提高工作效率。完成标注的“首页”界面如图8-130所示。

2. 制作步骤

源文件：资源包\源文件\第8章\8-2-7.xd

视　频：资源包\视频\第8章\8-2-7.mp4

（1）启动Adobe XD软件，将“8-2-7.xd”文件打开。执行“文件>导出>PxCook”命令，弹出“导入到项目”对话框，单击对话框中的“新建项目”按钮，弹出“创建项目”对话框，各项参数设置如图8-131所示。

（2）设置完成后，单击对话框中的“创建项目”按钮，弹出“导入画板”对话框，参数设置如图8-132所示。

图8-131 创建项目

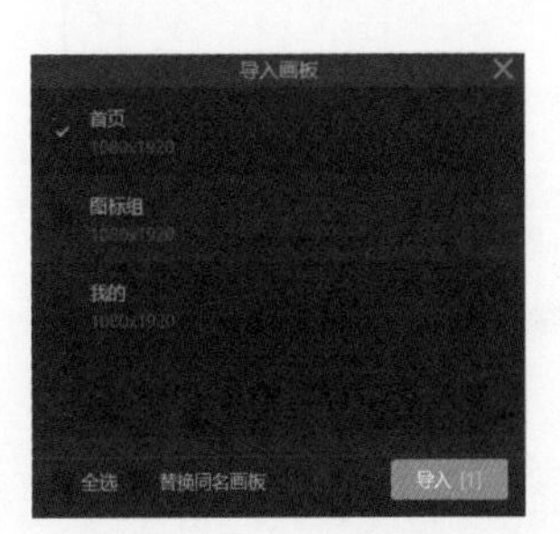

图8-132 设置参数

（3）单击“导入”按钮，将“App首页”画板导入PxCook中。双击缩略图进入App首页标注界面，如图8-133所示。选择“标题栏”中的搜索图标，使用工具栏上的“生成尺寸标注”工具，添加尺寸标注，效果如图8-134所示。

图8-133　打开标注界面

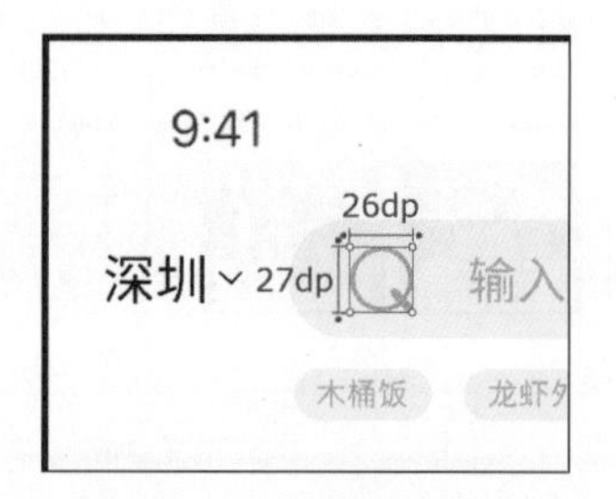

图8-134　添加尺寸标注

（4）选择搜索栏中的文本，使用工具栏上的“生成文本样式标注”工具添加文本样式标注，拖曳标注内容的红点可以改变标注的位置，效果如图8-135所示。

（5）选择画板顶部的Banner广告图，使用工具栏中的“生成区域标注”工具即可为该Banner广告图创建区域标注，效果如图8-136所示。

图8-135　添加文本样式标注并改变位置

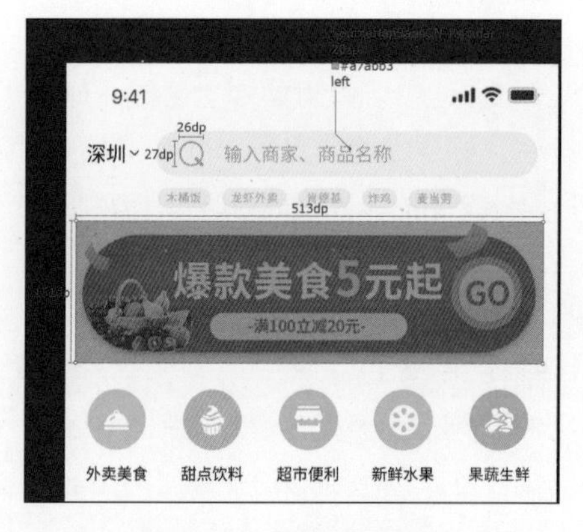

图8-136　添加区域标注

（6）使用工具栏中的“距离标注”工具在两个功能图标之间拖曳，从而完成距离标注，效果如图8-137所示。使用步骤（3）～步骤（6）的绘制方法，完成“首页”界面中其余标注内容的制作，效果如图8-138所示。

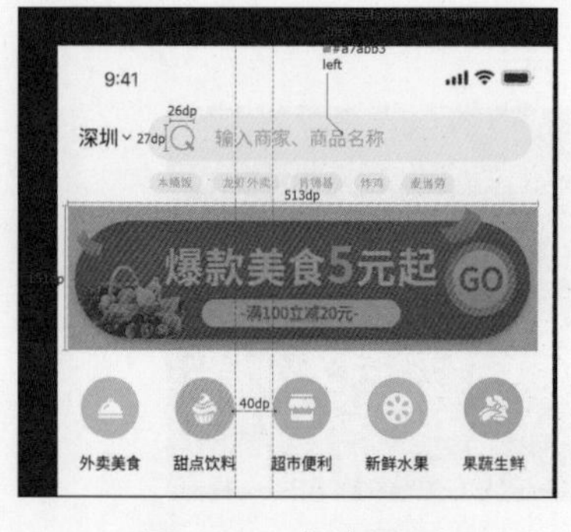

图8-137　标注间距

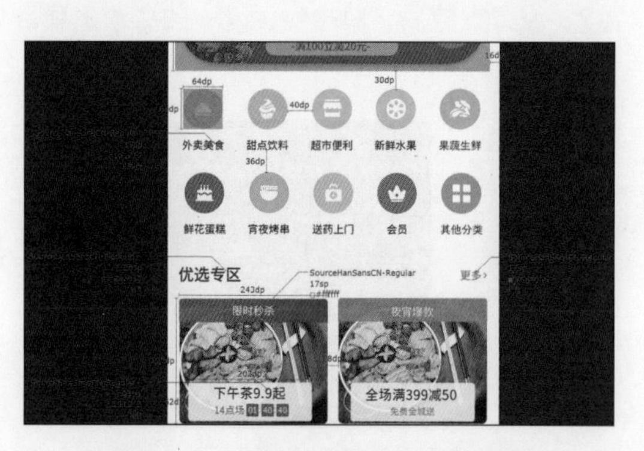

图8-138　完成其余标注内容的制作

8.2.8 导出美食外卖App的切图资源

完成界面标注后，设计师需要将界面中的按钮和图标等元素输出为单独文件，以供开发者在开发时直接调用。

图8-139 导出的适配素材

1. 案例分析

在使用Adobe XD导出文件时，设计师首先为需要导出的元素添加导出标记，然后执行“导出>批处理”命令，即可将添加了导出标记的元素导出。此外，还可以直接选择想要导出的元素，然后执行“导出>所选内容”命令，直接将所选元素导出。本案例中的导出适配素材效果如图8-139所示。

2. 制作步骤

源文件：资源包\源文件\第8章\8-2-8.xd

视　频：资源包\视频\第8章\8-2-8.mp4

（1）启动Adobe XD软件，将“8-2-8.xd”文件打开，选择“图标组”画板中的第1个功能图标，勾选“属性”面板底部的“添加导出标记”复选框，如图8-140所示。

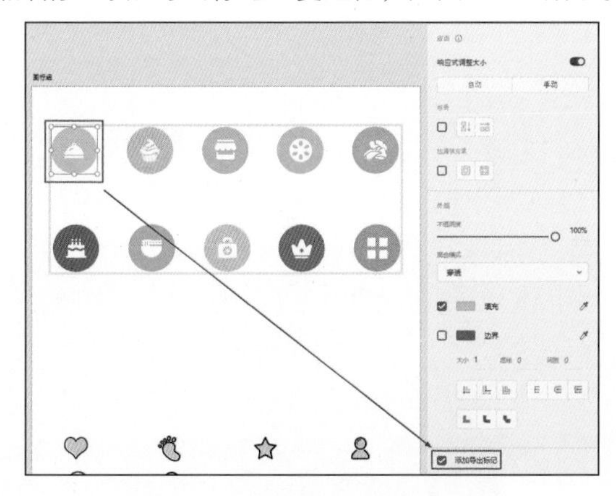

图8-140 为功能图标添加导出标记

（2）为“图标组”“首页”“我的”画板中的所有图标添加导出标记，并为“首页”画板中的Banner广告图和商品展示图添加导出标记，如图8-141所示。

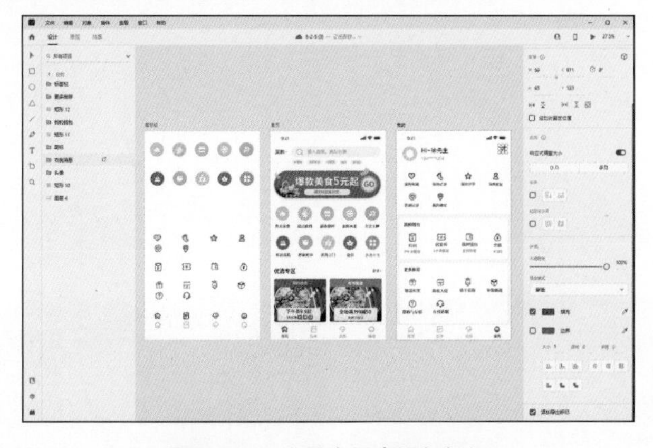

图8-141 为导出元素添加标记

（3）执行“文件>导出>批处理”命令，弹出“导出资源”对话框，各项参数设置如图8-142所示。设置完成后，单击“导出”按钮，即可导出6种尺寸的切图资源，如图8-143所示。

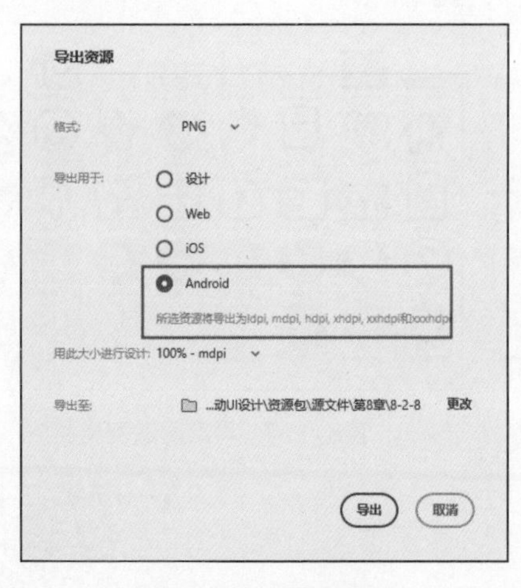

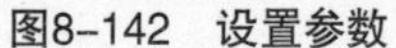
图8-142　设置参数

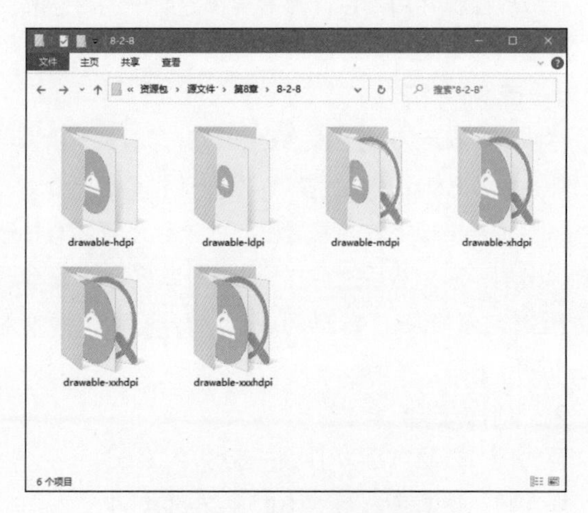

图8-143　导出的切图资源